Mark Miodownik

Fabelhafte Flüssigkeiten

Kuriose Fakten über alles,
was durch unser Leben sickert,
tröpfelt, rinnt und fließt

Aus dem Englischen
von Jürgen Neubauer

PENGUIN VERLAG

Die Originalausgabe erschien 2018 unter dem Titel *Liquid. The Delightful and Dangerous Substances That Flow Through Our Lives* bei Viking, London.

MIX
Papier aus verantwortungsvollen Quellen
FSC® C083411

Klimaneutral*
Druckprodukt
ClimatePartner.com/14044-1912-1001

Penguin Random House Verlagsgruppe FSC® N001967

1. Auflage 2021

Redaktion: Barbara Raschig
Covergestaltung: Hafen Werbeagentur, Hamburg
Satz: Vornehm Mediengestaltung GmbH, München
Druck und Bindung: CPI books GmbH, Leck
Printed in Germany
ISBN 978-3-328-10659-3
www.penguin-verlag.de

Dieses Buch ist auch als E-Book erhältlich.

In liebevollem Andenken an meine Eltern

Inhalt

Einleitung

Erdnussbutter, Honig, Pesto, Zahnpasta – was haben mir die Sicherheitskontrolleure am Flughafen nicht schon alles weggenommen. Besonders geschmerzt hat mich der schottische Single Malt Whisky. In solchen Situationen verliere ich immer wieder die Fassung. Dann werde ich laut und sage Dinge wie »Ich möchte mit Ihrem Vorgesetzten sprechen!« oder »Erdnussbutter ist doch keine Flüssigkeit!«, obwohl ich es natürlich besser weiß. Erdnussbutter fließt und schmiegt sich an das Glas an, und weil sich nun einmal nur Flüssigkeiten so verhalten, ist die Erdnussbutter eben auch eine Flüssigkeit. Aber es macht mich einfach wütend, dass die Sicherheitskontrollen trotz aller vermeintlich intelligenten Technologie noch immer nicht in der Lage sein sollen, einen harmlosen Brotaufstrich von einem Flüssigsprengstoff zu unterscheiden.

Seit 2006 ist es nun verboten, mehr als 100 Milliliter Flüssigkeit in den Abflugbereich mitzunehmen, doch unsere Durchleuchtungsapparate haben sich seither kaum weiterentwickelt. Mit Röntgengeräten kann man höchstens Koffer durchleuchten und Gegenstände identifizieren. Sie dienen vor allem dazu, das Sicherheitspersonal auf verdächtige Formen aufmerksam zu machen: Ist das eine Pistole oder doch nur ein Haartrockner? Ein Messer oder ein Kugelschreiber? Aber Flüssigkeiten haben keine eigene Form, sondern passen sich dem Behälter an, in dem sie sich gerade befinden. Die Scanner können zwar die Dichte eines Stoffs und verschiedene chemische Elemente erkennen. Doch auch hier ergibt sich eine Schwierigkeit: Erdnussbutter unterscheidet sich in ihrer Zusammensetzung gar nicht so sehr von Nitroglyzerin. Beide bestehen sie vor allem aus Kohlenstoff, Wasserstoff, Stickstoff und Sauerstoff, mit dem Unterschied, dass Ersteres eine wohlschmeckende Paste ist und Letzteres ein hochexplosives Sprengmaterial. Es gibt eine Unmenge gefährlicher Gifte, Bleichmittel und Krankheitserreger, die man nur mit einiger Mühe von harmlosen Flüssigkeiten unterscheiden kann. Dieses Argument musste ich mir auch immer wieder von den Sicherheitskontrolleuren (und ihren Vorgesetzten) anhören. Und dann musste ich jedes Mal zähneknirschend zustimmen, dass die Erdnussbutter oder irgendeine andere Flüssigkeit, die ich aus Schusseligkeit nicht aus meinem Handgepäck genommen habe, tatsächlich ein Risiko darstellen könnte.

Flüssigkeiten sind in vieler Hinsicht das Gegenteil von verlässlichen Feststoffen. Feste Materialien waren schon immer der Freund des Menschen und nehmen in Kleidung, Schuhen, Telefonen, Autos und natürlich auch in Flughafengebäuden zuverlässige Gestalt an. Flüssigkeiten sind dagegen fließend – sie können jede beliebige Form annehmen, aber nur, solange sie von irgendetwas festgehalten werden. Andernfalls sind sie dauernd in Bewegung, sie sickern, zersetzen, tröpfeln und zerrinnen uns zwischen den Fingern. Wenn Sie einen Feststoff irgendwo hinstellen, dann bleibt er da auch stehen (es sei denn, er wird mit Gewalt entfernt); oft macht er sich dort nützlich und trägt ein Gebäude oder erzeugt Strom für die ganze Stadt. Flüssigkeiten sind dagegen die geborenen Anarchisten und haben einen Hang zur Zerstörung. Im Bad ist es zum Beispiel ein konstanter Kampf, das Wasser daran zu hindern, in Ritzen zu laufen und sich in Hohlräumen unter dem Fußboden zu sammeln, wo es Dielen und Balken zernagt. Nicht weniger gefährlich ist es als rutschige Pfütze auf den Fliesen, wo es für zahllose Unfälle verantwortlich ist; und wenn es sich in den Ecken festsetzt, bietet es Nahrung für schwarzen Schimmel und glibberige Bakterien, die uns krank machen können. Doch trotz seiner Heimtücke lieben wir das Wasser – wir räkeln uns unter dem Strahl der Dusche, planschen in der Wanne und tauchen ganz darin ein. Und was wäre ein Bad ohne eine ganze Flut von Seifen, Shampoos, Spülungen, Cremes und Pasten? Wir lieben diese köstlichen Flüssigkeiten, aber sie sind uns auch immer ein wenig unheimlich: Sind sie wirklich gut für uns? Oder könnten sie nicht vielleicht Krebs verursachen? Schaden sie der Umwelt? Bei Flüssigkeiten gehen Genuss und Misstrauen immer Hand in Hand. Sie haben eine Doppelnatur, sie sind weder Feststoff noch Gas, sondern irgendetwas dazwischen, sie sind undurchschaubar und geheimnisvoll.

Zum Beispiel Quecksilber, das die Menschheit seit Jahrtausenden beglückt und vergiftet. Als Kind habe ich mit flüssigem Quecksilber gespielt, ich habe es auf dem Tisch herumgeschnippst und war fasziniert von seinem scheinbar unwirklichen Verhalten, bis mich jemand darauf aufmerksam machte, dass es giftig ist. Aber in vielen antiken Kulturen glaubte man, dass Quecksilber das Leben verlängere, Knochenbrüche heile und gut für die Gesundheit sei. Wie die Menschen darauf kamen, weiß heute niemand mehr – vielleicht galt es als etwas Besonderes, weil es als einziges Metall bei Zimmertemperatur flüssig ist. Der chinesische Kaiser Qin Shihuangdi nahm zur Stärkung Quecksilberpillen und starb im Alter von 39 Jahren; kaum zu glauben, dass es da keinen Zusammenhang gegeben haben sollte. Trotzdem wurde er in einem Sarg mit Flüssen aus Quecksilber beigesetzt. Die alten Griechen rührten das Metall in ihre Cremes. Die Alchemisten glaubten gar, eine Kombination aus Quecksilber und Schwefel sei die Basis aller Metalle, und im Gold befänden sich beide im perfekten Gleichgewicht. Daher waren sie überzeugt, sie könnten aus verschiedenen Metallen Gold herstellen, wenn sie nur das richtige Mischungsverhältnis fänden. Das erwies sich zwar als Irrglaube, doch Gold löst sich tatsächlich in Quecksilber. Wenn man diese Flüssigkeit dann erhitzt, bis das Quecksilber verdampft, bleibt ein Goldklumpen zurück. Vor dem Zeitalter der Wissenschaft war das für die meisten Menschen reine Magie.

Quecksilber ist nicht die einzige Flüssigkeit, die andere Stoffe in sich aufnehmen kann. Wenn man Salz in Wasser rührt, wird es rasch unsichtbar – das Salz ist nicht verschwunden, aber wo ist es? Wenn man Salz dagegen in Öl gibt, setzt es sich einfach am Boden ab. Wieso? Flüssiges Quecksilber nimmt Gold in sich auf, aber Wasser weist es ab. Weshalb? Wasser nimmt Gase auf, zum Beispiel Sauerstoff; andernfalls würden wir in einer ganz anderen Welt leben, denn der in Wasser gelöste Sauerstoff erlaubt Meereslebewesen das Atmen. Wasser nimmt zwar nicht genug Sauerstoff auf, damit der Mensch atmen kann, aber andere Flüssigkeiten tun das sehr wohl. Eine bestimmte Sorte von Ölen, die Fluorchlorkohlenwasserstoffe, sind chemisch und elektrisch so träge, dass Sie Ihr Handy hineinwerfen können, ohne dass seine Funktion beeinträchtigt wäre. Sie können auch Sauerstoff in solchen Mengen aufnehmen, dass wir durch sie atmen können. Diese Art von Flüssigkeitsatmung lässt sich vielseitig einsetzen, zum Beispiel zur Behandlung des Atemnotsyndroms bei Frühgeburten.

Aber nicht dem Fluorchlorkohlenwasserstoff verdanken wir das Leben, sondern dem Wasser und seinen besonderen Eigenschaften. Es kann nämlich nicht nur Sauerstoff lösen, sondern auch zahlreiche andere Chemikalien, darunter auf Kohlenstoff basierende Moleküle. Dieses Umfeld war die Voraussetzung für das Leben und für die spontane Entstehung neuer Organismen auf unserer Erde. So weit zumindest die Theorie. Deshalb fahnden Wissenschaftler auch nach Hinweisen auf flüssiges Wasser, wenn sie nach Leben auf fernen Planeten suchen. Aber im Universum ist Wasser selten. Unter der Eisdecke des Jupitermonds Europa könnten sich Wasserozeane befinden, genau wie auf dem Saturnmond Enceladus. Aber in unserem Sonnensystem ist die Erde der einzige Himmelskörper, auf dem Wasser direkt auf der Oberfläche vorhanden ist.

Die Oberflächentemperatur und der Atmosphärendruck auf der Erde bieten genau die richtigen Bedingungen für flüssiges Wasser. Hätte die Erde beispielsweise keinen flüssigen Kern aus geschmolzenem Metall, dessen Magnetfeld uns vor den Sonnenwinden schützt, dann hätte sich das Wasser vermutlich schon vor Milliarden von Jahren verflüchtigt. Doch auf unserem Planeten ermöglicht die Existenz einer Flüssigkeit im Innern die Existenz einer anderen auf der Oberfläche, und diese wiederum brachte das Leben hervor.

Aber Flüssigkeiten können auch zerstörend wirken. Schaum fühlt sich weich an, weil er sich leicht zusammendrücken lässt – wenn Sie auf eine Schaummatratze springen, dann spüren Sie, wie sie unter Ihnen nachgibt. Flüssigkeiten können das nicht. Sie fließen, das heißt, ein Molekül rückt an die Stelle, die ein anderes freigegeben hat. Das können Sie in einem Fluss beobachten, oder wenn Sie den Wasserhahn aufdrehen, oder wenn Sie mit einem Löffel den Kaffee umrühren. Wenn Sie vom Sprungbrett ins Schwimmbecken springen und auf die Wasseroberfläche auftreffen, dann verdrängt Ihr Körper das Wasser. Das braucht allerdings eine gewisse Zeit, und wenn Sie mit zu hoher Geschwindigkeit aufprallen, dann kann das Wasser nicht schnell genug abfließen und setzt Ihnen einen Widerstand entgegen. Deshalb ist ein Bauchplatscher so schmerzhaft, und deshalb ist das Wasser hart wie Beton, wenn Sie aus großer Höhe hineinspringen. Aus dem gleichen Grund können auch Wellen eine derart tödliche Kraft entwickeln: Deshalb zerstören Tsunamis Gebäude und ganze Städte und reißen Autos mit sich wie Treibholz. Das Erdbeben, das im Dezember 2004 den Indischen Ozean heimsuchte, verursachte gleich mehrere solcher Tsunamis und tötete 230 000 Menschen in vierzehn Ländern. Auf der Liste der schlimmsten jemals registrierten Naturkatastrophen belegt es den achten Platz.

Eine weitere unangenehme Eigenschaft von Flüssigkeiten ist, dass sie explodieren können. Während der Forschungen für meine Doktorarbeit bereitete ich kleine Proben für die Untersuchung unter einem Elektronenmikroskop vor und musste unter anderem eine Elektropoliturlösung auf minus 20 Grad abkühlen. Die Flüssigkeit war eine Mischung aus einem Glycolether, Essigsäure und Perchlorsäure. Mein Kollege Andy Godfrey demonstrierte mir, was ich zu tun hatte, und ich dachte, ich hätte es kapiert. Doch nach einigen Monaten bemerkte Andy, dass sich meine Lösung während der Arbeit mit dem Elektronenmikroskop oft erwärmte. »An deiner Stelle wäre ich vorsichtiger«, sagte er mit gerunzelter Stirn. Als ich ihn nach dem Grund fragte, zeigte er auf das Laborhandbuch der gefährlichen chemischen Substanzen:

Perchlorsäure ist ätzend und zerstört Hautgewebe. Perchlorsäure ist gesundheitsschädlich, wenn sie eingeatmet oder eingenommen wird oder in Kontakt mit Haut oder Augen kommt. Bei Temperaturen über Raumtemperatur oder in Konzentrationen über 72 Prozent (unabhängig von der Temperatur) wirkt Perchlorsäure stark oxidierend. Organisches Material entzündet sich leicht spontan bei Mischung oder Kontakt mit Perchlorsäure. In den Lüftungsrohren können die Dämpfe der Säure erschütterungsempfindliche Perchlorate bilden.

Mit anderen Worten, das Zeug kann mir um die Ohren fliegen.

Bei einem Gang durchs Labor entdeckte ich ähnliche durchsichtige und farblose Flüssigkeiten, die sich äußerlich nicht voneinander unterschieden. Zum Beispiel arbeiteten wir mit Flusssäure, die sich durch Beton, Metall und Fleisch frisst und nebenbei ein Kontaktgift ist, das die Nervenfunktionen stört. Es ist eine besonders hinterhältige Säure, denn Sie spüren nicht, wenn Sie sich damit verätzen. Wenn Sie zufällig damit in Berührung kommen, kann sie Ihnen Löcher in die Haut fressen, und Sie bemerken es zunächst gar nicht.

Auch Alkohol zählt zu den Giften. Obwohl er nur in

hoher Dosierung tödlich wirkt, hat er sehr viel mehr Menschen auf dem Gewissen als die Flusssäure. Trotzdem spielt er in allen Gesellschaften und Kulturen der Welt eine wichtige Rolle als Desinfektions-, Husten-, Beruhigungs- und Allheilmittel sowie als Brennstoff. Alkohol ist so attraktiv, weil er das Nervensystem dämpft – er ist eine psychoaktive Droge. Viele Menschen können ohne ihr tägliches Gläschen Wein nicht sein, und für unsere sozialen Zusammenkünfte wählen wir gern Orte, an denen Alkohol ausgeschenkt wird. Sosehr wir diesen Flüssigkeiten misstrauen, so sehr lieben wir sie auch.

Die körperliche Wirkung des Alkohols spüren wir, wenn er in unser Blut gelangt. Das Pochen unseres Herzens erinnert uns fortwährend an die Bedeutung, die das Blut für unseren Körper hat, und an die Tatsache, dass es ständig herumgepumpt werden muss. Von allen Flüssigkeiten in der Welt ist das Blut für unser Leben unmittelbar am wichtigsten. Das Herz kann heute zum Glück schon ersetzt und repariert, und das Blut kann zugeführt, entfernt, aufbewahrt, weitergegeben, eingefroren und wiederbelebt werden. Ohne Blutbänke würden jedes Jahr viele Millionen Unfallopfer, Verletzte und Operationspatienten nicht überleben.

Unser Blut kann allerdings auch mit Erregern wie Bakterien und Viren verunreinigt werden, weshalb es uns nicht nur Heil, sondern auch Schaden bringen kann. Wie alle anderen Flüssigkeiten hat also auch das Blut eine Doppelnatur. Die Frage ist allerdings nicht, ob man einer bestimmten Flüssigkeit vertrauen kann oder nicht und ob sie an sich gut oder schlecht, gesund oder giftig, lecker oder eklig ist. Die Frage ist vielmehr, ob wir sie gut genug verstehen, um sie kontrolliert für uns zu nutzen.

Das Fliegen ist ein großartiges Beispiel dafür, was wir alles leisten können, wenn wir Flüssigkeiten in den Griff bekommen. Und deswegen stehen im Mittelpunkt dieses Buchs ein Transatlantikflug und all die merkwürdigen und wunderbaren Flüssigkeiten, die daran beteiligt sind. Für dieses Thema habe ich mich entschieden, weil ich mich während der Forschung für meine Doktorarbeit nicht selbst in die Luft gesprengt habe und schließlich Direktor des Institute of Making am University College London wurde. Dort beschäftigen wir uns zum Beispiel mit Flüssigkeiten, die sich als Feststoffe tarnen. Der Teer, aus dem unsere Straßen gemacht sind, ist zum Beispiel genau wie die Erdnussbutter eine Flüssigkeit, auch wenn er den Eindruck macht, als sei er fest. Die Ergebnisse unserer Forschung präsentieren wir auf Konferenzen in aller Welt, und in diesem Buch geht es um eine Reise von London zu einer solchen Tagung in San Francisco.

Diesen Flug beschreibe ich in der Sprache der Moleküle, Herzschläge und Meereswellen. Damit möchte ich die geheimnisvollen Eigenschaften von Flüssigkeiten erklären und zeigen, wie wir gelernt haben, sie für uns zu nutzen. Der Flug führt uns über die Vulkane Islands, die eisigen Weiten Grönlands, die Seen rund um die Hudson Bay und schließlich an die Pazifikküste. Unterwegs sehen wir uns Flüssigkeiten in ganz unterschiedlichen Dimensionen an, angefangen von den Tröpfchen in den Wolken bis hin zu den Ozeanen, aber wir lernen auch die merkwürdigen Flüssigkristalle im Videobildschirm kennen, auf dem ich mir an Bord das Unterhaltungsprogramm ansehe, die Flüssigkeiten, die das Bordpersonal serviert, und nicht zu vergessen natürlich das Flugbenzin, das uns überhaupt erst abheben lässt.

In jedem Kapitel geht es um einen anderen Aspekt des Flugs und um die Eigenschaften der Flüssigkeiten, die ihn möglich machen, zum Beispiel ihre Brennbarkeit, Löslichkeit oder Braubarkeit. Ich zeige, wie Sogkraft, Tropfenbildung, Zähigkeit, Löslichkeit, Druck, Oberflächenspannung und viele andere sonderbare Eigenschaften von Flüssigkeiten zu unserem Flug über den Ozean beitragen. Dabei erkläre ich, wie Flüssigkeiten einen Baum hinauf-, aber einen Berg hinunterfließen, warum Öl klebrig ist, warum sich Wellen so weit fortsetzen, warum etwas austrocknet, wie eine Flüssigkeit aus Kristallen bestehen kann, wie wir uns mit Selbstgebranntem nicht selbst vergiften und – für mich als Engländer ganz besonders wichtig – wie man die perfekte Tasse Tee zubereitet. Steigen Sie also ein und fliegen Sie mit – ich verspreche Ihnen, es wird eine Reise in ein Wunderland.

Kapitel 1

Explosiv

Die Türen des Flugzeugs schlossen sich, wir legten vom Gate am Flughafen Heathrow ab, und eine Stimme kündigte ein vertrautes Ritual an.

»Guten Tag, meine Damen und Herren, und willkommen zum British-Airways-Flug nach San Francisco. Darf ich um Ihre Aufmerksamkeit bitten, während das Bordpersonal Sie mit den Sicherheitseinrichtungen der Maschine vertraut macht.«

Ich muss gestehen, auf mich wirkt das immer eher beunruhigend. Es wäre doch sowieso alles zwecklos. Aber bei dem Ritual geht es auch gar nicht um Sicherheit. Ein wichtiger Sicherheitsfaktor wird zum Beispiel überhaupt nicht erwähnt, und das sind die zigtausend Liter Flugbenzin an Bord. In dieser Flüssigkeit stecken gewaltige Mengen Energie, die 400 Menschen in einem 250 Tonnen schweren Flugzeug in wenigen Minuten aus dem Stand auf eine Reisegeschwindigkeit von 925 Kilometern pro Stunde und vom Boden auf eine Flughöhe von 12 000 Metern katapultieren. Die Energie dieser Flüssigkeit verleiht unseren wildesten Träumen Flügel, mit ihrer Hilfe schweben wir über den Wolken und erreichen jeden Ort auf dem Planeten binnen weniger Stunden. Dieselbe Flüssigkeit hat den ersten Weltraumreisenden

Juri Gagarin ins Weltall befördert und befeuert heute die jüngste Generation der SpaceX-Raketen, die Satelliten in die Erdumlaufbahn schießen. Es ist das Kerosin.

Kerosin ist eine durchsichtige und farblose Flüssigkeit, die sich rein äußerlich nicht von Wasser unterscheidet. Aber wo steckt denn dann diese ganze Energie? Warum macht sie mit all ihrer rohen Kraft nicht einen gefährlicheren Eindruck?

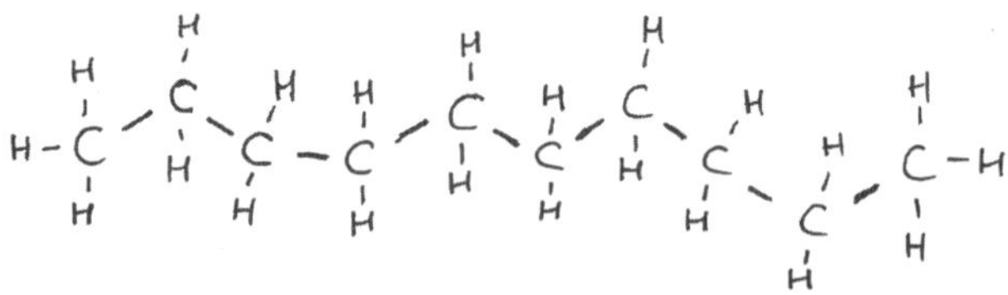

1 Die Struktur des Kohlenwasserstoffmoleküls im Kerosin.

Wenn Sie hineinzoomen und die Molekülstruktur des Kerosins unter die Lupe nehmen könnten, dann würden Sie etwas sehen, das an Spaghetti erinnert. Jede Nudel besteht aus einer Kette von Kohlenstoffatomen, an denen wiederum je zwei Wasserstoffatome hängen, nur an den Enden der Kette sind es drei. In diesem Maßstab ist der Unterschied zwischen Kerosin und Wasser nicht zu übersehen. Das Wasser besteht nicht aus Spaghetti, sondern aus einem Gewimmel von V-förmigen Molekülen (ein Sauerstoffatom, an dem zwei Wasserstoffatome hängen, H_2O). Auf dieser Ebene erinnert das Kerosin eher an Olivenöl, das sich ebenfalls aus Ketten von Kohlenstoffatomen zusammensetzt, auch wenn diese eher an einen Nudelsalat erinnern als an Spaghetti.

Da die Moleküle des Olivenöls eine komplexere Form haben als die des Kerosins, fällt es ihnen schwerer, aneinander vorüberzugleiten, weshalb die Flüssigkeit weniger bereitwillig fließt. Mit anderen Worten ist das Olivenöl »viskoser« oder zähflüssiger als das Kerosin. Beide sind Öle, und was die atomaren Grundbausteine angeht, sind sie sich relativ ähnlich, doch aufgrund der strukturellen Unterschiede ist das Olivenöl schmierig, während sich das Kerosin eher wie Wasser verhält. Dieser Unterschied hat nicht nur einen Einfluss auf die Zähigkeit der beiden Öle, sondern auch auf ihre Brennbarkeit.

Der persische Physiker und Alchemist Abû Bakr Muhammad ibn Zakaryâ ar-Râzî, besser bekannt unter dem Namen Rhazes, beschrieb seine Entdeckung des Kerosins schon im neunten Jahrhundert in seinem *Buch des Geheimnisses der Geheimnisse.* Rhazes interessierte sich für Quellen in seiner Gegend, aus denen kein Wasser sprudelte, sondern eine dicke, schwarze, schweflige Flüssigkeit. Damals wurde dieses teerartige Zeug verwendet, um Straßen damit zu asphaltieren. Rhazes entwickelte ein chemisches Verfahren, das wir heute als Destillation bezeichnen, um dieses schwarze Öl in seine Bestandteile zu zerlegen und zu analysieren. Er erhitzte es und sammelte das Gas, das dabei freigesetzt wurde. Dann kühlte er das Gas ab, woraufhin es sich wieder in eine Flüssigkeit verwandelte. Im ersten Stadium war diese Flüssigkeit gelb und ölig, doch durch wiederholte Destillation erhielt er eine klare, durchsichtige und frei fließende Substanz – Rhazes hatte das Kerosin entdeckt.

Der Alchemist hatte natürlich keine Ahnung, was diese Flüssigkeit dereinst alles in Bewegung setzen sollte. Doch er wusste, dass sie brennbar war und dass die Flamme keinen Rauch erzeugte. Das mag uns heute banal erscheinen, doch in früheren Kulturen war die Beleuchtung von

Innenräumen ein großes Problem. Die fortschrittlichste Leuchte war damals die Öllampe, doch die erzeugte fast so viel Ruß wie Licht. Eine Lampe, die nicht rußte, wäre eine revolutionäre Erfindung gewesen, weshalb sie in den Märchen aus Tausendundeiner Nacht verewigt wurde. Hier findet Aladin eine magische Öllampe. Wenn er an ihr reibt, erscheint ein mächtiger Geist, ein Dschinn. In den Märchen der Zeit wimmelt es vor Dschinnen, und es hieß, sie seien übernatürliche Wesen, die aus Feuer ohne Rauch kommen. Dieser spezielle Dschinn muss dem Besitzer der Wunderlampe jeden Wunsch erfüllen und verleiht ihm damit gewaltige Macht. Rhazes muss sich klar gewesen sein, wie bedeutend diese neue Flüssigkeit war, wenn sie mit einer nicht rußenden Flamme brannte. Aber warum machten sich die Perser dann diesen neuen Geist nicht zunutze? Die Antwort hängt mit der Bedeutung der Olivenbäume für die persische Wirtschaft und Kultur zusammen.

Im Persien des neunten Jahrhunderts war Olivenöl der Brennstoff der Wahl für die Öllampen. Die Olivenbäume gediehen prächtig in der Region, sie hielten der Trockenheit stand und trugen reichlich Früchte, die sich zu Öl pressen ließen. Aus zwanzig Oliven ließ sich ein Teelöffel Öl herstellen, und das entsprach einer Stunde Licht aus einer handelsüblichen Öllampe. Wenn ein Haushalt pro Tag durchschnittlich fünf Stunden lang eine Lampe entzündete, dann waren das hundert Oliven am Tag beziehungsweise 36 000 Oliven im Jahr. Um ihr ganzes Reich zu beleuchten, brauchten die Perser viel Land und Geduld, denn für gewöhnlich tragen Olivenbäume während der ersten zwanzig Jahre keine Früchte. Außerdem mussten sie ihre Olivenhaine beschützen, damit ihnen niemand diese wertvolle Ressource stahl, weshalb sie in befestigten Städten lebten. Das bedeutete wiederum, dass sie mehr Oliven anbauen mussten, damit alle Bürger ausreichend Öl zum Kochen und zur Beleuchtung hatten. Um eine Armee zu unterhalten, mussten sie Steuern zahlen, und die wurden oft in Form von Olivenöl abgeführt. In Persien und im übrigen Nahen Osten war das Olivenöl also ein wichtiger Baustein der Gesellschaft und Kultur, bis sich ein anderer Brennstoff fand. Mit seinen Experimenten zeigte Rhazes, dass sie eine neue Energiequelle direkt unter ihren Füßen hatten, doch dort sollte sie noch ein weiteres Jahrtausend lang bleiben.

2 Kopie einer Öllampe aus der Zeit von Rhazes.

In dieser Zeit wurde die Öllampe weiterentwickelt. So schlicht eine Leuchte aus dem neunten Jahrhundert äußerlich wirken mag, so raffiniert ist sie doch. Stellen Sie sich vor, Sie füllen eine Schüssel mit Olivenöl. Wenn Sie versuchen, das Öl zu entzünden, werden Sie feststellen, dass das gar nicht so einfach ist. Das liegt am hohen Flammpunkt des Öls. Der Flammpunkt ist diejenige Temperatur, ab der eine brennbare Flüssigkeit spontan mit dem Sauerstoff der Luft reagiert und sich entzündet, und beim Olivenöl liegt er bei 315 Grad Celsius. Deshalb können Sie das Öl gefahrlos zum Kochen verwenden: Wenn Sie es verschütten, fängt es nicht spontan Feuer. Zum Braten reicht meist schon eine Temperatur von 200 Grad Celsius.

Aber bei 315 Grad Celsius würde Ihre Pfanne in Flammen stehen und eine Menge Licht verbreiten. Das wäre nicht nur gefährlich, die Flamme wäre auch sehr kurzlebig und würde das Öl in kürzester Zeit verbrennen. Der Gedanke liegt nahe, dass es doch eine bessere Möglichkeit geben muss, um mit Olivenöl Licht zu erzeugen. Und die gibt es tatsächlich. Wenn Sie ein kurzes Stück Schnur nehmen, das eine Ende in Öl tauchen und das andere Ende herausragen lassen und entzünden, dann brennt an diesem Ende eine Flamme, ohne dass Sie dazu das ganze Öl erhitzen müssten. Es ist nicht der Docht – denn nichts anderes ist dieses Stück Schnur –, der die Flamme erzeugt, sondern das Öl im Docht. Das ist genial, doch es kommt noch viel besser. Wenn die Flamme nämlich weiterbrennt, dann greift sie nicht etwa auf das Öl über, sondern das Öl steigt vielmehr im Docht auf. Das wirkt wie reine Magie, denn das Öl fließt gegen alle Gesetze der Schwerkraft nach oben; das können alle Flüssigkeiten, weil sie etwas haben, das man als Oberflächenspannung bezeichnet.

Dass Flüssigkeiten fließen, verdanken sie ihrer Struktur – einem Zwischenstadium zwischen dem Chaos des Gases und der Starrheit des Feststoffs. In Gasen verfügen

Moleküle über so viel Wärmeenergie, dass sie voneinander wegbrechen und sich unabhängig voneinander bewegen können. Deshalb sind Gase dynamisch, das heißt, sie füllen einen verfügbaren Raum ganz aus; gleichzeitig haben sie jedoch kaum eine Struktur. Bei Feststoffen ist die Anziehungskraft zwischen Atomen und Molekülen viel größer als ihre Wärmeenergie, weshalb sie fest aneinandergebunden sind. Feststoffe haben viel Struktur, und ihre atomaren Bestandteile haben kaum Autonomie: Wenn Sie eine Schüssel in die Hand nehmen, dann hängen sämtliche Atome in ihr zusammen. Flüssigkeiten bewegen sich irgendwo zwischen Gasen und Feststoffen. Die Atome verfügen über genug Wärmeenergie, um einige Bande zu ihren Nachbarn zu lösen, aber nicht genug, um alle zu zerreißen und als Gas zu entschwinden. Deshalb sind sie in der Flüssigkeit gefangen, doch innerhalb dieser Flüssigkeit können sie sich bewegen. Genau das macht eine Flüssigkeit aus: Es handelt sich um einen Zustand der Materie, in dem Moleküle herumschwimmen und untereinander Verbindungen herstellen und lösen.

Die Moleküle an der Oberfläche einer Flüssigkeit befinden sich allerdings in einem anderen Umfeld als die innerhalb der Flüssigkeit. Sie sind nicht ringsum von anderen Molekülen umgeben und sind daher in der Regel weniger stark eingebunden als die übrigen. Dieses Ungleichgewicht der Kräfte zwischen der Oberfläche und dem Innern erzeugt eine Spannung – die sogenannte Oberflächenspannung. Diese Kraft ist winzig, doch immerhin so groß, dass sie bei kleinen Objekten stärker ist als die Schwerkraft. Deshalb können zum Beispiel manche Insekten auf der Oberfläche eines Teichs laufen.

3 Wasserläufer laufen über das Wasser. Foto: Alice Rosen.

Wenn Sie sich einen Wasserläufer ansehen, der über einen Teich läuft, dann sehen Sie, dass seine Beine vom Wasser abgewiesen werden. Die Oberflächenspannung erzeugt eine abstoßende Kraft zwischen dem Wasser und den Beinen des Insekts, die der Schwerkraft entgegenwirkt. Beim Kontakt zwischen anderen Flüssigkeiten und Feststoffen entsteht dagegen eine Anziehungskraft. Zum Beispiel zwischen Wasser und Glas. Wenn Sie ein Trinkglas mit Wasser füllen, dann können Sie sehen, dass sich die Wasseroberfläche dort, wo sie das Glas berührt, nach oben wölbt. Das ist der sogenannte Meniskus, und auch er ist eine Folge der Oberflächenspannung.

Pflanzen beherrschen diesen Trick meisterhaft. Sie ziehen Wasser gegen die Schwerkraft in große Höhen und benutzen dazu ein System von Röhren, die von den Wurzeln über den Stamm bis in die Blätter führen. Je feiner die Röhren und je größer die Oberfläche der Innenseite im Verhältnis zur Menge der transportierten Flüssigkeit, umso stärker die Wirkung. Küchenrollen und Putztücher aus Mikrofasern funktionieren nach demselben Prinzip: Sie bestehen aus feinsten Röhren, die das Wasser aufsaugen und das Tuch wirkungsvoller machen. Das alles sind Beispiele für den sogenannten Kapillareffekt, der auch im Docht wirkt und das Öl zur Flamme hin zieht.

Ohne Kapillareffekt gäbe es keine Kerzen. Wenn Sie den Docht einer Kerze entzünden, dann erwärmt die Flamme das Wachs, und es entsteht eine kleine Menge von geschmolzenem Wachs. Dieses flüssige Wachs steigt durch winzige Kanäle ans Ende des Dochts und nährt dort die Flamme, und gleichzeitig lässt deren Wärme weiteres Wachs schmelzen. Wenn man das richtige Material für den Docht wählt, ist die Flamme heiß genug, um eine ausreichende Menge an Wachs flüssig und den Strom von Brennstoff konstant zu halten. Es ist ein komplexes System, das sich selbst reguliert, und wenn wir es einmal in Gang gesetzt haben, müssen wir uns nicht mehr darum kümmern. Kerzen sind heute so selbstverständlich, dass wir uns nicht mehr bewusst machen, um welche technische Errungenschaft es sich handelt.

Jahrtausendelang brachte der Kapillareffekt, ob in Kerzen oder Öllampen, Licht in die Häuser der Menschen. Ohne den Docht wäre die Welt jede Nacht in Finsternis versunken. Wie man sich denken kann, waren Lampen vor allem da beliebt, wo es Öl gab, und Kerzen da, wo tierisches Fett zur Verfügung stand. Doch so genial Öllampen und Kerzen auch sind, sie haben ihre Nachteile: Da ist natürlich die Feuergefahr, dazu kommen der Ruß, die geringe Helligkeit, der Gestank und der Preis. Deswegen haben Menschen schon immer nach besseren, sichereren und günstigeren Möglichkeiten gesucht, ihre Häuser zu beleuchten. Die Entdeckung des Kerosins im neunten Jahrhundert wäre die Lösung gewesen, wenn denn jemand etwas davon mitbekommen hätte.

Im Flugzeug war die Sicherheitsdemonstration in vollem Gange, doch die Stewardessen erwähnten das Kerosin mit keinem Wort. Und das obwohl dieser revolutionäre Brennstoff gerade in die Düsentriebwerke unter den Flügeln gespritzt wurde, um die Maschine zur Startbahn zu befördern. Stattdessen wurden wir aufgeklärt, was wir im Fall eines »Druckverlusts in der Kabine« zu tun hätten. Als Engländer mit einem Hang zum Understatement weiß ich diese Formulierung sehr zu schätzen. Druckverlust klingt harmlos, aber wenn der Rumpf in 12 000 Metern Höhe plötzlich ein Loch oder einen Riss bekommt, dann würde aller Sauerstoff aus der Kabine gesaugt und mit ihm alle, die nicht angeschnallt auf ihren Plätzen sitzen. Es gäbe nicht genug Sauerstoff, um normal zu atmen, weshalb Sauerstoffmasken aus der Decke fallen. Der Kapitän würde die Maschine so schnell wie möglich auf eine Höhe senken, auf der wieder ausreichend Sauerstoff vorhanden wäre. Wer bis dahin noch am Leben wäre, hätte die erste Hürde genommen.

Auch für die alten Öllampen war der Sauerstoffmangel ein Problem. Aufgrund der Konstruktionsweise der Lampe erhielt das Öl zu wenig Sauerstoff, um es vollständig zu verbrennen, weshalb die Flamme relativ wenig Licht erzeugte. Erst in der zweiten Hälfte des 18. Jahrhunderts erfand ein Schweizer Wissenschaftler namens Ami Argand eine neue Lampe mit einem hohlen Docht und einem Glaskolben zum Schutz der Flamme. Durch die Form des Dochts gelangte nun Luft in die Mitte der Flamme, sodass sie besser mit Sauerstoff versorgt wurde und heller brannte. Die Öllampe erzeugte damit so viel Licht wie sechs oder sieben Kerzen. Auf diese Verbesserung folgten weitere, und irgendwann wurde klar, dass Olivenöl oder andere pflanzliche Öle nicht der beste Brennstoff waren. Um helleres Licht zu erzeugen, brauchte man eine heißere Flamme, und dazu musste das Öl schneller durch den Docht fließen. Wie schnell eine Flüssigkeit durch einen Docht fließt, hängt von ihrer Oberflächenspannung und Zähigkeit ab. Die Suche nach preisgünstigen und flüssigeren Ölen spornte neue Experimente an und kostete bedauerlicherweise zahllose Wale das Leben.

4 *Fang eines Pottwals* von John William Hill (1835). Yale University Art Gallery.

Das Öl von Walen gewinnt man, indem man den Speck der Tiere kocht. Ihr Öl ist durchsichtig und honigfarben. Wegen seines tranigen Geschmacks eignet es sich nicht zum Verzehr, aber mit einem Flammpunkt von 230 Grad Celsius und seiner geringen Zähigkeit ist es umso besser für Öllampen.

Ende des 18. Jahrhunderts schnellte der Verbrauch von Walöl in Argand-Lampen in die Höhe, vor allem in Europa und Nordamerika. Zwischen 1770 und 1775 produzierten die Walfänger von Massachusetts 45 000 Barrel Öl pro Jahr, um die Nachfrage zu decken. Der Walfang wurde zum großen Geschäft, befeuert durch die immer größere Nachfrage nach Beleuchtung, und einige Walarten wurden nahezu vollständig ausgerottet. Bis zum Beginn des 19. Jahrhunderts waren schätzungsweise eine Viertelmillion Wale getötet worden.

Die Wale wurden immer weniger, doch der Wunsch nach beleuchteten Innenräumen wurde immer größer. Die Bevölkerung von Industrienationen wuchs und wurde wohlhabender, die Bildung wurde wichtiger und mit ihr die Kultur der Abendlektüre und -unterhaltung. Somit stieg auch die Nachfrage nach Ölen. Um diese Nachfrage zu befriedigen, mussten sich Erfinder und Wissenschaftler etwas einfallen lassen. Einer davon war der schottische Chemiker James Young, der 1848 ein Verfahren entwickelte, mit dem sich aus Kohle eine Flüssigkeit gewinnen ließ; das Produkt, das Young als Paraffinöl bezeichnete, eignete sich hervorragend für die Verwendung in Öllampen. Der kanadische Erfinder Abraham Gesner kam auf denselben Trichter und gab seinem Produkt den Namen Kerosin. Diese Erfindungen wären vielleicht nicht weit gekommen, wäre nicht kurz darauf der Amerikanische Bürgerkrieg ausgebrochen. Mit einem Mal wurden die Walfänger zum Ziel von militärischen Angriffen, und nun ergab sich eine Chance für die neue Kerosinherstellung.

Richtig erfolgreich wurde sie allerdings erst, als die Erfinder nicht mehr mit Kohle experimentierten, sondern mit dem schwarzen Öl, das in der Nähe von Kohlevorkommen gefunden wurde. Dieses Erdöl, das aus dem Boden gepumpt werden musste, ist ein schwarzes, stinkendes, klebriges Zeug. Um es verwenden zu können, musste man es erst destillieren, wie es Rhazes zuvor gemacht hatte. Das Geschäft erwies sich als ausgesprochen lukrativ, und der Geist war endgültig aus der Lampe entkommen.

An Bord meines Flugzeugs noch immer kein Wort von Kerosin. Die Sicherheitshinweise befassten sich inzwischen mit den Notausgängen, und die Stewardess vor mir breitete die Arme aus und deutete auf sie. Zwei befanden sich hinter mir, zwei vorn, zwei über den Flügeln. »Und im Treibstofftank unter unseren Füßen befinden sich 50 000 Liter Kerosin und noch mal 50 000 Liter in jeder der beiden Tragflächen«, brummte ich vor mich hin. Meine Sitznachbarin merkte auf, zum ersten Mal, seit sie Platz genommen hatte, nahm sie den Blick von ihrem Buch. Später sollte ich erfahren, dass sie Susan hieß. Über den Rand ihres roten Brillengestells hinweg blickte sie mich kurz an, dann wandte sie sich wieder ihrer Lektüre zu. Obwohl sie mich höchstens eine Sekunde lang angesehen hatte, sprach ihr Blick Bände: »Entspannen Sie sich. Fliegen ist das sicherste Transportmittel. Wissen Sie, dass jeden Tag mehr als eine Million Menschen durch die Stratosphäre fliegen? Die Wahrscheinlichkeit, dass etwas passiert, ist verschwindend gering. Nein, nicht nur verschwindend – sie geht gegen null. Lehnen Sie sich zurück. Entspannen Sie sich. Lesen Sie ein Buch.« Ich weiß, das ist viel Information für einen Blick, aber glauben Sie mir, ihrer sagte all das.

5 Erdölraffinerie; die Säulen sind der Destillationsapparat.

Trotzdem ließ mich der Gedanke an das Kerosin nicht los und an den bemerkenswerten Trick, mit dem es die Erfinder des 19. Jahrhunderts aus Rohöl gewannen: der Destillation. Rhazus hatte dazu einen Apparat namens Alembik verwendet, und heute bezeichnet man dies als Destillationsapparat – nichts anderes sind die Türme, die aus einer Raffinerie ragen.

Rohöl ist eine Mischung aus unterschiedlichen Kohlenwasserstoffmolekülen, von denen einige länglich sind wie Spaghetti, andere kürzer und kompakter und wieder andere ringförmig. Das Gerüst jedes dieser Moleküle ist eine Kette von Kohlenstoffatomen, an denen jeweils zwei Wasserstoffatome hängen. In Form und Größe unterscheiden sich diese Moleküle jedoch ganz erheblich: Manche haben nur fünf Kohlenstoffatome, andere Hunderte. Moleküle mit weniger als fünf Kohlenstoffatomen sind selten, da sie in dieser Größe eher in Gasform existieren –

Methan, Ethan und Butan. Je länger das Molekül, desto höher sein Siedepunkt und umso größer die Wahrscheinlichkeit, dass es bei Raumtemperatur flüssig ist. Das trifft auf Moleküle mit bis zu vierzig Kohlenstoffatomen zu. Noch längere Moleküle können kaum noch fließen und werden zu Teer.

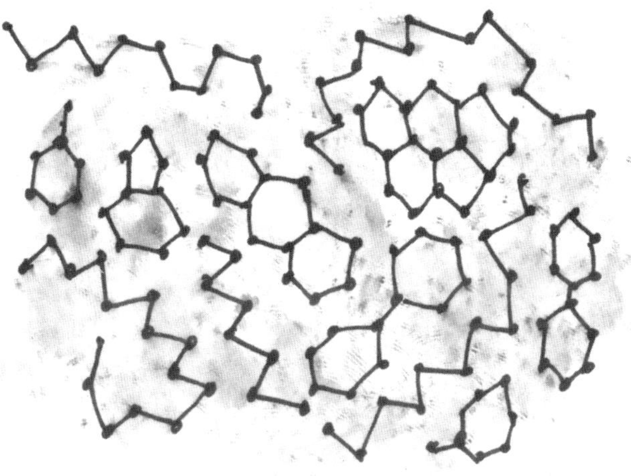

6 Eine Mischung aus Kohlenwasserstoffmolekülen, wie sie im Rohöl vorkommen (abgebildet sind nur die Kohlenstoffatome).

Bei der Destillation von Rohöl werden zuerst die kürzeren Moleküle gewonnen. Kohlenwasserstoffmoleküle mit fünf bis acht Kohlenstoffatomen bilden eine helle, klare und extrem leicht entzündliche Flüssigkeit mit einem Flammpunkt von minus 45 Grad Celsius, das heißt, selbst bei Temperaturen unter null entzünden sie sich schnell. Diese Flüssigkeit in einer Öllampe verbrennen zu wollen, wäre extrem leichtsinnig. In den Anfangstagen der Ölindustrie wurde sie daher als Abfall verworfen. Erst später erkannten Techniker ihre Tugenden und verstanden, wie sie sich mit Luft vermischen und entzünden lässt, um mit dem entstehenden heißen Gas einen Kolben in Bewegung zu setzen. Später nannte man diese Flüssigkeit Benzin und benutzte sie zum Antrieb von Fahrzeugmotoren.

Längere Kohlenwasserstoffmoleküle mit neun bis 21 Kohlenstoffatomen ergeben eine klare, farblose Flüssigkeit mit einem höheren Siedepunkt. Sie verdunstet weniger schnell und ist nicht ganz so leicht entflammbar. Wenn die Moleküle dann aber mit Sauerstoff reagieren, setzen sie aufgrund ihrer Länge große Mengen Energie in Form von heißem Gas frei. Diese Flüssigkeit entzündet sich allerdings nur, wenn man sie in die Luft sprüht, und sie lässt sich zu einer großen Dichte komprimieren, ehe sie in Flammen aufgeht. Das entdeckte Rudolf Diesel im Jahr 1897, weshalb sowohl der Motor als auch sein Treibstoff heute seinen Namen tragen. Der Diesel ist der erfolgreichste Motor des 20. Jahrhunderts.

Aber in den Anfangstagen der Ölindustrie Mitte des 19. Jahrhunderts gab es noch keine Dieselmotoren. Stattdessen suchte man händeringend nach brennbaren Substanzen für Öllampen. Auf der Suche nach diesem Öl erzeugten die Hersteller eine Kohlenwasserstoffverbindung mit sechs bis 16 Kohlenstoffatomen. Diese Flüssigkeit ist irgendwo zwischen Benzin und Diesel. Sie hat viele der Tugenden des Diesels, das heißt sie verdunstet nicht so schnell und geht daher keine explosive Mischung mit der Luft ein, und gleichzeitig ist sie ähnlich flüssig wie Wasser. Daher fließt sie gut durch Dochte und gibt eine helle Flamme. Sie war billig und wirkungsvoll und benötigt weder Olivenbäume noch Wale. Das war das Kerosin, das perfekte Lampenöl.

Aber ist dieses Kerosin auch sicher? Meine Gedanken

waren abgeschweift – ich hatte den Rat in Susans Blick befolgt und versucht, mich ein wenig zu entspannen –, doch nun drängten sich die Sicherheitshinweise wieder in den Vordergrund. Inzwischen waren sie bei den Schwimmwesten angelangt, die Stewardess hatte sich eine übergezogen und tat so, als würde sie in eine Trillerpfeife blasen. Ich fragte mich, wie es sich wohl anfühlte, einen Absturz zu überleben und im Meer zu treiben, vielleicht nachts, und zu versuchen, in eine Pfeife zu blasen. Außerdem fragte ich mich, was wohl bei so einem Unfall mit dem Kerosin passieren würde. Ob es explodieren würde?

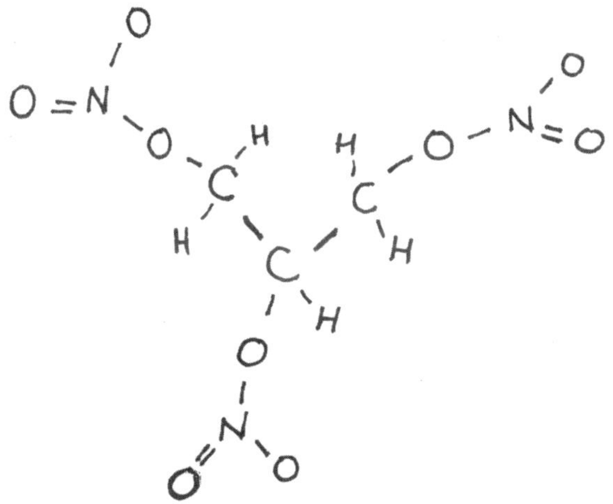

7 Molekülstruktur von Nitroglyzerin.

Ich kenne eine Flüssigkeit, die ganz bestimmt explodieren würde: das Nitroglyzerin. Wie Kerosin ist Nitroglyzerin eine farblose, durchsichtige und ölige Flüssigkeit. Sie wurde erstmals 1847 vom italienischen Chemiker Ascanio Sobrero hergestellt. Die Flüssigkeit brachte ihn nicht um, was ein Wunder ist, denn es handelt sich um eine aberwitzig gefährliche und instabile Chemikalie, die ohne jede Vorwarnung in die Luft fliegen kann. Ascanio machten die möglichen Verwendungen seiner Entdeckung solche Angst, dass er sie ein Jahr lang geheim hielt und verhindern wollte, dass andere sie herstellten. Sein Schüler Alfred Nobel erkannte jedoch ihr Potenzial: Er war der Ansicht, dass Nitroglyzerin das Schießpulver ersetzen würde. Schließlich gelang es ihm, es in eine Form zu bringen, in der es relativ sicher zu handhaben ist. Er verwandelte die Flüssigkeit in einen Feststoff, der nicht zufällig explodierte (der allerdings seinen Bruder Emil das Leben kostete), und hatte damit das Dynamit erfunden. Seine Schöpfung revolutionierte den Bergbau und machte ihn zu einem reichen Mann, mussten doch vor der Erfindung des Dynamits Bergbauunternehmen ihre Schächte und Gruben von Arbeitern ausheben lassen. Mit einem Teil seines Vermögens lobte er den bekanntesten Preis der Welt aus, den Nobelpreis.

Wie Benzin, Diesel und Kerosin besteht Nitroglyzerin aus Kohlenstoff und Wasserstoff. Dazu kommen allerdings noch Sauerstoff- und Stickstoffatome. Diesen Atomen und ihrer Position innerhalb des Moleküls verdankt das Nitroglyzerin seine Instabilität. Wenn Druck oder Vibration darauf wirken, zerfällt es leicht; dann entweichen die Stickstoffatome als Gas, und die Sauerstoffatome reagieren mit dem Kohlenstoff zu Kohlendioxid, ebenfalls ein Gas. Außerdem können sie mit dem Wasserstoff reagieren und Wasserdampf bilden, und daneben bleibt immer noch Sauerstoffgas übrig. Die Druckwellen, die sich beim Zerfall des Moleküls ausbreiten, erfassen benachbarte Moleküle und lassen diese ebenfalls zerfallen, wodurch mehr Gase und weitere Druckwellen entstehen. Die Kettenreaktion breitet sich mit dreißigfacher Schallgeschwindigkeit aus und macht aus der Flüssigkeit fast augenblicklich ein heißes Gas. Dieses Gas hat das tausendfache Volumen der Flüssigkeit und breitet sich mit rasender Geschwindigkeit aus, was eine gewaltige, heiße Explosion bewirkt. Ein großer Teil der Zerstörungen des Zweiten Weltkriegs wurde mit Sprengstoffen auf Nitroglyzerinbasis angerichtet.

Die Obergrenze von 100 Millilitern Flüssigkeit im Handgepäck von Flugreisenden soll verhindern, dass jemand eine ausreichende Menge von Flüssigsprengstoffen wie Nitroglyzerin mit an Bord nimmt, mit der sich das Flugzeug in die Luft sprengen ließe. 100 Milliliter Nitroglyzerin würden zwar auch explodieren, aber die Energie, die dabei frei wird, würde nicht ausreichen, um das Flugzeug zum Absturz zu bringen. Doch es ist ein wenig besorgniserregend, dass Kerosin zehnmal so viel Energie pro Liter enthält wie Nitroglyzerin und dass sich in den Tanks des Flugzeugs Zigtausend Liter davon befinden.

Kerosin ist allerdings nicht explosiv, das heißt, es fliegt nicht spontan in die Luft. Anders als Nitroglyzerin enthält das Molekül weder Sauerstoff noch Stickstoff. Es ist stabil und zerfällt nicht so ohne Weiteres. Anders als bei seinem weniger energiereichen Vetter Nitroglyzerin muss man etwas tun, um an seine Energie heranzukommen – man muss eine Reaktion mit Sauerstoff herbeiführen. Wenn Kerosin und Sauerstoff miteinander reagieren, entstehen Kohlendioxid und Wasserdampf, doch weil die Reaktion von der vorhandenen Sauerstoffmenge abhängt, lässt sie sich kontrollieren.

Seiner gewaltigen Energiemenge und der Tatsache,

dass es sich kontrolliert verbrennen lässt, verdankt das Kerosin seine große Bedeutung für die technische Entwicklung. Täglich werden heute in aller Welt eine Milliarde Liter Kerosin verbrannt, vor allem in Weltraumraketen und Flugzeugen, aber in einigen Ländern wird es auch noch zur Beleuchtung und zum Heizen verwendet. In Indien haben zum Beispiel noch 300 Millionen Menschen Kerosinlampen in ihren Häusern.

Aber bei allem Nutzen hat das Kerosin auch seine dunklen Seiten. Ein Beispiel sind die Terroranschläge des 11. September 2001. An diesem Tag saß ich zu Hause und starrte ungläubig auf den Bildschirm. Ich erinnere mich nicht mehr, ob ich live miterlebte, wie das zweite Flugzeug im Südturm des World Trade Centers einschlug, oder ob ich es später in den Nachrichten sah, doch die Bilder erschütterten mich. Sprachlos starrte ich auf den Fernseher und versuchte, die Bilder zu verstehen. Die beiden Hochhäuser standen in Flammen, und die Reporter berichteten, dass weitere Flugzeuge in andere Ziele gelenkt worden waren. Als es schon so aussah, als könnte es nicht mehr schlimmer werden, fiel der erste der beiden Türme wie in Zeitlupe in sich zusammen. Als der zweite einstürzte, waren wir bereits gewarnt, doch das machte es nicht weniger entsetzlich.

Es war der Treibstoff der Flugzeuge, der die Türme zum Einsturz gebracht hatte. Es gab keine Explosion, denn Kerosin ist stabil. Im Bericht des FBI hieß es später, das Kerosin habe mit dem Luftsauerstoff reagiert, der durch die zerstörten Etagen angesaugt wurde, und die Temperatur in den obersten Stockwerken auf über 800 Grad Celsius steigen lassen. Das reichte nicht aus, um die Stahlkonstruktion zum Schmelzen zu bringen – Stahl schmilzt erst bei über 1500 Grad Celsius –, doch bei 800 Grad verliert der Stahl etwa die Hälfte seiner Tragfähigkeit, und deshalb gab er nach. Sobald eine Etage einknickte, stürzte das Gewicht des gesamten Gebäudes auf die darunterliegende Etage, sodass auch diese zusammenklappte, und so weiter, wie ein Kartenhaus. Beim Einsturz der Gebäude kamen mehr als 2700 Menschen ums Leben, darunter 343 Feuerwehrleute. Dieser Anschlag war ein entscheidender Moment in unserer neueren Geschichte, nicht nur, weil er Kriege und neues Leid nach sich zog, sondern auch, weil der Einsturz der Türme ein starkes Sinnbild für die Zerbrechlichkeit unserer demokratischen Zivilisation wurde. Und der Zünder dieser Zerstörung war das Kerosin in den Tanks der Flugzeuge.

Vielleicht verstehen Sie, warum ich dachte, dass die Fluggesellschaft es in ihren Sicherheitshinweisen erwähnen sollte. Doch die Durchsage endete, ohne auch nur mit einem Wort auf die 150 000 Liter Kerosin an Bord einzugehen oder sich zu seiner Doppelnatur zu äußern. Auf der einen Seite ist dieses durchsichtige Öl nämlich so stabil, dass man ein brennendes Streichholz in den Tank werfen könnte, ohne dass es Feuer fängt; aber in der Mischung mit der richtigen Menge Sauerstoff setzt es zehnmal so viel Energie frei wie der Sprengstoff Nitroglyzerin. Meine Sitznachbarin Susan schien das alles nicht weiter zu beunruhigen, gebannt schmökerte sie in ihrem Buch.

Doch auch wenn das Kerosin vom Personal nicht ausdrücklich erwähnt worden war, fiel mir auf, dass es unausgesprochen irgendwo lauerte. Diese Begrüßung an Bord ist eines der Rituale, an denen alle Menschen teilnehmen, unabhängig von Hautfarbe, Nationalität, Geschlecht oder Religion. Wir alle müssen uns ihm unterziehen, ehe das

Kerosin in die Triebwerke gespritzt wird und das Flugzeug abhebt. Die Unfälle, vor denen wir gewarnt werden, zum Beispiel die Landung auf dem Wasser, sind extrem selten: Selbst wenn Sie ein Leben lang jeden Tag in ein Flugzeug steigen würden, wäre es ausgesprochen unwahrscheinlich, dass Sie einen Absturz oder eine Notwasserung erleben. Darum geht es also nicht. Wie alle Rituale hat auch dieses seine festen Formeln, Handlungen und Hilfsmittel. Bei religiösen Ritualen kommen oft Kerzen, Weihrauch und Kelche zum Einsatz, bei den Sicherheitshinweisen im Flugzeug sind es Atemmasken, Rettungswesten und Sicherheitsgurte. Die Botschaft dieses Rituals ist ganz einfach: Sie sind im Begriff, etwas sehr Gefährliches zu tun, doch die Ingenieure haben dafür gesorgt, dass es fast absolut sicher ist. Das »fast« wird betont durch die komplexen Handlungen rund um die genannten Hilfsmitteln. Das Ritual dient dazu, Sie aus Ihrem Alltag herauszuholen, in dem sie Ihre Sicherheit selbst in der Hand haben, und Sie in die gegenwärtige Situation zu versetzen, in der Sie die Kontrolle an andere Menschen und die Gerätschaften abgeben, mit denen diese eine der mächtigsten Flüssigkeiten der Welt bändigen und Sie durch die Atmosphäre an Ihr Ziel katapultieren. Sie müssen diesen Menschen vertrauen und Ihr Leben in ihre Hände geben. Die Sicherheitshinweise sind also in Wirklichkeit ein Vertrauensritual.

Das Ritual endete, indem das Bordpersonal durch die Gänge ging, um zu überprüfen, ob alle Fluggäste angeschnallt, die Sitze aufrecht und die Gepäckfächer geschlossen waren. Feierlich nickte ich der Stewardess zu. Die Maschine hatte die Position erreicht, die Startvorbereitungen begannen, und mit dem geballten Wissen aus mehr als tausend Jahren hob uns das flüssige Kerosin in die Lüfte.

Wenn Sie schon einmal einen Luftballon aufgeblasen und losgelassen haben, sodass er durch den Raum saust, dann wissen Sie auch, wie ein Düsentriebwerk funktioniert. Die zusammengedrückte Luft flieht in die eine Richtung, und der Ballon fliegt in die andere: Das ist Newtons drittes Bewegungsgesetz, nach dem jede Aktion eine gleich große Reaktion in der Gegenrichtung bewirkt. Es wäre allerdings ein bisschen aufwendig, ein Flugzeug antreiben zu wollen, indem man eine ausreichend große Menge komprimiertes Gas mitführt; zum Glück hatte der britische Ingenieur Frank Whittle eine andere Idee. Da der Himmel ja schon voller Gas ist, muss ein Flugzeug es nicht mitführen; es reicht, wenn man das vorhandene Gas im Flug komprimiert und wieder ausstößt. Man braucht also eine Maschine, die Luft zusammenpresst. Dieser Kompressor befindet sich unter den Flügeln: Er sieht aus wie ein gewaltiger Ventilator, aber was Sie nicht sehen können, ist, dass es in Wirklichkeit zehn oder mehr Ventilatoren sind, von denen jeder kleiner ist als der vorhergehende. Ihre Aufgabe besteht darin, Luft anzusaugen und zusammenzupressen. Dieses komprimierte Gas gelangt in eine Verbrennungskammer in der Mitte des Triebwerks, wo es mit Kerosin gemischt und entzündet wird. Auf diese Weise entsteht ein Strahl heißen Gases, der auf der Rückseite des Triebwerks herausschießt. Das Geniale ist nun, dass ein Teil der Kraft dieses Gasstrahls dazu verwendet wird, um Turbinen anzutreiben, und diese wiederum setzen die Kompressoren in der vorderen Öffnung des Triebwerks in Bewegung. Das heißt, das Triebwerk nutzt die Energie des heißen Gases, um im Flug mehr Luft zu komprimieren.

Die Luft, die aus der Rückseite des Triebwerks herausschoss, beschleunigte unser Flugzeug auf der Startbahn. Beim Blick aus dem Fensterchen lässt sich nur schwer abschätzen, wie schnell man sich fortbewegt. Man sieht nur, wie die Tragflächen mit jeder Unebenheit der Piste flattern – keine Spur von der technischen Eleganz, mit der die Maschine später durch die Lüfte gleitet. Bei einer Geschwindigkeit von 120 Kilometern pro Stunde nimmt das Klappern und Ächzen in der Kabine allmählich besorgniserregende Ausmaße an. Wenn ich nie zuvor in einem Flugzeug gesessen hätte, wären mir ernsthafte Zweifel gekommen, ob wir jemals abheben würden.

Doch mit der entfesselten Energie des Kerosins schossen wir immer schneller voran. Pro Sekunde wurden vier Liter des Treibstoffs verbrannt, der energiereicher ist als Nitroglyzerin. Die Maschine näherte sich dem Ende der drei Kilometer langen Startbahn und donnerte inzwischen mit einer Geschwindigkeit von 260 Kilometern pro Stunde dahin. Der gefährlichste Moment des Flugs war gekommen. Das Ende der Piste war fast erreicht, und wenn wir nicht bald abhoben, dann würden wir über sie hinaus rasen und mit Zigtausenden Litern Kerosin im Tank in die Gebäude dahinter pflügen. Doch majestätisch wie ein Schwan, der vom See auffliegt, hob sich die Maschine in den Himmel und ließ binnen weniger Sekunden die Gebäude, Autos und Menschen weiter unter sich. Diesen Moment genieße ich immer ganz besonders, vor allem wenn wir wie an diesem Tag durch tief hängende Wolken stoßen und in den hellen Sonnenschein hinausfliegen. Es fühlte sich an, als würde man in andere Regionen des Bewusstseins vordringen, und davon kann ich nie genug bekommen.

Ein Flugzeug ist in gewisser Hinsicht eine moderne Zauberlampe. Das Kerosin ist der Dschinn, der Sie überallhin trägt, aber nicht auf einem Zauberteppich, sondern ganz bequem in einer Kabine, in der Sie vor Wind und Wetter geschützt sind, sich entspannen und vielleicht sogar schlafen können.

Natürlich hat das Kerosin wie alle Dschinne auch seine dunklen Seiten. Wir haben uns in seine Kraft verliebt, doch genau wie jede andere vom Rohöl abhängige Aktivität fügt auch das Fliegen unserem Klima schweren Schaden zu: Das Kohlendioxid, das bei der Verbrennung von Erdölprodukten wie Kerosin entsteht, erwärmt die Erdatmosphäre immer schneller. Weltweit verbrennen wir täglich 16 Milliarden Liter Öl. Eine der entscheidenden Fragen des 21. Jahrhunderts wird es sein, ob wir Möglichkeiten finden, den Dschinn wieder in die Lampe zu sperren.

Aber ich muss gestehen, dass mir das in diesem Moment kein Kopfzerbrechen bereitete. Stattdessen bestaunte ich die Wolkenlandschaft unter mir und freute mich schon auf ein Getränk aus dem Servicewagen, den die Stewardess nun den Gang herunterschob.

Kapitel 2
Berauschend

Als wir die Reiseflughöhe von 12 000 Metern erreicht hatten, genoss ich den Flug vollends und blickte von meinem Fensterplatz hinaus in die Wolken, die in der Sonne badeten. Als ich den Kopf umwandte, blickte ich in die Augen meiner Sitznachbarin, die ebenfalls aus dem Fenster sah.

»Wäre es nicht toll, wenn man da reinspringen könnte, in diese flauschigen warmen Wolken?«, fragte ich sie.

»Also, warm wäre es da sicher nicht«, erwiderte sie.

»Ah, natürlich. Sie haben recht«, sagte ich. »Tut mir leid.«

Du liebe Zeit, hatte ich das tatsächlich gerade gesagt? Ob das am Wein lag? Sollte mir der schon zu Kopf gestiegen sein? Ich beäugte das Etikett der kleinen grünen Flasche, die mich darüber in Kenntnis setzte, dass es sich bei der darin enthaltenen Flüssigkeit um einen australischen Wein aus Chardonnay-Trauben handelte. Der Geschmack wurde beschrieben als »rund mit buttrig-vanilligem Abgang«. Ich nippte, um zu sehen, ob ich die Vanille herausschmecken konnte. Nein. Der Wein war säuerlich, vielleicht ein bisschen blumig. Ich blickte wieder auf das Etikett. 13 Prozent Alkoholgehalt.

Alkohole haben chemisch gesehen große Ähnlichkeit mit Kerosin. Unter anderem sind sie entzündlich, wie Sie vermutlich wissen, wenn Sie jemals ein flambiertes Dessert bestellt haben. Bei solchen und anderen ausgefallenen Zubereitungen wird meist Cognac verwendet, der in der Regel 40 Prozent Alkohol enthält und mit einer bläulichen Flamme auf Ihrem Nachtisch verbrennt.

Reiner Alkohol brennt ebenfalls leicht und wird sogar als Treibstoff für Autos verwendet. Brasilien ist der weltweit größte Produzent von Alkohol aus Zuckerrohr. Dieser Alkohol wird als Biosprit verwendet, in Brasilien haben 94 Prozent aller Pkw einen gewissen Anteil Alkohol im Tank. Zur Herstellung wird das Zuckerrohr ausgepresst, und der Saft wird unter Zugabe von Hefe vergoren. Mit demselben Verfahren werden auch Wein und Bier hergestellt: Die Hefebakterien verzehren den Zucker und produzieren dabei Alkohol. Um Biodiesel zu gewinnen, wird die vergorene Flüssigkeit weiterdestilliert, bis reiner Alkohol entsteht. In anderen Teilen der Welt ist der Biosprit weit weniger beliebt als in Brasilien, zum einen weil fossile Kraftstoffe billiger in der Herstellung sind, aber auch weil der Anbau des Zuckerrohrs riesige Landflächen verschlingt. Im Rest der Welt wird der aus vergorenen Pflanzen hergestellte Alkohol vor allem getrunken.

Alkohol ist der wesentliche Bestandteil einiger der beliebtesten Getränke der Welt, zum Beispiel Wein, Bier und Schnaps. Seine Beliebtheit ändert allerdings nichts daran, dass er giftig ist. Es ist dieses Gift, das den Alkohol so berauschend macht. Das Gift unterdrückt das Nervensystem und bewirkt einen Verlust der Denkfähigkeit, der Bewegungsfunktionen und der Selbstbeherrschung. Bei diesen gravierenden körperlichen Auswirkungen ist es umso erstaunlicher, dass wir einen Schwips als so angenehm empfinden. Mich zumindest entspannt er, ich mache mir weniger Sorgen und grinse, und bei höheren Dosierungen tanze ich auch schon mal enthemmt. Am Ende einer anstrengenden Arbeitswoche tut mir wenig so gut wie ein berauschendes Getränk. »Trink mich«, sagt die Flasche Wein. »Für kurze Zeit sieht die Welt dann ganz anders aus.«

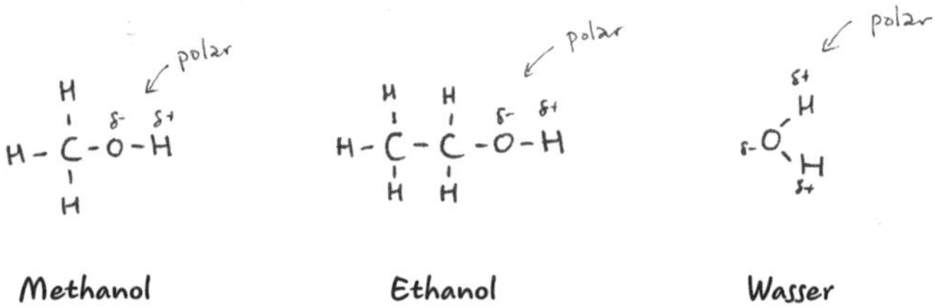

8 Vergleich der chemischen Strukturen der Alkohole Methanol und Ethanol. Methanol hat ein Kohlenstoffatom, Ethanol zwei. Beide sind polar und haben eine Hydroxygruppe – das OH an einem Ende. Wasser ist ebenfalls polar, weshalb es sich gut mit Methanol und Ethanol mischen lässt.

»Alkohol« ist der Überbegriff für eine Familie von Kohlenwasserstoffmolekülen, die Benzin und Diesel sehr ähnlich sehen, nur dass sie an einem Ende zusätzlich ein Sauerstoff- und ein Wasserstoffatom haben. Diese zusätzlichen Atome bezeichnet man als Hydroxygruppe. Verschiedene Alkohole haben unterschiedlich lange Moleküle – der Alkohol, den wir trinken, besteht aus zwei Kohlenstoffatomen und heißt Ethanol. Das Molekül ist polar, das heißt, verschiedene Teile des Moleküls tragen unterschiedliche elektrische Ladungen. Beim Alkohol ist die Hydroxygruppe dafür verantwortlich. Auch Wassermoleküle haben eine Hydroxygruppe und sind polar. Deshalb löst sich Ethanol gut in Wasser. Wenn auf dem Etikett der Flasche der Alkoholanteil angegeben wird, dann besagt das, welchen Anteil von gelöstem Ethanol das Getränk enthält. Im Falle meines Chardonnay waren es 13 Prozent.

Die eine Seite des Alkohols hat zwar Ähnlichkeit mit Wasser, doch die andere, die Kette aus Kohlenwasserstoffen, ähnelt der Struktur der Öl- und Fettmoleküle, die unsere Körperzellen überziehen. Deshalb kann Ethanol an den Schutzvorrichtungen der Zellmembran vorüberschlüpfen, die Magenschleimhäute überwinden und direkt in unsere Blutgefäße vordringen. Rund 20 Prozent des Ethanols, den Sie mit einem Glas Wein zu sich nehmen, gelangt auf diese Weise direkt ins Blut, weshalb die Wirkung mehr oder weniger sofort spürbar ist.

Das könnte eine Erklärung für meine absurde Bemerkung gegenüber Susan sein, dachte ich und warf ihr einen kurzen Blick zu, um zu sehen, ob sie verstimmt war. Doch sie hatte sich bereits wieder in ihren Roman vertieft. Sie hatte graues kurzes Haar, trug eine Brille mit rotem Gestell und ein schwarzes T-Shirt. Ich schätzte sie auf Mitte fünfzig. Auf ihrem T-Shirt erspähte ich einige längere Haare – ob die einer Freundin gehörten und dort bei einer Umarmung zum Abschied am Flughafen hängen geblieben waren?, fragte ich mich. Oder vielleicht von ihrem Hund?

Hunde werden auch betrunken, wenn sie Alkohol zu sich nehmen. Deshalb gibt es seit Neuestem einen Markt für alkoholfreie Weine für Haustiere, damit ihre Besitzer bei festlichen Anlässen mit ihnen anstoßen können. Auch für Menschen gibt es alkoholfreie Weine, auch wenn der für meinen Geschmack nur sehr entfernt mit echtem Wein zu tun hat. Vor allem erinnert er daran, wie wichtig der Alkohol im Wein ist, um die Süße und Fruchtigkeit des Traubensafts auszugleichen. Das ist es nämlich, was dem Wein seine raffinierte und edle Note verleiht. Der Alkohol macht den Wein zu einem Erwachsenengetränk – ein Gift zwar, aber eines, von dessen Zauber wir uns nur zu gern verführen lassen.

Ich spürte, wie mir der Alkohol zu Kopf stieg, und da ich seit einer Weile nichts gegessen hatte, würde der Rausch bald stärker werden. Da kein Essen den Alkohol auf seinem Weg durch meinen Magen bremste, erreichte er nun den Dünndarm. Von dort gelangte er in den Blutkreislauf und die Leber. Die Leber hat die Aufgabe, Giftstoffe abzubauen, doch sie kann den Alkohol – abhängig von der Körpermasse – nur mit einer Geschwindigkeit von etwa einem Glas Wein pro Stunde verstoffwechseln. Wenn Sie schneller trinken, geht das Ethanol schneller ins Blut über, als es herausgefiltert werden kann; dann gelangt es in die anderen Organe und entfaltet seine Wirkung im Rest Ihres Körpers. Im Gehirn kann es zum Beispiel ganz unterschiedliche Dinge anstellen. Das hängt davon ab, wie viel Sie trinken und in welcher Stimmung Sie sind und welche physiologischen Voraussetzungen Sie mitbringen. Aber im Grunde unterdrückt er Ihr Nervensystem, nimmt Ihnen die Hemmungen und verändert Ihre Stimmung.

Auch auf andere Organe wirkt der Alkohol. Er schwächt vorübergehend die Herzmuskeln, weshalb sie weniger stark arbeiten und Ihr Blutdruck sinkt. Wenn das Blut durch Ihre Lungen strömt, um Sauerstoff aus der Atemluft aufzunehmen, überwindet zusammen mit dem Kohlendioxid, das aus dem Blut abgegeben wird, eine winzige Menge Alkohol die Zellwand. Beim Ausatmen gelangt der Alkohol dann in Ihren Atem, weshalb man riechen kann, ob jemand getrunken hat. Das macht sich die Polizei zunutze, wenn Sie sie bei der Alkoholkontrolle pusten lässt, um zu sehen, ob Sie sich alkoholisiert ans Steuer gesetzt haben.

Eine Alkoholfahne riecht zwar nicht sonderlich appetitlich, doch der anderen Seite des Ethanols, die eher dem Öl ähnelt als dem Wasser, verdanken wir sehr wohlriechende Flüssigkeiten: Parfüms. Ölessenzen, die aus Pflanzen wie der Bergamotte oder der Orange gewonnen werden, Harze wie die Myrrhe oder aus Tieren gewonnene Stoffe wie Moschus lassen sich in Alkohol lösen und zu Parfüms mischen. Wird das Parfüm auf die warme Haut aufgetragen, verdunstet der Alkohol, und zurück bleiben die aromatischen Öle, die sich langsam in der Luft verteilen und Sie in eine Duftwolke hüllen. Die Parfüms, die sich in den Duty-free-Läden der Abflughalle türmen, sind nichts anderes als hochprozentiger Alkohol. Trinken würde ich sie allerdings nicht, denn sie könnten auch Methanol enthalten.

Methanol ist das kleinste Alkoholmolekül und hat nur ein einziges Kohlenstoffatom, im Gegensatz zum Ethanol, das zwei hat. Dieser kleine Unterschied hat dramatische pharmakologische Auswirkungen und hat zur Folge, dass Methanol um ein Vielfaches giftiger ist als Ethanol. Ein Schnapsgläschen kann blind machen, drei wären Ihr Tod. Das liegt daran, dass das Methanol in Ihrem Verdauungstrakt zu Ameisensäure und Formaldehyd umgebaut wird. Ameisensäure zerstört die Nervenzellen, insbesondere den Sehnerv. Wenn Sie zu viel davon zu sich nehmen, wird der Sehnerv so weit zerstört, dass Sie blind werden – daher die sprichwörtliche Verbindung von Alkohol und Blindheit. Außerdem greift die Ameisensäure Nieren und Leber an und verursacht dort bleibende Schäden, die tödlich sein können.

Methanol entsteht bei der alkoholischen Gärung, vor allem bei der Herstellung von Wodka und Whisky, doch weil er während des Brennens herausfiltriert wird, kommt er in handelsüblichen Spirituosen nicht vor. Bei Schwarzgebranntem wäre ich dagegen vorsichtig. Diese Spirituosen werden meist aus Getreide, Obst oder Kartoffeln hergestellt. Mittels Vergärung wird die sogenannte Maische gewonnen, die wenig Alkohol enthält und im zweiten Schritt mit einem Destillationsapparat zu Hochprozentigem gebrannt wird. Der Vorlauf enthält große Mengen Methanol und muss weggeschüttet werden. Erfahrene Schnapsbrenner wissen das, doch es kommt immer wieder vor, dass Neulinge ihren ersten Selbstgebrannten nicht überleben.

Auf der Suche nach einem billigen Rausch greifen manche Menschen zu alkoholhaltigen Flüssigkeiten wie Frostschutzmitteln, Reinigern und Parfüms. Das ist keine gute Idee: nicht nur, weil das Zeug entsetzlich schmeckt, sondern auch, weil es nicht für den menschlichen Verzehr gedacht ist und sich die Hersteller deshalb oft nicht die Mühe machen, das Methanol herauszufiltern. Das kann schreckliche Folgen haben. Im Dezember 2016 starben in Russland 58 Personen, nachdem sie parfümiertes Badeöl getrunken hatten. Für ihren Tod waren nicht die Aromastoffe verantwortlich, sondern das Methanol.

Im Flugzeug kam gerade wieder die Stewardess mit Wägelchen vorüber und bot alkoholische Getränke an, von denen ich mir sicher war, dass sie kein oder kaum Methanol enthalten. Als sie uns fragte, was wir zum Essen trinken wollten, entschied sich Susan für Weißwein und ich für einen Roten. »Also, ich habe im Weißen die Vanille nicht geschmeckt«, sagte ich zu ihr. »Aber vielleicht haben Sie ja mehr Glück.«

Susan lächelte, schenkte sich ihren Wein ein, prostete mir zu, sagte aber nichts und wandte sich dann wieder ihrer Lektüre zu. Sie schien jedenfalls erfreut, dass ich mich ein wenig locker gemacht hatte. Alkohol dient natürlich der Entspannung und Geselligkeit – es ist ein legales Betäubungsmittel, das der Gesellschaft mehr Nutzen als Schaden bringt. Zumindest reden wir uns das ein. Der Rausch kann zwar durchaus entspannen, er kann aber auch aggressiv machen. In jedem Fall beeinträchtigt er unsere Fähigkeit, rationale Entscheidungen zu treffen. Was die Frage aufwirft, warum der Alkohol in den Sicherheitshinweisen zu Beginn des Flugs nicht erwähnt wurde: Sind Betrunkene in einem Notfall nicht gefährdeter und weniger gut in der Lage, Entscheidungen zu treffen, die sie und andere angehen? Aber das hieße ja zu glauben, dass es in den Sicherheitshinweisen tatsächlich um Sicherheit geht und nicht um etwas ganz anderes.

Alkoholgenuss trägt zwar nicht zu Ihrer Sicherheit bei, doch er hat andere Vorzüge, von denen die Stewardess einen angesprochen hatte: Er ist ein traditioneller Begleiter von Mahlzeiten und ist nicht nur für sich genommen köstlich, sondern er kitzelt auch den Gaumen und macht das Essen selbst schmackhafter. Ein entscheidender Geschmacksbestandteil des Weins ist seine sogenannte Adstringenz, die umgangssprachlich auch als Bitterkeit bezeichnet wird: das trockene und herbe Gefühl im Mund. Beim Rotwein ist ein Gerbstoff namens Tannin dafür verantwortlich. Das Tannin, das vor allem aus der Haut der Traube stammt, bricht die Proteine im Speichel herunter und hinterlässt ein raues und pelziges Gefühl im Mund. Trotzdem empfinden wir eine leise Adstringenz im Wein als angenehm, vor allem als Begleitung zu fettigen Speisen. Fette befeuchten den Mund. Sie können zwar den Geschmack eines Gerichts verstärken, doch im Übermaß übertünchen sie alle anderen Geschmäcker und überziehen die Mundhöhle mit einer unangenehm schmierigen Schicht. Die Gerbstoffe wirken dem entgegen, sie reinigen den Mund, entfernen den fettigen Nachgeschmack und versetzen den Gaumen wieder in einen neutralen Zustand.

Untersuchungen zeigen, dass diese Gaumenspülung am besten funktioniert, wenn Sie zwischen jedem Bissen des fettigen Essens einen Schluck von dem herben Getränk nehmen. Auf diese Weise verstärkt sich das mit den Tanninen zusammenhängende bittere Gefühl im Mund genauso wenig wie das fettige. Es ist also sinnvoll, zum Steak oder einem fettigen Fisch wie Lachs einen Rotwein zu trinken, auch wenn viele Leute behaupten, zu Fisch gehöre ein Weißwein. Viele Leute meinen, der deftige Rotwein übertöne den feinen Fischgeschmack, und raten deshalb zu Weißwein. Aber Weißwein enthält durchaus ähnliche Geschmackselemente wie der Rotwein (Frucht, Vanille und so weiter), weshalb man das so pauschal gar nicht sagen kann. Wenn Sie einen Begleiter zu einer Mahlzeit suchen, kommt es viel mehr auf den Säure- und Zuckergehalt an. Wer zum Beispiel eine gewisse Bitterkeit des Gerichts ausgleichen will, bevorzugt eher säuerliche Weine. Ein vollmundiger weißer Rioja passt ausgezeichnet zu einem gepökelten Schinken und ein roter Pinot Noir zu einem Fischeintopf.

In vielen Kulturen trinkt man keinen Wein zum Essen, sondern Spirituosen wie Wodka. Auch Spirituosen sind ausgezeichnete Gaumenfeger, da sie rund 40 Prozent Ethanol enthalten, das den gewünschten Bitterstoff liefert.

Außerdem löst der Alkohol Öle und Fette im Mund und spült die damit verbundenen Geschmäcker fort. Der Vorteil von Spirituosen ist, dass sie wenig Eigengeschmack haben und sich nicht mit deftigen Speisen wie Salzhering reiben.

Dass Wodka so wenig Eigengeschmack hat, liegt daran, dass er kaum riecht. Zwar nehmen die Geschmacksknospen im Mund die Grundgeschmäcker salzig, süß, sauer, bitter und fleischig (oder *umami*) wahr, doch komplexe Geschmackskombinationen in Speisen und Getränken werden von Tausenden Geruchssensoren in der Nase registriert. Deshalb ist beim Wein das Bouquet so wichtig, und deshalb riechen Weinkenner immer erst am Glas, ehe sie einen Schluck nehmen – der Geschmack des Weins kommt überwiegend von seinem Geruch. Das ist auch der Grund für die bauchige Form der Weingläser: So halten sie den Geruch des Weins, damit wir ihn besser genießen können.

Beim Essen sind vor allem die im Mund freigesetzten Gerüche für unsere Geschmackswahrnehmung verantwortlich. Wenn Sie erkältet sind und der Schleim die Geruchsrezeptoren verstopft, schmeckt daher das Essen nach nichts. Das erklärt auch, warum der Wein je nach Temperatur anders schmeckt: Wenn er kalt ist, verdunsten im Mund nur die besonders flüchtigen Stoffe, und diese dominieren dann den Geschmack; aber wenn der Wein wärmer ist, hat er einen anderen Geruch, denn die zusätzliche Energie lässt weitere Aromen in der Flüssigkeit verdunsten. Wenn wir den Geschmack von Rot- und Weißwein so unterschiedlich wahrnehmen, dann liegt das auch daran, dass sie mit unterschiedlichen Temperaturen getrunken werden. Stellen Sie einmal beide in den Kühlschrank und machen Sie dann einen Blindtest – Sie werden sehen, was ich meine. Bei niedrigeren Temperaturen bleiben viele der fruchtigeren Aromen in der Flüssigkeit und tragen nicht zum Bouquet bei. Damit verschiebt sich das Gleichgewicht, Säure und Trockenheit stehen im Vordergrund, was viele als Frische und Klarheit empfinden. Zusammen mit dem Gefühl der Kühle am Gaumen kann dies eine ausgesprochen angenehme Empfindung sein – das klassische Weißweinerlebnis. Bei Raumtemperatur schmeckt derselbe Wein ganz anders. Nun tritt die frische Säure gegenüber einer fruchtigen, herzlichen Umarmung in den Hintergrund. Hier gibt es kein Richtig und kein Falsch – es geht nur darum, was Ihnen schmeckt.

Der Rotwein, den ich im Flugzeug trank, hatte wahrscheinlich eine Temperatur von 22 Grad Celsius; es war eine kleine Flasche, die ich vollständig ins Glas gegossen hatte, und der Wein hatte Zeit gehabt, sich an die Temperatur der Umgebung anzugleichen.

Um den Alkoholgehalt zu schätzen, schwenkte ich den Wein ein wenig im Glas. Ich wollte beobachten, wie der Wein in Schlieren am Glas hinunterläuft – der sogenannte Marangoni-Effekt. Das Ethanol verringert die Oberflächenspannung der Flüssigkeit am Glas, sodass der Wein einen Film bildet, wenn er über das Glas läuft. Der Alkohol in diesem Film verdunstet rasch und lässt eine Fläche mit geringerem Alkoholgehalt zurück, die eine höhere Oberflächenspannung hat als die Flüssigkeit der Umgebung. Die ungleiche Spannung zieht die Flüssigkeit auseinander, und zurück bleiben diese Schlieren, die auch als Weintränen bezeichnet werden. Je höher der Alkoholgehalt, umso deutlicher wird dieses Phänomen. Deshalb geben die Tränen einen Hinweis darauf, wie viel Alkohol

Ihr Getränk enthält. Mein Rotwein ließ gut erkennbare Schlieren zurück, er war offenkundig recht kräftig.

9 Rotwein mit Marangoni-Schlieren.

Ich schloss die Augen und nahm einen tiefen Schluck. Ich hatte das Etikett nicht gelesen und wollte sehen, was ich schmeckte. Der Wein hatte einen kräftigen, fruchtigen, nun ja, eben irgendwie rotweinigen Geschmack. Er war nicht bitter, aber er war auch nicht süß – ich hätte ihn als ausgewogen bezeichnet. Mir kam das Wort »weich« in den Sinn, aber was bedeutet das? Es war schließlich eine Flüssigkeit und daher grundsätzlich weich. Damit wollte ich vermutlich sagen, dass er weder trocken noch kratzig war. Er schmeckte mir, also warf ich einen Blick auf das Etikett, um zu sehen, wonach er schmecken sollte. »Tiefviolett, Johannisbeer- und Kirscharomen, ein Hauch von Rinde. Voll junger Tannine, aber ausgewogen, leichter Körper und fruchtiger Abgang.«

»Soso«, dachte ich und blickte zu Susan hinüber, um zu sehen, ob ihre Nase noch in ihrem Buch steckte. In diesem Moment blickte sie fragend auf, und mir wurde bewusst, dass ich laut vor mich hin geredet hatte. Ich war wohl ein wenig beschwipst, aber immerhin noch nicht so sehr, dass ich es selbst nicht mehr mitbekam.

Der Geschmack des Weins hat mehr mit seiner äußeren Erscheinung (vor allem dem Etikett) und unseren kulturellen Assoziationen zu tun, als Weinkenner zugeben würden. Untersuchungen zeigen, dass Geschmack im Gehirn entsteht und sich nicht nur aus Reizen der Geschmacksknospen und Geruchsrezeptoren zusammensetzt, sondern dass auch Erwartungen des Gehirns an den Geschmack Eingang in unser Urteil finden. Wenn man zum Beispiel Erdbeereis nimmt und mit einem geruchlosen Farbstoff grün, gelb oder orange färbt, dann fällt es uns schwer, den Geschmack zu erkennen. Wahrscheinlich assoziieren wir es mit einer Frucht, die zur Farbe passt. Wenn das Eis orange ist, dann tippen wir wahrscheinlich auf Pfirsich, wenn es gelb ist, auf Vanille, und wenn es grün ist, auf Zitrone. Interessant ist, dass das orange gefärbte Erdbeereis selbst dann noch nach Pfirsich schmeckt, wenn wir wissen, dass es Erdbeere ist – so ging es mir jedenfalls, als ich an einem Test teilnahm. Am Geschmack sind also viele Sinne beteiligt, und das Gehirn setzt ihn aus zahlreichen Eindrücken zusammen. Unsere Augen dominieren dabei alle anderen Sinneseindrücke.

Es gibt viele Theorien, die zu erklären versuchen, warum visuelle Eindrücke einen derart großen Einfluss auf unsere Geschmackswahrnehmung haben. Eine der überzeugenderen beschäftigt sich damit, wie unser Gehirn Aromen interpretiert. Geschmack wird aus Geruch abgeleitet, doch zur Verarbeitung von Gerüchen braucht unser Gehirn zehnmal so lange wie zur Verarbeitung von visuellen Eindrücken. Außerdem fällt es uns schwer, die Gerüche von bestimmten Molekülen zuzuordnen, was damit zusammenhängen mag, dass einzelne Gerüche von verschiedenen Rezeptoren in der Nase erkannt werden. Selbst Geruchsexperten haben Schwierigkeiten, bestimmte Stoffe zu erkennen, wenn sie mit vier oder fünf anderen Gerüchen vermischt sind. Wenn man sich klarmacht, dass Wein Tausende verschiedene Geruchsmoleküle enthält, dann wird deutlich, was für eine gewaltige Herausforderung eine Weinprobe ist. Ein einfaches Experiment verdeutlicht, dass unsere Nase nicht genug Informationen liefert, um eine Kombination von Gerüchen zuverlässig zu erkennen: Laden Sie Gäste zum Essen ein, verbinden Sie Ihnen die Augen und setzen Sie Ihnen drei Getränke vor (zum Beispiel Orangensaft, Milch und kalten Kaffee). Dabei sollen Sie nur riechen, aber nicht sehen und nicht schmecken. Einige Getränke sind leicht zu erkennen, aber andere nicht. Verraten Sie die Antworten nicht, aber erlauben Sie Ihren Gästen nun, die Augenbinde abzunehmen und die Getränke mit Augen und Nase zu identifizieren. Das ist viel einfacher, denn nun können sie frühere geruchliche und visuelle Erfahrungen auf das Getränk anwenden. Das Spiel verdeutlicht, wie sehr wir uns beim Erkennen von Gerüchen und damit auch von Geschmäckern auf unsere Augen verlassen.

Wie wichtig die visuelle Wahrnehmung bei der Würdigung eines Weins ist, zeigte eine wissenschaftliche Untersuchung, die 2001 in Frankreich durchgeführt wurde. Eine Gruppe von 54 Weintestern sollte das Bouquet von zwei Weinen prüfen und kommentieren. Beide Weine stammten aus der Anbauregion Bordeaux, der eine war ein Weißwein aus den Rebsorten Sémillon und Sauvignon blanc, der andere ein Rotwein aus Trauben der Sorten Cabernet Sauvignon und Merlot. Was die Teilnehmer nicht wussten: Der Weißwein war mit einem geruchlosen roten Farbstoff eingefärbt worden. Daher nahmen sie an, dass sie den Geruch von zwei Rotweinen testen sollten. Die Farbe dominierte ihre Geruchswahrnehmung vollständig, sie beschrieben beide Weine als »würzig«, »intensiv« und »johannisbeerig«, obwohl der eine weiß war und ein Profil hatte, für das diese Beschreibungen eigentlich nicht verwendet werden.

Doch egal, wie sehr wir die Farbe unserer Getränke manipulieren, der Genuss ist am größten, wenn der Geschmack auf der Zunge dem entspricht, den wir aufgrund des visuellen Eindrucks erwarten. Aber auch die Flasche, aus der wir uns das Getränk einschenken, die Sauberkeit und das Ambiente des Raums, in dem wir uns befinden, die Attraktivität der Person, die uns das Getränk serviert, und (vor allem im Falle des Weines) die Assoziation mit Kultiviertheit und Qualität – das alles hat Einfluss auf unser Geschmackserlebnis. Experimente haben gezeigt, dass uns ein Wein je nach der Herkunftsbezeichnung auf dem Etikett besser oder weniger gut mundet und dass wir mehr Gefallen an ihm finden, wenn wir vorher etwas Positives über ihn hören, etwa dass er einen Preis gewonnen hat. Es gibt übrigens eine ganze Menge preisgekrönte Weine – in vielen Wettbewerben erhalten fast alle der von den Herstellern eingereichten Weine ein Prädikat.

Wenn Sie glauben, dass Sie nichts von Weinen verstehen, und im Restaurant ratlos in die Weinkarte starren, dann behandeln Sie die vielen unbekannten Rebsorten,

Herkunftsbezeichnungen und Jahrgänge einfach wie die technischen Daten eines Autos. Vielleicht kommt es Ihnen nicht sonderlich darauf an, ob es mit Super- oder Normalbenzin fährt und ob es einen 1,4- oder einen 1,6-Liter-Motor hat. Sie wollen nur ein Auto, das Sie zuverlässig von A nach B bringt, alles andere interessiert Sie nicht. Die meisten Weine der mittleren Preisklasse schaffen das ausgezeichnet, sie sind gute Begleiter zum Essen, sie heben die Stimmung und eignen sich bestens, um auf einen Geburtstag anzustoßen. Aber möglicherweise sind Sie ja jemand, der von einem Auto mehr erwartet, als dass es Sie von A nach B bringt, vielleicht wollen Sie ein Auto, das dabei ordentlich röhrt oder das Sie besonders bequem transportiert. Einige Weine haben mehr Persönlichkeit als andere, und wieder andere, zum Beispiel Ökoweine, strapazieren unsere Vorstellungen dessen, was man unter Wein versteht. Diese Weine sind nicht besser, sie sind nur anders, denn Geschmack ist immer subjektiv, und genau wie bei Autos (und den meisten anderen Dingen des Lebens) gibt es hier keine festen Regeln. Wie eine Autofahrt ist auch der Genuss eines Weins ein Erlebnis, an dem alle Sinne beteiligt sind. Wenn Sie ein teures Auto kaufen, dann bezahlen Sie vor allem die Marke, nicht das Fahrerlebnis. Einige Menschen fahren teure Autos, weil sie glauben, dass das etwas über ihre Person aussagt. Bei Weinen ist das nicht anders. Was nicht heißt, dass teure Weine und Autos besser sind oder dass die Besitzer kultiviertere Menschen wären. Wenn ein teurer Wein Sie nicht vom Stuhl haut, dann geben Sie keine 50 Euro für eine Flasche aus. Die meisten Weine der mittleren Preisklasse und sogar einige Billigweine haben nicht weniger komplexe Geschmacksprofile als teure Weine – das haben Blindtests gezeigt.

Im Flugzeug hatte ich inzwischen ein weiteres Glas geleert und verspürte einen leichten Kopfschmerz. Das war doch nicht schon ein Kater? Oder hatte ich einfach nur zu wenig Wasser getrunken? Im menschlichen Körper verhindert der Alkohol unter anderem die Ausschüttung von Hormonen, die Ihren Nieren mitteilen, dass sie Wasser vorhalten sollen. Wenn Sie zum Ausgleich kein Wasser trinken, dann ist die Folge Dehydrierung. Weil die Stewardess nirgends zu sehen war, nahm ich die teure Flasche Wasser zur Hand, die ich im Duty-free-Shop gekauft hatte. Die Flasche öffnete sich mit einem Zischen, und ich trank durstig. Das tat gut. Beim Blick aus dem Fenster sah ich unter mir noch viel mehr Wasser – den herrlich blauen Ozean, der sich bis zum Horizont erstreckte.

Kapitel 3

Tief

Das Wasser in meiner Plastikflasche hat recht wenig mit dem Wasser des Ozeans zu tun, auf den ich durch mein Fensterchen blicken konnte. Es hat nicht nur eine andere Zusammensetzung, durch den Salzgehalt und so weiter, sondern es verhält sich auch ganz anders. Die Weltmeere sind unaufhörlich in Bewegung: Sie erzeugen Winde und werden von ihnen bewegt; sie bringen Wolken und unser Wettersystem hervor und werden von ihnen beeinflusst; sie erwärmen die Atmosphäre und speichern gleichzeitig Wärme. In den Meeren, die 70 Prozent der Erdoberfläche bedecken, gibt es gewaltige Strömungen, die unser Klima beeinflussen.

Und die Ozeane können wahre Bestien sein. Sie sind gefährlich, selbst für geübte Schwimmer. Ein paar Stunden auf dem offenen Meer zu schwimmen, ist extrem kräftezehrend. Sollten Sie jemals in die Verlegenheit kommen, auf hoher See zu treiben, dann würde ich Ihnen dringend empfehlen, sich nicht an der Strömung abzukämpfen; legen Sie sich lieber auf den Rücken und lassen Sie sich treiben – schwimmen Sie wie eine Planke, während Sie auf Rettung warten. Wobei »schwimmen« nicht ganz die richtige Bezeichnung für unsere angestrengten Bemühungen wäre, uns über Wasser zu halten. Auf Schiffe trifft das Wort viel eher zu: Majestätisch schweben sie über die Wellen, während sich nur ein kleiner Teil ihres Rumpfs im Wasser befindet. Wenn ich versuche, wie ein Schiff auf dem Wasser zu treiben, dann gehe ich ziemlich schnell unter; mit etwas Glück schaffe ich es, die Nase aus dem Wasser zu halten, und schnaube wie eine Seekuh bei dem erfolglosen Versuch, zu atmen und gleichzeitig zu verhindern, dass mir das Wasser in die Nase läuft. Schwimmen heißt meiner Ansicht nach nicht, dass man sich irgendwie an der Oberfläche hält, sondern ich finde, dass auch eine gewisse Leichtigkeit dazugehört. Die physikalische Definition verlangt das allerdings nicht, und auch Archimedes dachte nicht an Eleganz, als er vor zwei Jahrtausenden in seinem Badezuber das Archimedische Prinzip erkannte und »Heureka!« rief.

Archimedes war ein griechischer Mathematiker und Ingenieur. Er beobachtete, dass der Wasserspiegel in der Badewanne anstieg, wenn er hineinkletterte. Der Grund war offensichtlich: Er war jetzt da, wo eben noch das Wasser war. Das Wasser drückte sich nicht unter seinem Gewicht zusammen wie ein Kissen; weil es sich um eine Flüssigkeit handelt, wich es ihm aus und suchte sich einen anderen Ort. Im engen Badezuber gab es freilich nur einen Ort: Das Wasser stieg nach oben. Und wenn die Wanne schon randvoll war, dann floss es eben über den Rand auf den Boden. Hier hatte Archimedes einen Einfall. Wenn er das übergelaufene Wasser in einem anderen Gefäß auffing, dann konnte er eine interessante Größe ermitteln: Das Gewicht des übergelaufenen Wassers entsprach der sogenannten Auftriebskraft, die auf den Körper in der Wanne wirkte. Wenn diese Kraft kleiner war als das Gewicht des Körpers, dann ging er unter; wenn sie größer war, dann drückte sie den Körper nach oben, und er schwamm. Das galt natürlich nicht nur für Archimedes, sondern für jedes Objekt, das er ins Wasser warf. Heureka!

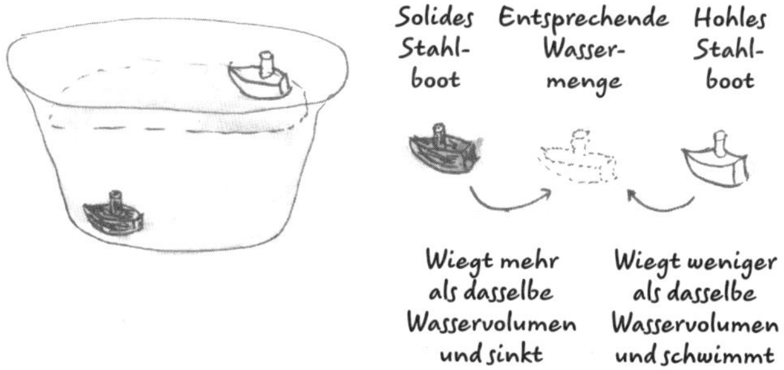

10 Ob etwas schwimmt oder untergeht, hängt davon ab, ob es leichter oder schwerer ist als dieselbe Menge Wasser.

Archimedes hatte entdeckt, dass man vorhersehen kann, ob ein Gegenstand sinkt oder schwimmt, indem man das Gewicht der Wassermenge ermittelt, das er verdrängt. Wenn es sich um einen Körper ohne Hohlräume handelt, dann muss man nur die Dichte des Materials mit der des Wassers vergleichen. Holz wiegt weniger als dieselbe Menge Wasser, das heißt, es hat eine geringere Dichte und schwimmt. Stahl ist dagegen schwerer als dieselbe Menge Wasser, es hat also eine größere Dichte und sinkt. Aber jetzt kommt's: Man kann trotzdem ein Schiff aus Stahl bauen – vorausgesetzt, es ist hohl. Dann ist die mittlere Dichte nämlich geringer als die des Wassers, und es schwimmt. So einfach ist das. Zwei Jahrtausende nach Archimedes ist Stahl so billig, dass man Schiffe aus diesem Material bauen kann, weshalb die internationale Flotte der Transportschiffe, die 90 Prozent aller Handelsgüter der Welt transportiert, heute fast ausschließlich aus Stahl ist.

Der menschliche Körper besteht aus Materialien mit sehr unterschiedlicher Dichte: Knochen haben eine relativ hohe Dichte, Haut und Fett eine vergleichsweise niedrige, und daneben hat unser Körper auch noch einige Hohlräume. Die mittlere Dichte unseres Körper ist ein bisschen geringer als die des Wassers, weshalb wir auf der Oberfläche treiben. Aber wenn wir unsere Dichte so verändern, dass sie der des Wassers entspricht (etwa indem wir einen Metallgürtel oder ein anderes schweres Kleidungsstück anziehen), dann befinden wir uns in der Schwebe zwischen Sinken und Schwimmen. Nun haben wir keinerlei Auftrieb, und dieser Zustand ist ideal zum Tauchen. Wenn wir unter Wasser keinen Auftrieb haben, dann gibt es keine Kraft, die uns an die Oberfläche hebt, und keine, die uns auf den Meeresgrund zieht. Im Taucheranzug haben wir praktisch kein Gewicht und können unbeschwert Korallenriffe und Schiffswracks erkunden. Das Gefühl ist dem der Schwerelosigkeit im Weltall so ähnlich, dass Astronauten in Schwimmbecken trainieren.

Ohne den Taucheranzug treibt unser Körper an der Wasseroberfläche. Aber weil unsere mittlere Dichte nur geringfügig geringer ist als die des Wassers, tauchen wir zu 90 Prozent ein – erst dann haben wir die Menge an Wasser verdrängt, die unserem Gewicht entspricht. Dickere Menschen schwimmen besser als dünne, da sie im Verhältnis zu den schweren Knochen mehr leichtes Fettgewebe und daher insgesamt eine geringere Dichte haben. Schwimmanzüge können unseren Auftrieb ebenfalls verbessern – wir umhüllen den Körper gewissermaßen mit einer Schicht, die eine deutlich geringere Dichte hat als

Wasser. Im Meer treiben wir besser als im Schwimmbecken, da im Meerwasser Mineralien wie Natriumchlorid, sprich Kochsalz, gelöst sind. Das Salz trennt sich in seine Bestandteile Natrium und Chlorid, und diese Atome schieben sich zwischen die Wassermoleküle. Auf diese Weise wird das Wasser dichter, und jetzt müssen wir – anders als beim reinen Wasser – nicht mehr so viel davon verdrängen, um unser Gewicht aufzuwiegen. Das Tote Meer im Nahen Osten enthält so viel Salz (zehnmal mehr als der Atlantik), dass Sie wie ein Quietschentchen auf den Wellen schaukeln können.

11 Ein Mann treibt auf dem Toten Meer.

Wer treibt, kann auch schwimmen – eine der schönsten Vergnügungen des Menschen. Im Wasser sind wir nicht nur schwerelos, sondern können schweben wie Tänzer. Und unter der Oberfläche eröffnet sich eine geheimnisvolle Welt. Vergessen Sie den Flug zum Mars und die

Suche nach Leben auf fernen Planeten – die Meere sind für uns in jeder Hinsicht eine unbekannte Welt. Um sie zu erkunden, genügen eine Taucherbrille und zwei schnelle Beinschläge. Durch die türkisen Tiefen eines Korallenriffs zu gleiten, gehört zum Wunderbarsten, das wir erleben können. Die Fische verfolgen uns mit misstrauischen Blicken und schlagen einmal kurz mit dem Schwanz, um uns aus dem Weg zu gehen. Beim Schwimmen greifen wir mit gestreckten Armen nach vorn, und wenn wir sie zurückziehen, leiten wir die Flüssigkeit so schnell um uns herum, dass die Wassermoleküle nicht aneinander vorbeigleiten, sondern aufeinanderprallen und so eine Gegenkraft auf uns wirken lassen. Diese Kraft drückt uns in die Gegenrichtung unserer Armbewegung nach vorn. Genau das bezeichnen wir als Schwimmen: Unsere Arme und Beine schieben das Wasser nach hinten, und dieser Schub bringt uns voran. Das macht nicht nur Spaß, sondern es verwandelt uns auch in ein anderes Lebewesen. An Land sind wir tollpatschig, im Wasser können wir herumtollen wie ein Delfin: Wir sind frei.

Während meiner Zeit in Dublin habe ich in Dun Laoghaire gewohnt. Ganz in der Nähe des Viertels befindet sich eine Klippe mit dem Namen Forty Foot, die eine gewisse Berühmtheit erlangte, weil James Joyce sie in seinem Roman *Ulysses* erwähnt. Seit dem 19. Jahrhundert gibt es dort einen Schwimmverein. Eines Morgens im Winter 1999 kam ich an der Klippe vorbei und sah, wie Menschen jeden Alters, vor allem aber Senioren, ins Meer sprangen, um zu schwimmen. Die Lufttemperatur war bei 12 Grad Celsius, und das Wasser konnte höchstens 10 Grad haben. Obwohl ich einen Mantel trug, empfand ich die Brise, die von der Irischen See her wehte, als frisch.

Doch den älteren Leutchen schien das nichts auszumachen, unbeeindruckt sprangen sie ins eisige Wasser. Ich unterhielt mich mit einigen, während sie sich nachher trocken rubbelten. Sie schnatterten vor Kälte, doch sie wirkten euphorisch. Sie sagten mir, sie kämen jeden Tag zum Schwimmen hierher, egal, ob es kalt war oder warm (wobei ich in meiner Zeit in Dublin feststellen musste, dass es in Irland nie so richtig warm wird).

12 Der Autor nach seinem Schwimmausflug in Forty Foot, Dublin.

Das wollte ich ausprobieren, und noch am selben Tag besorgte ich mir eine Badekappe. Von da an ging ich einmal die Woche dort zum Schwimmen. Und wenn ich heute an meine Zeit in Dublin zurückdenke, dann ist es das, was ich am meisten vermisse. Aber warum hat es mich so fasziniert?

Ein Sprung in 10 Grad kaltes Wasser ist alles andere als angenehm. Es fühlt sich eher an wie ein Schlag ins Gesicht.

Nicht nur weil 10 Grad recht kalt sind, sondern weil es sich um Wasser handelt, dessen Temperatur 25 Grad unter der unseres Körpers liegt. Die Wassermoleküle entziehen dem Körper Wärme. Und weil Flüssigkeiten dichter sind als Gase, kommen pro Sekunde viel mehr Moleküle mit dem Körper in Berührung als an der Luft, weshalb viel mehr Wärme abgeführt wird.

Eine andere Eigenschaft des Wassers macht das Gefühl noch unangenehmer, und das ist die sogenannte Wärmekapazität. Wenn Wassermoleküle mit etwas Heißem in Berührung kommen, dann bewegen sie sich schneller. Diese Vibrationen bezeichnen wir als Temperatur. Je schneller sie sich bewegen, umso wärmer ist das Wasser. Da die sogenannte Wasserstoffbrückenbindung zwischen den Wassermolekülen dieser Vibration entgegenwirkt, muss viel Wärme zugeführt werden, um das Wasser um ein einziges Grad zu erwärmen. Zum Vergleich: Um dasselbe Gewicht an Kupfer um 1 Grad Celsius zu erwärmen, reicht schon ein Zehntel der Energie aus. Die einzige Flüssigkeit, die eine noch größere Wärmekapazität hat, ist Ammoniak. Diese Eigenschaft des Wassers erklärt, warum so viel Wärme zugeführt werden muss, um eine Tasse Tee zu kochen. Es erklärt auch, warum der Wasserkocher in der Regel der größte Stromfresser in der Küche ist. Doch die Wärmekapazität des Wassers hat auch noch andere Auswirkungen. Sie erklärt zum Beispiel, warum die Meere viel Wärmeenergie speichern und warum sie sich langsamer erwärmen als das Festland. An einem sonnigen Tag kann es in Dublin schon einmal 22 Grad warm werden, doch die Temperatur des Meeres steigt kaum je über 10 Grad. Für die armen Iren bedeutet das, dass das Meer von der Sommersonne kaum ein paar Grad erwärmt worden ist, wenn auch schon wieder der Winter naht. Doch für die Menschheit insgesamt ist das ein großer Vorteil, denn mit ihrer Wärmekapazität können die Meere einen Teil der Erwärmung des Klimawandels auffangen. Mit anderen Worten stabilisieren die Ozeane unser Klima, sie wärmen uns im Winter, und im Sommer kühlen sie uns ab.

Was noch nicht erklärt, warum ich den Sprung ins eisige Wasser so genossen habe. Ich bin keiner dieser kernigen Naturburschen, die erst richtig aufleben, wenn sie nass sind und frieren. Ich bin Wissenschaftler und Ingenieur und verbringe die meiste Zeit im Labor. Aber vielleicht ist das ja der Grund: Das Meer ist so wunderbar wild und unberechenbar, und vielleicht suche ich den Kontakt zu etwas, das so ganz anders ist als mein Alltag. Wer ins kalte Meer springt, der muss schwimmen und wach und lebendig sein – es ist derart unangenehm, dass es einen aus dem bewussten und vernunftbetonten Alltagsdenken herausreißt. Wenn Sie nach Luft schnappen, denken Sie nicht mehr an fehlgeschlagene Experimente, haltlose Theorien und gescheiterte Beziehungen – der Sprung in dieses feindliche, unkontrollierbare Medium raubt Ihnen buchstäblich den Atem. Aber selbst wenn Sie ruhig bleiben, ist eine Viertelstunde in 0 Grad kaltem Wasser tödlich, denn Ihr Körper unterkühlt, und Ihre Muskeln erstarren.

Letztlich war es wohl die eisige Hand des Todes, die mich an diesen grauen Januarvormittagen nach Forty Foot und in das eisige Wasser lockte. Ich fühlte mich lebendiger, wenn ich dem Tod so nah war, wenn ich ihn neckte und dann unbeschadet aus dem Wasser stieg und wieder nach Hause ging.

Fast unbeschadet. An einem Tag lief es nämlich nicht ganz so glatt. Als ich an einem Samstag im Februar an die Klippe von Forty Foot kam, war weit und breit niemand zu sehen. Die üblichen Senioren ließen sich nicht blicken. Die Flut stand hoch, das Meer war kabbelig, und während ich am Kai meine Kleider ablegte, rollte die eine oder andere große Welle heran und klatschte gegen die Mauer. Ich zitterte und hatte Gänsehaut vom kalten Wind. Ich wollte schon springen, doch beim Anblick des Meeres zögerte ich kurz. Ich war allein, und die See war rauer, als ich das gewohnt war. Ob das der Grund war, warum heute niemand schwimmen wollte? Einige Sekunden lang war ich unschlüssig. Dann trieb ich mich selbst an. Ich hatte mich schon ausgezogen, jetzt wollte ich doch nicht kneifen? Also sprang ich.

Ich spürte den üblichen Schlag ins Gesicht und eine Attacke auf meinen ganzen Körper, so als wollte mir das Meer das Leben aus den Adern saugen. Wie immer parierte ich mit kräftigen Schwimmstößen, und so schwamm ich relativ schnell hinaus in die Wellen und versuchte, die Kälte zu ignorieren, die meinen Körper packte. Ich schwamm recht weit hinaus, dann hielt ich inne, um durchzuschnaufen. Eine Welle schlug mir ins Gesicht. Ich schluckte einen Mund voll Wasser, prustete, spuckte, holte tief Luft und wurde von der nächsten Welle erwischt. Diesmal hätte sie mich fast ersäuft. Ich bekam Wasser in die Luftröhre und schlug wild um mich, um weit genug aus dem Wasser zu kommen und atmen zu können, und sei es nur für ein paar Sekunden. Doch es gelang mir nicht, die Wellen waren zu stark und drückten mich nach unten. Ein Gefühl der Panik erfasste mich, und ich begann zu hyperventilieren, während ich gleichzeitig heftig mit den Beinen strampelte, um nicht unterzugehen. Dann wurde ich wieder von einer großen Welle getroffen, und meine Panik wich der Erschöpfung. Ich konnte nicht gewinnen, ich fror und hatte keine Kraft mehr.

Plötzlich spürte ich festen Boden unter den Füßen. Während ich mit den Wellen kämpfte, hatte mich die Flut in Richtung der Felsblöcke geschoben, die Forty Foot stützen und vor den Winterstürmen schützen. Diese Brocken, von denen jeder so groß ist wie ein Kleinwagen, waren mit einem Kran dort platziert worden, um die Wellen aufzufangen. Unter normalen Umständen würde man einen möglichst weiten Bogen um diese Felsen machen. Man hat keinen Einfluss darauf, mit welcher Geschwindigkeit man gegen sie geschleudert wird – das hängt von der Größe, Höhe und Geschwindigkeit der Wellen ab und kann daher enorm gefährlich sein. Aber in diesem Moment war ich erleichtert. Ich bekam zwar eine Menge Schrammen und blaue Flecken ab, doch die Felsblöcke gaben mir immerhin eine Möglichkeit, mich an Land zu retten. Einfach war es nicht, denn jedes Mal, wenn die Wellen, die mich gegen den Felsen warfen, zurückflossen, zogen sie mich wieder vom Ufer weg. Erst drei oder vier Wellen und einige Schrammen und Schürfwunden später bekam ich den Untergrund zu packen und konnte mich endlich aus dem Wasser ziehen.

Dieses Erlebnis habe ich oftmals im Geiste durchgespielt, vor allem wenn ich wie jetzt auf die weite und unerbittliche Schönheit des Ozeans hinausblickte. Aus einer Höhe von 12 000 Metern spürte ich die Hilflosigkeit von damals noch stärker. Wenn ich an diesem Tag noch eine Welle mehr geschluckt hätte oder wenn mich die Flut nicht an Land geschoben, sondern aufs offene Meer hinausgezogen hätte, dann säße ich jetzt nicht hier. Viele Menschen haben in ähnlichen Situationen nicht überlebt. Ich war leichtsinnig gewesen. Von der Stratosphäre aus gesehen wird deutlich, wie harsch und scheinbar endlos weit der Ozean ist und wie einfach er einen Menschen verschlucken kann, ohne dass eine Spur von ihm bleibt. Ich blickte zu Susan hinüber, um zu sehen, ob sie vielleicht ein wenig Lust verspürte, über Ozeane, Wellen und Tod durch Ertrinken zu plaudern, doch sie hatte sich in ihre Decke gewickelt, hatte die Knie an die Brust gezogen und sah eine Art Science-Fiction-Film. Auf dem Bildschirm erkannte ich ein Raumschiff, das um einen Planeten kreiste.

Bei Gewässern macht's die Größe. Wenn der Wind über einen Teich fegt, dann drückt er gegen das Wasser an, und es kommt zu Reibung, die den Wind abbremst. So entsteht eine Vertiefung in der Wasseroberfläche. Die Oberflächenspannung widersetzt sich dieser Veränderung, genau wie sich ein Gummiband der Dehnung widersetzt. Sobald der Windstoß abflaut, löst sich wie beim Gummiband die Spannung, und im Zusammenspiel mit der Erdanziehung wird die glatte Oberfläche wiederhergestellt. Wenn das Wasser vom Wind weggeschoben wird, dann kräuselt es sich, denn ein Molekül verdrängt ein anderes, dieses das nächste, und so weiter. Dieses Kräuseln ist in Wirklichkeit ein Energieschub. Die Energie, die der Wind mitgebracht hat, befindet sich nun auf der Oberfläche des Teichs. Sie raut die Oberfläche auf, was den Widerstand für den Wind vergrößert, der über sie streicht. So folgt auf ein Kräuseln das nächste, und die Wellen werden immer größer. Je stärker das Kräuseln, umso größer die Gegenkraft, die das Wasser nach unten zieht, und umso kabbeliger die Oberfläche des Teichs. Es gibt allerdings eine Obergrenze für die Höhe des Kräuselns, denn irgendwann erreichen die Wellen das Ufer, und der Großteil der Energie wird auf das Land übertragen. Aber je länger sie unterwegs sind, umso höher können sie werden.

Den höchsten Punkt der Welle bezeichnet man als Wellenkamm, den tiefsten als Wellental. Wenn wir von der Höhe einer Welle sprechen, dann ist damit die Entfernung zwischen diesen beiden Punkten gemeint. Solange eine Welle viel niedriger ist, als der See tief ist, kann sie sich ungehindert ausbreiten. Doch wenn sich die Welle dem flacheren Uferbereich nähert, kommt ihr Tal in Berührung mit dem Grund des Sees und erzeugt eine Reibung, die Welle verlangsamt sich, sie wird gezwungen zu brechen und läuft schließlich am Ufer aus.

In einem Tausende Kilometer breiten Ozean haben diese ursprünglichen Kräuselungen genug Raum und Zeit, um mehrere Meter hoch zu werden. Wenn der Wind zwei Stunden lang mit einer Geschwindigkeit von zwanzig Kilometern pro Stunde weht, kann er Wellen von dreißig Zentimetern Höhe erzeugen. Bläst er einen ganzen Tag lang mit fünfzig Kilometer pro Stunde, können die Wellen bis zu vier Meter hoch werden. Und ein Sturm, der drei oder vier Tage lang mit fünfundsiebzig Kilometer pro Stunde weht, kann bis zu acht Meter hohe Wellen erzeugen. Die höchste je gemessene Welle wurde 2007 vor Taiwan beobachtet: Sie war 32 Meter hoch.

Die Wellen enden jedoch nicht mit dem Sturm. Wie die Kräuselungen auf einem Teich können sie sich bis auf die andere Seite des Meeres fortpflanzen. An diesem Punkt kommt die Länge der Welle ins Spiel. Die Länge einer Welle ist die Entfernung von einem Wellenkamm zum nächsten. Während eines Sturms ist die Länge schwer zu ermitteln, weil sich eine Welle auf die andere türmt – eine vom Sturm aufgewühlte See sieht aus wie ein wogender Kessel. Nach dem Sturm ziehen die Wellen jedoch weiter, und aufgrund ihrer unterschiedlichen Längen sind sie unterschiedlich schnell. Wenn die Wellen über Hunderte Kilometer weiterrollen, formieren sie sich zu Gruppen, die sich mit derselben Geschwindigkeit fortbewegen. Innerhalb der Gruppen ordnen sich die Wellen in parallelen Linien. Irgendwann kommt jede Gruppe geordnet an der Küste an. Das Rauschen der Wellen am Strand ist also nichts anderes als das Geräusch eines von weit her kommenden Sturms. Dieser hypnotische Rhythmus verdankt sich der komplexen Dynamik des Meeres.

Da Sturmwellen überall auf dem Meer entstehen können, ist es eigentlich verwunderlich, dass sie immer frontal auf den Strand treffen. Man sollte doch meinen, dass sie in dem Winkel auf das Land treffen, in dem der Ort des Sturms liegt, aus dem sie kommen. Aber Wellen sind komplizierter. Bei ihrer Bewegung über tiefes Wasser bleibt ihre Geschwindigkeit konstant, weil sie durch nichts abgebremst werden. Aber wenn sie auf das Land zurollen, das Wasser flacher wird und das Wellental in Berührung mit dem Meeresgrund kommt, wird dieser Teil der Welle langsamer. Der Rest der Welle, der noch nicht in Berührung mit dem Boden gekommen ist, behält seine Geschwindigkeit jedoch bei. Aufgrund dieses Geschwindigkeitsunterschieds ändert die Welle ihre Richtung so, wie ein Auto die Richtung ändert, wenn nur ein Rad gebremst wird. Mit dem Ergebnis, dass sich die Welle an den Konturen des Meeresgrunds ausrichtet, die wiederum tendenziell parallel zum Strand verlaufen. Deshalb treffen die meisten Wellen frontal auf dem Strand auf.

Surfer wissen das. Sie kennen auch einen Effekt namens Shoaling, denn genau der macht den Witz des Surfens aus. Stellen Sie sich vor, Sie sitzen auf ihrem Surfbrett und schauen aufs Meer hinaus. Sie wollen wissen, wo und wann die Welle bricht. Wenn die Welle auf den Strand zurollt, verlangsamt sie sich, weil sich der Meeresgrund anhebt, doch gleichzeitig wird sie auch höher. Je flacher das Wasser wird, umso höher schiebt sich die Welle auf, bis sie einen kritischen Winkel erreicht, ab dem sie instabil wird. Nun ist sie so steil, dass man mit dem Surfbrett entlanggleiten kann, als würde man auf Skiern einen Abhang hinunterfahren.

Surfer brauchen Gleichgewicht und Timing, und sie müssen wissen, wie sich Wellen verhalten. Um eine Welle reiten zu können, muss ein Teil von ihr schon vor dem Rest anfangen zu brechen. Das heißt, der Meeresgrund muss allmählich zum Strand hin ansteigen, denn der Punkt, an dem die Welle bricht, hängt von der Tiefe des Wassers ab, das sie durchläuft. Außerdem müssen sie verstehen, wie die Gezeiten wirken, denn in Abhängigkeit von der Anziehung durch Mond und Sonne verändert sich auch die Wassertiefe.

Zum Surfen brauchen Sie also einen Sturm irgendwo draußen auf See, dessen Wellen groß genug sind, um die Reise über den Ozean anzutreten, um dann auf einen Strand mit dem geeigneten Untergrund zu treffen. Sie müssen zur richtigen Tageszeit da sein, damit die Wellen im Zusammenspiel mit den Gezeiten die perfekten Bedingungen schaffen. Und wenn sie dann im Neoprenanzug und mit dem Surfbrett unterm Arm parat stehen, dann erwischen sie vielleicht die perfekte Welle. Das Timing und das Zusammenwirken der verschiedenen Faktoren machen den Surfsport einzigartig – Surfer müssen ganz im Einklang mit den Stürmen, dem Meer, dem Mond und den Wellen sein.

Auch wenn Sie kein Wellenreiter sind, könnte es nützlich sein, wenn Sie den Shoaling-Effekt kennen – es könnte Ihnen das Leben retten. Am Morgen des 26. Dezember 2004 machten die Urlauber am Strand von Phuket in Thailand eine seltsame Beobachtung. Das Meer wich rasch weit zurück – Felsen, die sonst unter Wasser lagen, wurden sichtbar, und Boote lagen plötzlich auf dem Trockenen. Staunend sahen Kinder und Erwachsene zu, als plötzlich eine riesige Welle heranrollte. Sie dachten, sie hätten nie etwas Vergleichbares gesehen, doch das stimmte so nicht. Es war der Shoaling-Effekt, nur dass er diesmal zu einer riesigen Tsunami-Welle gehörte.

Später wurde bekannt, dass einige Stunden zuvor mitten im Indischen Ozean ein Teil der Erdkruste aufgebrochen war, was ein Seebeben der Stärke 9,0 zur Folge hatte – ein enorm starkes Beben, das zehnmal so viel Energie freisetzte wie die Atombombe von Hiroshima. Doch weil es sich mitten im Meer ereignete, verursachte es keine unmittelbaren Schäden. Allerdings wurden bei dem Beben nicht nur die Erdplatten verschoben, sondern der Meeresboden hob sich um mehrere Meter. Dadurch wiederum wurden rund 30 Kubikkilometer Wasser verdrängt – das entspricht etwa zehn Millionen olympischen Schwimmbecken. Und genau wie eine plötzliche Bewegung in der Wanne das Badewasser kräftig hin und her schwappen lässt, setzte das Beben diese gewaltige Wassermasse in Bewegung.

Wie Wellen nun einmal so sind, breiteten sie sich ringförmig über das Meer aus. Wenn man vom Flugzeug aus den Beginn des Tsunamis gesehen hätte, dann hätte man sich vermutlich nicht allzu viele Sorgen gemacht. Die Wellen verteilten sich über eine riesige Fläche und waren zunächst nicht mehr als kleine Kräuselungen des Meeres. Beunruhigender war die Geschwindigkeit, mit der sie sich fortpflanzten. Aufgrund der Stärke des Bebens und der gewaltigen Energiemenge, die innerhalb kürzester Zeit freigesetzt worden war, bewegten sie sich mit einer Geschwindigkeit von 500 bis 1000 Kilometern pro Stunde fort – so schnell wie ein Düsenflugzeug. Als sie sich den flacheren Gewässern an den Küsten der Andamanensee näherten, wurden sie langsamer und schoben sich auf. Je näher sie kamen, umso stärker wurde der Shoaling-Effekt. Weil die Wellen Hunderte Meter lang waren, bemerkten die Menschen am Strand als Erstes, wie das Wasser aufs Meer hinausgezogen wurde. Wenn sie das Phänomen gekannt hätten, dann hätten sie eine gute Minute Zeit gehabt, um einen erhöhten Punkt aufzusuchen. Tragischerweise verstanden die wenigsten, was da vor sich ging – anders als die Tiere am Strand, die zu spüren schienen, dass etwas nicht stimmte, und die Flucht ergriffen. Wer blieb, wurde von der ersten Welle erwischt, die mit einer Höhe von zehn Metern auf den Strand traf.

Insgesamt tötete der Tsunami 227 898 Menschen an den Küsten von 15 Ländern. Das Gefährliche an einem Tsunami sind weniger die gewaltigen Wassermassen, die er an die Küste schleudert, sondern die Gewalt, mit der dieses Wasser niederreißt, was sich ihm in den Weg stellt. Ein Kubikmeter Wasser wiegt eine Tonne, und der Tsunami hatte 30 Milliarden Kubikmeter Wasser in Bewegung gesetzt. Die Welle riss Hütten, Bäume und Autos fort und verwandelte sich in einen reißenden Strom aus gefährlichen Trümmern. Sie hob Schiffe und Häuser hoch und schleuderte sie gegen Brücken und Strommasten, die zusammenbrachen und tödliche Brände verursachten. Die Menschen wurden von dem rasenden Mahlstrom zerquetscht und zermalmt, andere wurden von Trümmern getroffen, verloren das Bewusstsein oder wurden so schwer verletzt, dass sie nicht mehr schwimmen konnten. An manchen Stellen drang die Welle bis zu zwei Kilometer weit ins Landesinnere vor. Wie Sturmwellen besteht ein Tsunami aus Gruppen von Wellen, und als mit dem Herannahen der zweiten die erste zurückwich, kehrte sich die Strömung um und zog Menschen und Trümmer in diesen neuen Ansturm hinein.

13 Eine Tsunami-Welle trifft auf einen Strand.

Für die Menschen, die das Glück hatten, die verheerende Flut zu überleben, waren die Herausforderungen keineswegs zu Ende. Eines der größten Probleme war die Verschmutzung des Trinkwassers. Weil der Tsunami die Kanalisation zerstörte, drang Salzwasser ein und machte das Trinkwasser ungenießbar. Die Hunderttausende Toten mussten so schnell wie möglich beigesetzt werden, um Epidemien zu verhindern, und die Überflutung mit Brackwasser machte landwirtschaftliche Nutzflächen auf lange Sicht unfruchtbar.

Doch so verheerend der Tsunami des Jahres 2004 war, der Tsunami, der 2011 auf die japanische Küste traf, übertraf das Ausmaß der Zerstörung noch. Ursache war das viertstärkste jemals gemessene Erdbeben, das sein Epizentrum 70 Kilometer vor der Küste der japanischen Hauptinsel Honshû hatte. An Land waren die Erschütterungen sechs Minuten lang zu spüren, doch das Schlimmste sollte erst kommen, als der Tsunami auf die Küste traf, Städte verwüstete und schließlich das Kernkraftwerk von Fukushima heimsuchte.

Das Kraftwerk von Fukushima war 1971 erbaut worden und bestand aus sechs Reaktoren. Ein Atomreaktor enthält Brennstäbe aus Uranoxid, die im Reaktorkern gebündelt sind. Diese geben Strahlung in Form sehr energiereicher Teilchen ab. Ein Großteil dieser Energie wird dazu verwendet, Wasser in Dampf zu verwandeln und mit diesem Dampf Turbinen anzutreiben, die wiederum Elektrizität erzeugen. Das Uranoxid ist unvorstellbar energiereich: Mit einem Bündel Brennstäbe von der Größe eines Kleinwagens lässt sich eine Millionenstadt zwei Jahre lange mit Strom versorgen. Vor dem Tsunami des Jahres 2011 hatte Fukushima sechs Reaktoren, die rund um die Uhr Strom für fünf Millionen Menschen erzeugten.

Japan hat Erfahrung mit Erdbeben, vor der Insel treffen zwei große Erdplatten aufeinander. Das Erdbeben vom 11. März 2011 fügte dem Kernkraftwerk keinen Kratzer zu. Doch aufgrund der gesetzlichen Sicherheitsvorschriften schalteten sich die drei Reaktoren 1, 2 und 3 ab (die anderen drei waren abgeschaltet, weil gerade die Brennstäbe ausgetauscht wurden). Aber einen Reaktor kann man nicht einfach abschalten, denn die Kernbrennstäbe erzeugen nach wie vor Strahlung und Wärme. Sie müssen gekühlt werden, um zu verhindern, dass das Uranoxid schmilzt. Wenn der Reaktor abgeschaltet ist, wird die Kühlung normalerweise von Dieselpumpen übernommen.

Insgesamt sollte das Erdbeben 13 000 Todesopfer fordern, doch zu dem Zeitpunkt, als das Beben endete und sich der Reaktor abschaltete, waren 90 Prozent davon noch am Leben. Doch fünfzig Minuten später traf eine dreizehn Meter hohe Flutwelle mit einer Geschwindigkeit von 500 Kilometern pro Stunde auf das Kraftwerk. Das Wasser zerstörte die Schutzwälle des Kraftwerks und überflutete die Gebäude mit den Dieselpumpen, mit denen die Brennstäbe gekühlt wurden. Die Pumpen fielen aus, und ein zweites batteriebetriebenes Notfallsystem sprang ein. Diese Batterien hatten genug Strom, um das Kühlsystem 24 Stunden lang zu betreiben. Unter normalen Umständen wäre das ausreichend gewesen, um die Dieselpumpen wieder in Gang zu bringen oder neue Batterien zu beschaffen. Doch es waren keine normalen Umstände: Der Tsunami – der größte, der Japan seit Menschengedenken heimgesucht hatte – hatte alles vernichtet, auf das er getroffen war. Die schiere Gewalt des Wassers hatte ganze Städte in Trümmerfelder verwandelt, 45 000 Gebäude und fast eine Viertelmillion Fahrzeuge zerstört und die Straßen und Brücken der Region unbrauchbar gemacht. Die gesamte vom Tsunami getroffene Region brach zusammen, die medizinische Versorgung der Überlebenden war immens schwierig, und es war unmöglich, rechtzeitig die Ersatzbatterien für das Kühlsystem zu beschaffen. 24 Stunden nach dem Eintreffen der Flutwelle gaben die Batterien ihre Funktion auf, und die Temperatur im Reaktor stieg.

Schmelzende Kernbrennstäbe sehen aus wie Lava, doch sie sind viel heißer. Lava kommt rot glühend und mit einer Temperatur von etwa 1000 Grad Celsius aus dem Krater. Flüssiges Uranoxid glüht dagegen weiß und erreicht eine Temperatur von über 3000 Grad. Es schmilzt und zerstört so ziemlich alles, mit dem es in Berührung kommt. In Fukushima brannte es sich einen Weg durch die 25 Zentimeter dicke Stahlhülle um den Reaktorkern, und in einem der Reaktoren fraß es sich auch durch den Betonboden. Doch das war erst der Anfang.

Die Brennstäbe befinden sich in einer Hülle aus einer Zirkonium-Legierung. Diese ist extrem resistent, doch bei 3000 Grad Celsius reagiert sie heftig mit Wasser, wobei unter anderem Wasserstoff freigesetzt wird. Während der Kernschmelze entstand in jedem der drei Reaktoren schätzungsweise eine Tonne Wasserstoff. Am 12. März reagierte dieser Wasserstoff mit dem Luftsauerstoff in den Reaktoren, und die folgende Explosion zerstörte den Komplex.

Flüssigkeiten sind unglaublich schwer in den Griff zu bekommen, weshalb ein großer Teil des durch die Kernschmelze frei gewordenen radioaktiven Materials ins Trinkwasser der Region und ins Meer gelangte. Und von dort kann es überallhin gelangen, und das tut es auch. Deshalb müssen Ingenieure bei der Entsorgung von Atommüll so sehr darauf achten, dass kein Wasser in ihre Lagerstätten eindringt. Doch die meisten Kernkraftwerke befinden sich in der Nähe von großen Gewässern – nicht weil es sicherer, sondern weil es günstiger ist. Sie benötigen Wasser zur Kühlung, und wenn sie große Mengen davon in greifbarer Nähe haben, dann wird der Betrieb der Anlage kosten- und energieeffizienter. Bei einem Reaktorunglück besteht allerdings die große Gefahr, dass über dieses Wasser große Mengen Radioaktivität in die Umwelt gelangen, wie in Fukushima geschehen.

Das Problem sind nicht nur Kernkraftwerke. Viele der Metropolen der Welt befinden sich an den Küsten, denn früher wie heute benötigte man für den Handel Häfen. Doch der Klimawandel mit seinen steigenden Meeresspiegeln macht diese Großstädte immer anfälliger für Tsunamis und Stürme. Der einzige Schutz sind höher gelegene Regionen und vielleicht die Luft. Während ich von meinem Fensterplatz im Flugzeug auf den riesigen Atlantik hinunterblickte und dazu ein Schlückchen Mineralwasser nippte, war das ein netter Gedanke. Es war ein ruhiger, klarer Tag, und das Meer sah beinahe harmlos aus.

Dann ruckte es mit einem Mal, und das Flugzeug schien eine Sekunde lang abzusacken. Dann wieder, so heftig, dass ich mir das Wasser über die Hose schüttete.

»Wir fliegen durch Turbulenzen«, sagte der Kapitän über den Bordlautsprecher. »Ich habe das Anschnallzeichen eingeschaltet und möchte alle Fluggäste bitten, zu Ihren Plätzen zurückzukehren. Der Kabinenservice wird fortgesetzt, sobald wir die Turbulenzen durchflogen haben.«

Wieder sackte die Maschine ab. Ich hatte ein flaues Gefühl im Magen, und als ich nach draußen blickte, sah ich, wie die Flügel kräftig flatterten.

Kapitel 4

Klebrig

Egal, wie oft ich im Flugzeug Turbulenzen erlebe, ich kann die Panik im Gehirn einfach nicht abstellen. Mein Verstand weiß natürlich, dass die Flügel nicht abreißen werden. Unser Flugzeug ist eine der technisch ausgereiftesten Maschinen, die je gebaut wurden. Ich hatte sogar schon einmal eine der Fertigungshallen besucht, in denen die Flügel zusammengeleimt werden, und war bei einem Test dabei gewesen. Doch in diesem Moment interessierten sich meine entsetzten Hirnzellen nicht für rationale Argumente. Damit bin ich nicht allein. Früher habe ich Sitznachbarn gern erzählt, wie die Flügel verleimt werden, doch seltsamerweise fanden sie das nicht sonderlich beruhigend, und inzwischen lasse ich es lieber.

Viele Flüssigkeiten sind klebrig, das heißt, wenn Sie den Finger hineinstecken, dann haften sie an Ihrer Haut. Das trifft auf Öl genauso zu wie auf Wasser, Suppe oder Honig. Zum Glück haften sie an anderen Dingen besser als an uns, zum Beispiel an Handtüchern. Beim Duschen prallt das Wasser nicht am Körper ab, sondern läuft an ihm herunter und bleibt scheinbar gegen die Gesetze der Schwerkraft an Brust, Po und Beinen haften. Wenn das Wasser mit den Fasern des Handtuchs in Berührung kommt, dann wirken diese wie kleine Dochte und saugen es auf. So wird das Handtuch nass, und Sie werden trocken. Klebrigkeit ist also nicht nur eine Eigenschaft von Flüssigkeiten an sich, sondern sie hängt auch mit dem Zusammenspiel mit anderen Materialien zusammen.

Aber natürlich kann man nicht jede beliebige klebrige Flüssigkeit verwenden, um ein Flugzeug zusammenzuleimen. Wenn Sie Ihren Finger anfeuchten und damit ein Staubkörnchen aufpicken, dann bleibt es an Ihrem Finger haften, bis das Wasser verdunstet ist. Weil Wasser beim Verdunsten seine Klebeeigenschaften verliert, ist es zwar klebrig, aber kein Klebstoff. Wirkliche Klebstoffe beginnen als Flüssigkeit und werden dann fest, um auf diese Weise eine dauerhafte Bindung herzustellen.

Dieses Prinzip haben Menschen schon vor langer Zeit entdeckt. Unsere Vorfahren stellten Pigmente aus zerriebener Kohle oder farbigen Steinen wie Ocker her und malten damit auf Felswände. Damit die Farben auf dem Stein haften blieben, mischten sie die Pigmente mit klebrigen Substanzen wie Fett, Wachs oder Ei und erfanden so die ersten Wandfarben. Eine Wandfarbe ist letztlich nichts anderes als ein farbiger Klebstoff, und die ältesten waren bereits so haltbar, dass sie Jahrtausende überdauert haben. Die ältesten Felsmalereien, die bis heute erhalten geblieben sind, wurden in einer Höhle in Lascaux in Frankreich entdeckt und werden auf ein Alter von 20 000 Jahren geschätzt.

Frühere Völker haben diese klebrigen Farbstoffe zur Körperbemalung verwendet, die sie bei religiösen Zeremonien und Kriegen auftrugen. Die Tradition setzt sich heute in der Kosmetik fort. Ein Lippenstift besteht zum Beispiel aus Farbstoffen, die mit Ölen und Fetten gemischt sind, damit die Farbe auf den Lippen haften bleibt. Die große Herausforderung besteht seit jeher darin, einen

Klebstoff zu finden, mit dem die Farbe den Tag über hält, der aber abends ohne größere Schwierigkeiten wieder zu entfernen ist. Nicht anders ist es bei Kajalstiften und anderen Kosmetika. Dieses Problem steht stellvertretend für die Herausforderungen bei der Entwicklung von Klebstoffen: Etwas später wieder entfernen zu können ist oft genauso wichtig, wie es irgendwo anbringen zu können. Aber dazu komme ich noch – das Zusammenkleben ist für den Anfang schwierig genug. Um Dinge zu verleimen, die mechanischen Kräften widerstehen sollen – seien es Axtstiele, Bootsrümpfe oder Flugzeuge –, braucht man etwas, das besser klebt als Farbe oder Lippenstift.

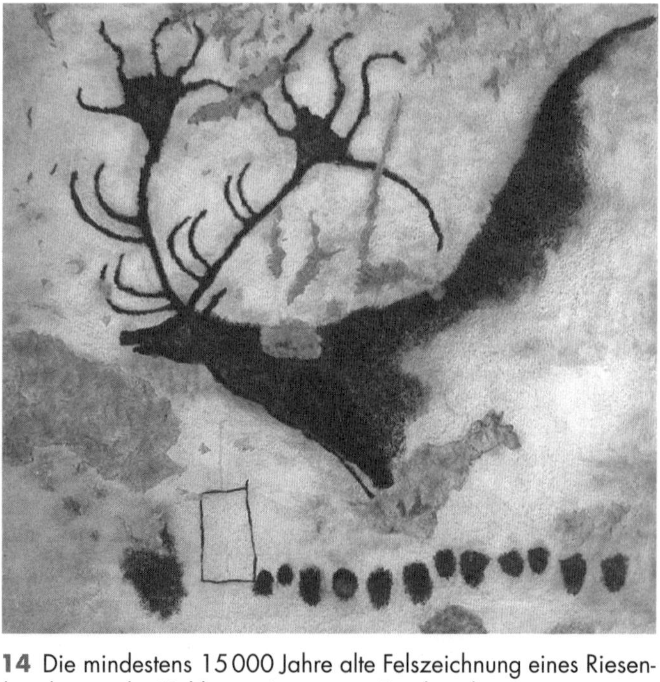

14 Die mindestens 15 000 Jahre alte Felszeichnung eines Riesenhirschs aus der Höhle von Lascaux in Frankreich.

Im Sommer 1991 entdeckten zwei deutsche Wanderer in den italienischen Alpen einen Toten. Wissenschaftler fanden heraus, dass der mumifizierte Leichnam 5000 Jahre alt war und gaben ihm den Namen Ötzi. Seine Überreste waren ausgezeichnet erhalten, weil er seit seinem Tod von Eis umschlossen war, und mit ihm seine Werkzeuge und Kleidungsstücke. Er trug einen Umhang aus geflochtenem Gras sowie Mantel, Gürtel, Leggins, Lendenschurz und Schuhe aus Leder. Seine Werkzeuge waren allesamt raffiniert hergestellt, doch im Zusammenhang mit den Klebstoffen ist seine Axt besonders interessant. Der Schaft war aus Eibenholz, das Blatt aus Kupfer, und zusammengebunden waren die beiden mit Lederriemen, die mit Birkenharz verleimt waren. Das zähe schwarzbraune Harz wurde gewonnen, indem man Birkenrinde in einem Topf kochte. Es war während der Alt- und Mittelsteinzeit als Klebstoff beliebt und ließ sich auch für schwere Werkzeuge verwenden, weil es zu einem festen Brocken aushärtet. Damit klebten unsere Vorfahren Pfeilspitzen an Schäfte und Steinklingen an Griffe, reparierten Geschirr und verleimten Boote. Die Flüssigkeit besteht überwiegend aus Molekülen aus der Familie der Phenole.

Auch wenn Sie den Namen noch nie gehört haben, den Geruch kennen Sie ganz bestimmt: Das wichtigste Phenol im Birkenharz ist 2-Methoxy-4-Methylphenol und riecht nach rauchigem Teer. Phenolaldehyd duftet nach Vanille und Ethylphenol nach Räucherspeck; tatsächlich sind es Phenole, die den Geschmack ausmachen, wenn Sie Fisch oder Fleisch räuchern.

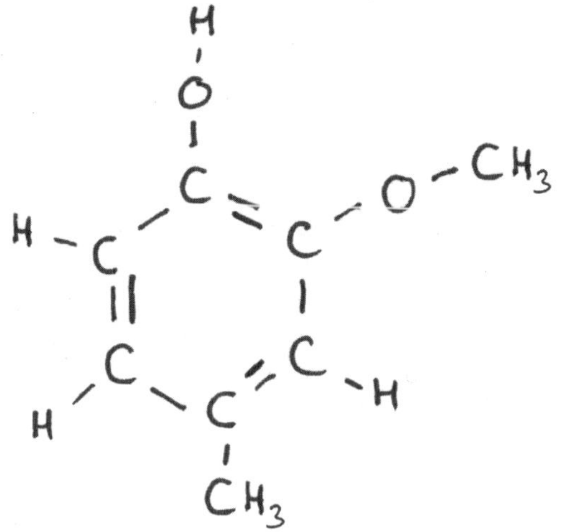

15 Die Molekülstruktur von 2-Methoxy-4-Methylphenol, einem der Bestandteile des aus Birkenrinde gewonnenen Klebstoffs. Das Kennzeichen der Phenole sind das Sechseck aus Kohlenstoff- und Wasserstoffatomen sowie eine OH-Gruppe.

Beim Erhitzen der Birkenrinde werden die Phenole freigesetzt. Das zähe Harz ist im Grunde eine Mischung aus einem Lösungsmittel namens Terpentin und Phenolen. Das Terpentin ist die flüssige Grundlage, doch im Laufe einiger Wochen verdunstet es. Zurück bleiben nur die Phenole, die sich in harten Teer verwandelt haben und klebrig genug sind, um Holz an Leder und anderen Materialien festzukleben.

Bäume sind übrigens ganz ausgezeichnete Klebstofflieferanten. Aus Nadelbäumen treten Harznasen aus, die ebenfalls einen guten Kleber abgeben. Ein über Jahrtausende beliebter Kleber stammt von der Gummiakazie. Das Harz der Boswellien ist ein besonders wohlriechender Klebstoff, der als Weihrauch verwendet wird. Myrrhe, ein weiteres aromatisches Harz, stammt von einem

Dornenstrauch namens Commiphore. Harze wurden nicht nur in der Herstellung von Parfümen verwendet, sondern auch in der Medizin, weil ihre aktiven chemischen Bestandteile, zum Beispiel die Phenole, eine starke antibakterielle Wirkung haben. Im Altertum waren Weihrauch und Myrrhe so wertvoll, dass man sie Königen als Geschenke darbrachte, weshalb sie auch in der Weihnachtsgeschichte auftauchen.

Dass Baumharz klebt, ist kein Zufall. Es entstand im Laufe der Evolution, um Insekten zu fangen und auf diese Weise die Bäume zu schützen. Bernstein ist fossiles Baumharz, und oft sind noch Insekten darin erhalten.

16 Eine Ameise in Bernstein, fossilem Baumharz.

Ohne diese Harze wäre es unseren Vorfahren schwerer gefallen, Werkzeuge und Geräte herzustellen, und unsere Kultur hat ihnen viel zu verdanken. Flugzeuge lassen sich allerdings nicht damit zusammenleimen – das Harz würde unter der Belastung des Flugs zerreißen. Phenolmoleküle haften nicht sonderlich fest an anderen Stoffen, die Moleküle sind zu abgeschlossen und binden sich vorzugsweise an ihresgleichen.

Aber wenn Sie schon einmal bei den Bäumen sind, müssen Sie nicht weit suchen, um stärkere Kleister zu finden. Nehmen wir die Vögel: Die Sehnen und Muskeln ihrer Flügel werden nicht von Schrauben und Nägeln zusammengehalten, sondern von Molekülen der Familie der Proteine. Genau wie der menschliche Körper. Eines der wichtigsten Proteine ist in diesem Zusammenhang das Kollagen. Es kommt in allen Tieren vor und ist einfach zu gewinnen. Unsere Vorfahren verwendeten die Häute von Fischen und Wild und kochten sie in Wasser. Auf diese Weise gewannen sie das Kollagen, eine dicke, klare Flüssigkeit, die sich beim Abkühlen in eine feste, steife Masse verwandelt: die Gelatine.

Die Kollagenproteine in der Gelatine sind langkettige Moleküle mit einem Rückgrat aus Kohlenstoff und Stickstoff. Sie kleben zu langen, starken Fasern zusammen, aus denen unsere Sehnen, Haut, Muskeln und Knorpel bestehen. Aber wenn sie bei der Herstellung von Leim mit heißem Wasser reagieren, trennen sich die Moleküle voneinander. Nun haben sie lose chemische Enden übrig, die sich wieder an etwas binden wollen – und damit haben wir den tierischen Klebstoff Gelatine.

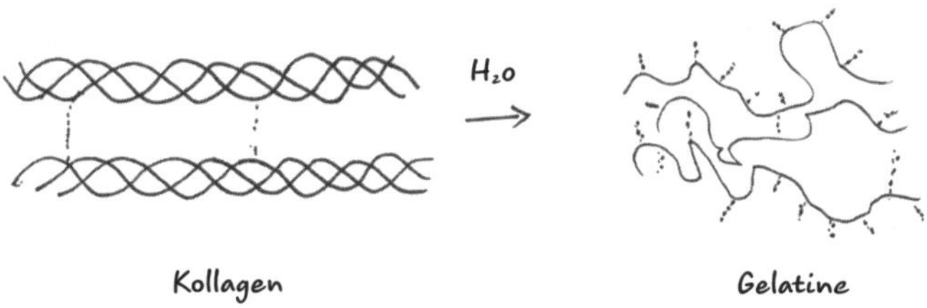

17 Wie sich die Kollagenfaser in den tierischen Klebstoff Gelatine verwandelt.

In der frühen technischen Entwicklung der Menschheit traten die tierischen Kleister allmählich an die Stelle der Harze. Die alten Ägypter verwendeten sie zum Beispiel zur Herstellung von Möbeln und Einlegearbeiten. Sie scheinen sogar die Ersten gewesen zu sein, die mit dem tierischen Leim eines der großen mechanischen Probleme der Holzverarbeitung gelöst haben – die Faser.

Die Faser ergibt sich aus der unterschiedlichen Dichte und Anordnung von Zellulosefasern im Holz und hängt nicht nur von der Biologie des Baumes ab, sondern auch von der Umgebung, in der er wächst. Daher unterscheidet sich die Faser von Art zu Art und von Baum zu Baum. Wenn Kräfte gegen die Faser wirken, ist das Holz stark, aber wenn sie mit der Faser wirken, reißt es. Das ist nützlich, wenn man Brennholz spaltet, aber wenn man ein Haus, einen Stuhl, eine Geige, ein Flugzeug oder irgendetwas anderes aus Holz bauen will, dann stellt das ein Problem dar. Je dünner das Holz, umso größer das Problem. Die Lösung besteht paradoxerweise darin, das Holz in möglichst feine Scheiben zu zerschneiden: das Furnier.

Die alten Ägypter waren die Ersten, die mit Furnier arbeiteten. Sie leimten die dünnen Bretter so aufeinander, dass die Faser der einen Lage senkrecht zur Faser der vorigen verlief. Damit stellten sie künstliche Bretter her, die in keiner Richtung mehr leichter brachen. Heute bezeichnen wir das als Sperrholz. Um die Lagen miteinander zu verbinden, verwendeten die Ägypter tierischen Kleister, was offenbar ganz passabel funktionierte. Aber wenn Sie je Gelatine gekocht haben, dann wissen Sie, dass sie sich auflöst, sobald sie mit heißem Wasser in Berührung kommt. Wenn mit Knochenleim hergestellte Möbelstücke nicht absolut trocken gehalten werden, fallen sie irgendwann auseinander. Das kann ein Nachteil sein, doch da Ägypten ein recht trockenes Land ist, hat es wahrscheinlich keine Probleme bereitet.

Wie bereits erwähnt hat ein Klebstoff, der sich auch wieder trennen lässt, durchaus seine Vorteile. So arbeiteten beispielsweise die großen Geigenbauer der Vergangenheit, allen voran Antonio Stradivari, mit tierischem Leim. So konnte Stradivari jede Klebestelle wieder lösen, wenn ein Teil nicht ganz in Ordnung war, und auf diese Weise nahezu perfekte Geigen herstellen. Wenn Restaurateure heute ein historisches Instrument reparieren, lösen sie die Klebestellen mit Wasserdampf. Der schwächt zuerst die Bindung zwischen Leim und Holz, dann löst er sie auf. Das Holz nimmt keinerlei Schaden, und die Lebensdauer des Instruments lässt sich verlängern, was den Wert steigert. Viele Möbelrestaurateure arbeiten heute mit tierischen Leimen, da sie sich unter Dampf leicht wieder lösen lassen.

Beim Bau von Flügeln kann Hitze ein echtes Problem darstellen – behauptet zumindest der Mythos. König Minos von Kreta erhielt vom Meeresgott Poseidon einen wunderschönen weißen Stier zum Geschenk. Diesen sollte er opfern, doch stattdessen schlachtete er einen anderen. Zur Strafe sorgte Poseidon dafür, dass Minos'

Frau sich in den weißen Stier verliebte, und der Spross dieser Vereinigung war ein Wesen, das halb Stier und halb Mensch war – der Minotaurus. Dieser Minotaurus wuchs zu einem menschenfressenden Monster heran, weshalb König Minos den legendären Baumeister und Erfinder Daidalos damit beauftragte, ein verwirrendes Labyrinth zu bauen, um ihn darin zu verstecken. Damit Daidalos niemandem von seinem furchtbaren Geheimnis erzählen konnte, sperrte er ihn und seinen Sohn Ikaros in einen Turm. Aber so leicht ließ sich Daidalos nicht aufhalten. Er baute zwei Paar Flügel, eins für sich und eins für seinen Sohn. Die Federn klebte er mit Wachs zusammen. Am Tag der Flucht warnte Daidalos seinen Sohn, der Sonne nicht zu nahe zu kommen. Doch während des Flugs wurde Ikaros vom Rausch des Fliegens erfasst und schwang sich immer höher auf. Das Wachs schmolz, die Flügel lösten sich auf, und Ikaros stürzte in den Tod.

18 Die Sage vom Sturz des Ikaros erzählt, das Wachs, das seine Flügel zusammenhielt, sei wegen der Nähe zur Sonne geschmolzen.

Falls Sie sich gefragt haben sollten, ob ein modernes Flugzeug aus dem Leim gehen kann, wenn es immer höher fliegt, möchte ich Sie darauf hinweisen, dass der Mythos von Daidalos und Ikaros die Gegebenheiten der Natur nicht ganz korrekt wiedergibt. Denn wenn Ikaros immer höher fliegt, wird die Luft nicht wärmer, sondern kälter. Da die Wärme ins All entweicht, sinkt die Lufttemperatur alle 100 Meter um ungefähr 1 Grad Celsius. Bei einer Reiseflughöhe von 12 000 Metern herrschten vor meinem Fenster etwa minus 50 Grad Celsius, und bei dieser Temperatur ist Wachs fest.

Aber ich kann Sie beruhigen: Moderne Flugzeuge sind natürlich ohnehin nicht mit Wachs verleimt. Inzwischen haben wir etwas bessere Kleber erfunden. Ihre Entdeckung beginnt mit dem Kautschuk, einem weiteren klebrigen Baumprodukt. Der Gummi, wie er auch heißt, wird aus der Rinde des Parábaumes gewonnen, der in Mittel- und Südamerika wächst. Mittelamerikanische Völker wie die Maya verwendeten den Kautschuk zu allen möglichen Zwecken und stellten daraus unter anderem Bälle für ihre rituellen Spiele her. Als die Europäer im 16. Jahrhundert nach Amerika kamen, staunten sie über den Kautschuk. Sie hatten nie etwas Vergleichbares gesehen: Er war weich und geschmeidig wie Leder, aber viel elastischer und vollkommen wasserabweisend. Doch trotz seines offensichtlichen Werts fand in Europa lange niemand einen Nutzen dafür, bis der britische Wissenschaftler Joseph Priestley feststellte, dass man damit Bleistiftspuren von Papier entfernen konnte – damit hatte er den Radiergummi erfunden.

Natürlicher Kautschuk besteht aus Tausenden Isoprenmolekülen, die in einer langen Kette zusammenhängen.

Dieser Trick der Moleküle, sich zu Einheiten zusammenzuschließen, die etwas ganz Neues ergeben, ist in der Natur weitverbreitet. Diese Art der Moleküle werden als Polymere bezeichnet – »poly« bedeutet »viel«, und »mer« bezeichnet eine Einheit. Im Kautschuk ist die Grundeinheit das Isopren. Seine langen Polyisoprenketten verknäulen sich wie Spaghetti. Die Bindungen zwischen jeder Kette sind schwach, weshalb sie wenig Widerstand entgegensetzen, wenn man daran zieht: Die Ketten entwirren sich einfach. Deshalb ist der Gummi so dehnbar.

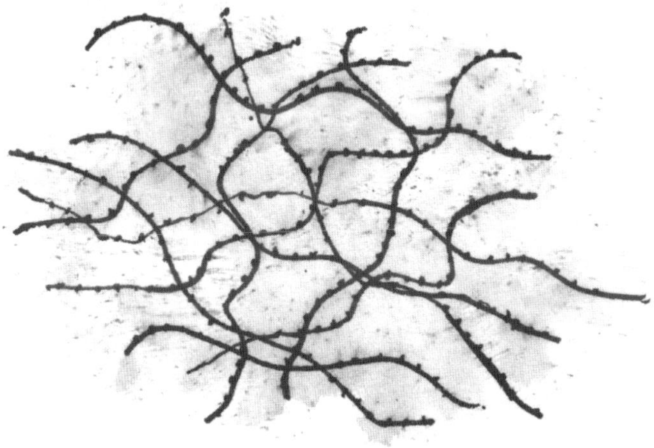

19 Die Struktur des natürlichen Kautschuks, der aus einem Gewirr langer Polyisoprenmoleküle besteht.

Die Dehnbarkeit macht den Kautschuk so klebrig. Er lässt sich einfach formen und schmiegt sich in jede Ritze, zum Beispiel auch in die Falten der Hand – das macht ihn so griffig. Damit ist er das perfekte Material für Autoreifen oder für die Griffe des Fahrradlenkers. Das Auto hält er fest genug am Boden, um die zur Fortbewegung nötige Reibung zu erzeugen, aber er hält es nicht so fest, um es dauerhaft an der Straße festzuleimen. Und den Lenker Ihres Fahrrads macht er so griffig, dass Ihre Hände nicht abrutschen, aber Sie müssen sich auch keine Sorgen machen, dass Sie für alle Zeiten an Ihrem Rad kleben bleiben.

Eine der nicht weniger genialen Verwendungen für Gummi sind die Klebezettel. Auf der Rückseite haben die Zettelchen eine Klebeschicht aus Gummi, mit der sie in einem Block aneinanderkleben, die sich aber auch leicht abzuziehen ist. Damit lassen sich die Zettel an Wänden, Tischen, Computerbildschirmen, Büchern und so weiter anbringen und auch wieder abziehen, ohne Schaden anzurichten oder Spuren zu hinterlassen. Die mikroskopischen Gummipunkte, aus denen sich der Klebstreifen auf dem Zettel zusammensetzt, haften stark am Papier selbst, aber wenn sie auf eine andere Oberfläche gedrückt werden, entwickeln sie nur eine schwache Klebekraft. Wenn Sie den Zettel wieder abziehen, bleibt der Gummi daher am Papier. Damit lassen sich die Klebezettel einfach entfernen und mehrfach verwenden. Genial? Ehrlich gesagt war der schwache Klebstoff eine Zufallsentdeckung, die der Chemiker Spencer Silver vom Unternehmen 3M machte, während er nach einem Superkleber suchte.

Viele andere revolutionäre Klebeprodukte wurden erst im 20. Jahrhundert entwickelt. Eines der wichtigsten war der Streifenkleber, der 1925 von einem anderen 3-M-Erfinder namens Richard Drew entwickelt wurde. Drews Streifen besteht im Wesentlichen aus drei Schichten. Die mittlere ist Zellophan, ein Kunststoff, der aus Holzpulpe gewonnen wird und dem der Streifen seine Reißfestigkeit und Durchsichtigkeit verdankt. Die untere Schicht ist ein Klebstoff, und die obere – die entscheidende – ist ein Antihaftmaterial wie Teflon, das gegenüber anderen Materialien eine hohe Oberflächenspannung hat, weshalb diese an ihm abperlen (deshalb verwenden wir diese Materialien auch zur Beschichtung von Töpfen und Pfannen). Der Gedanke, dieses Material in einem Klebstreifen zu verwenden, ist tatsächlich ein Geniestreich: Auf diese Weise bleibt die klebende Seite nicht an der Oberseite haften, und der Streifen lässt sich ganz einfach aufrollen. Und was wäre ein Haushalt ohne eine Rolle Streifenkleber? Oder zehn Rollen, wie in meinem Fall.

Es sagt viel über einen Menschen aus, wie er mit Klebeband umgeht. Ich bekenne, dass ich es reiße, nicht schneide. Wenn Sie mich um ein Stück Klebstreifen bitten, dann greife ich nach der Rolle und versuche voller Elan, ein Stück abzureißen. Die ersten Versuche gehen wahrscheinlich schief, die Stücke sind unweigerlich verdreht und verklebt. Glauben Sie mir, das macht mir keinen Spaß – es macht mich unweigerlich wütend und lässt mich frustriert zurück. Und der Klebstreifen scheint sich rächen zu wollen, indem er den Anfang so nahtlos auf die Rolle zurückfallen lässt, dass ich ihn nicht mehr finde. Dann taste ich mit dem Daumen die ganze Rolle ab, um das Ende zu erfühlen. Das dauert meist so lange, dass ich die Rolle anschreie, durch den Raum schleudere und mich frage, warum ich mir nicht endlich einen Abroller anschaffe.

Gafferband ist für jemanden wie mich besser geeignet, weil man keine Schere dazu braucht. Es ist mit Querfasern verstärkt, weshalb es sich leicht abreißen lässt. Seine Stärke verdankt es den Fasern, seine Haftkraft und Flexibilität den Klebe- und Plastikschichten. Ich liebe das Band so sehr, dass ich Leute beneide, die es für ihre Arbeit am Gürtel mit sich herumtragen dürfen.

Während ich daran dachte, sah ich verstohlen zu meiner Sitznachbarin Susan hinüber, die noch immer ihren Film sah, und fragte mich, was wohl ihr Lieblingsklebeband war. Vor ihr auf dem Tischchen lag ihr Buch *Das Bildnis des Dorian Gray* von Oscar Wilde, und ich stellte fest, dass sie den Rücken mit einer Art Isolierband verstärkt hatte. So wie es aussah, hatte sie das Band fein säuberlich mit der Schere geschnitten – sie war ganz offensichtlich ein ordentlicher Mensch.

Das Klebeband, das Richard Drew erfunden hatte, war zwar nützlich, doch es war noch immer nicht die technische Innovation, die schließlich zum modernen Flugzeug führte. Die stammte vom belgischen Chemiker Leo Baekeland, der einen der ersten Kunststoffe erfand. Er stellte das nach ihm benannte Bakelit durch die Mischung zweier Flüssigkeiten her; die erste basierte auf Phenolen, dem Hauptbestandteil des Birkenharzes, und die zweite war Formaldehyd, das zur Aufbewahrung von biologischen Präparaten verwendet wird. Bei der Reaktion dieser beiden Flüssigkeiten entstand ein neues Molekül mit einer Leerstelle, an die weitere Phenole anknüpfen können, was wiederum Platz für Reaktionen mit weiteren Phenolen schafft. Wenn Sie das richtige Mischungsverhältnis finden, verhakt sich schließlich die gesamte Flüssigkeit zu einem einzigen Feststoff. Mit anderen Worten erzeugt die Reaktion ein einziges riesiges Molekül, und die Verbindung zwischen den Teilen ist dauerhaft, sodass jeder Gegenstand, den Sie daraus gegossen haben, hart und stark ist.

Aus diesem Material goss Baekeland einen ganzen Reigen von Produkten, zum Beispiel das Telefon, das zu dieser Zeit die Massen erreichte. Das war sehr nützlich, und

Baekeland wurde ein reicher Mann. Seine Entdeckung hatte aber auch noch eine andere Folge. Chemiker stellten fest, dass sich Phenol und Formaldehyd mischen und an die Kontaktstelle zwischen zwei Dinge aufbringen ließen und dass diese beiden Dinge aneinander kleben blieben, wenn die Mischung aushärtete. Das war die Geburt einer ganz neuen Familie von Klebstoffen, den sogenannten Zweikomponentenklebern, die mit ihrer Stärke alles bisher Dagewesene in den Schatten stellten.

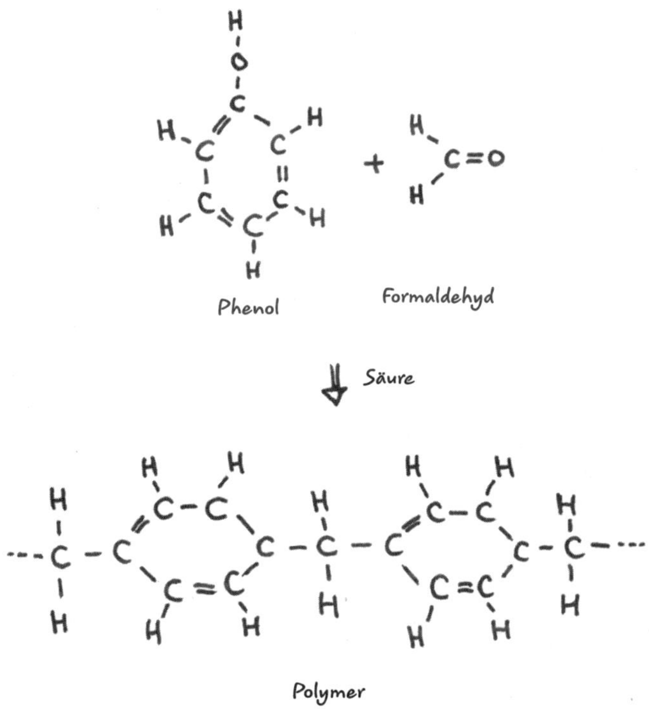

20 Die beiden Flüssigkeiten Phenol und Formaldehyd bilden zusammen einen starken Kleber.

Je beliebter diese Zweikomponentenkleber wurden, umso deutlicher wurde, wie praktisch sie waren. Erstens ließen sich die beiden Bestandteile in getrennten Behältern aufbewahren und blieben flüssig, bis man sie brauchte. Außerdem konnte man mithilfe von Zusatzstoffen die chemische Zusammensetzung verändern und den Kleber besser für die Verwendung mit verschiedenen Materialien wie Metall oder Holz anpassen.

Dieser neue Klebstoff veränderte die Welt der Ingenieure. Sie entdeckten das Sperrholz für sich, das die alten Ägypter erfunden hatten. Wenn man die Lagen mit einem Klebstoff verleimte, der perfekt auf die Bindung mit Holz zugeschnitten war, dann waren die daraus resultierenden Bretter stabiler als die mit dem herkömmlichen Tierkleister verleimten, und vor allem waren sie wasserfest. Aber damit sich dieses neue Sperrholz durchsetzen konnte, musste es einen Markt dafür geben. Den bot der Flugzeugbau, dem damals Flügel wuchsen. Anfang des 20. Jahrhunderts wurden die meisten Flugzeuge aus Holz hergestellt, doch wegen der Faser brach dieses leicht. Sperrholz war die perfekte Lösung, es ließ sich in aerodynamische Form bringen, und aufgrund der neuen Zweikomponentenkleber war es außerdem zuverlässig und widerstandsfähig.

Eines der berühmtesten Sperrholzflugzeuge war der Havilland-Mosquito-Bomber. Er war das schnellste Flugzeug des Zweiten Weltkriegs, und weil er so viel schneller war als alle anderen, wurde er nicht einmal mit Maschinengewehren zur Verteidigung ausgestattet. Bis heute ist er eines der grazilsten jemals geschreinerten Sperrholzobjekte. Seine Eleganz verdankt er der Tatsache, dass sich das Sperrholz mit dem Kleber in komplexe Formen bringen lässt. Aufgrund der vielfältigen Gestaltungsmöglichkeiten erfreute sich das Sperrholz jahrzehntelang großer Beliebtheit unter Designern.

21 Ein Bomber vom Typ Havilland Mosquito, der ganz aus Sperrholz bestand.

Nach dem Krieg revolutionierte das Sperrholz unsere Welt weiter, diesmal auf dem Gebiet der Möbelherstellung. Zwei der einfallsreichsten Gestalter der Zeit waren Charles und Ray Eames, die mit dem Sperrholz die Holzmöbel neu erfanden. Ihre Entwürfe wurden zu Klassikern, vor allem der nach ihnen benannte Eames-Stuhl. Diese Stühle werden bis heute nachgeahmt – Sie finden sie noch immer in vielen Cafés und Klassenzimmern. Andere Möbelmoden kommen und gehen, doch das Sperrholz hat seinen Reiz nie verloren.

22 Ein Sperrholzstuhl, entworfen von Charles und Ray Eames.

In der Möbelbranche hat sich das Sperrholz gehalten, doch der Flugzeugbau hat sich weiterentwickelt. Nach dem Krieg waren Aluminiumlegierungen das Material der Wahl. Das lag nicht daran, dass das Aluminium im Verhältnis zum Gewicht stärker oder steifer gewesen wäre als Sperrholz. Der Grund war vielmehr, dass es sich verlässlicher herstellen, verarbeiten und zertifizieren ließ, vor allem als Flugzeuge größer wurden und höher flogen. Es lässt sich nicht verhindern, dass Sperrholz feucht wird oder austrocknet. Flugzeuge, die sich längere Zeit in Gegenden mit geringer Luftfeuchtigkeit befanden, trockneten unweigerlich aus, das Material schrumpfte, und die Klebestellen gingen aus dem Leim. Und wenn Flugzeuge länger in besonders feuchten Weltregionen eingesetzt wurden, dann dehnte sich das Holz aus oder verfaulte, was die Sicherheit des Flugzeugs ebenfalls gefährdete.

Aluminium kennt diese Schwächen nicht. Außerdem

rostet es nicht, und so beherrschte es für die nächsten fünfzig Jahre den Flugzeugbau. Doch auch das Aluminium ist alles andere als perfekt: Im Verhältnis zum Gewicht ist es nicht steif oder fest genug, um ein wirklich leichtes und energieeffizientes Flugzeug zu bauen. Als die Verwendung von Aluminium im Flugzeugbau ihren Höhepunkt erreichte, zerbrachen sich Ingenieure den Kopf über neue und bessere Materialien für die Außenhaut des Flugzeugs. Sie fragten sich, ob es ein Metall war oder vielleicht etwas ganz anderes. Kohlefasern schienen vielversprechend, da sie zehnmal steifer waren als Stahl, Aluminium oder Sperrholz. Aber Kohlefasern sind Textilien, und damals hatte man keine Ahnung, wie man daraus die Tragfläche eines Flugzeugs bauen sollte.

Die Antwort waren Klebstoffe aus Epoxidharz. Auch Epoxidharzkleber sind Zweikomponentenkleber, wobei sich in der Mitte immer ein Epoxidmolekül befindet.

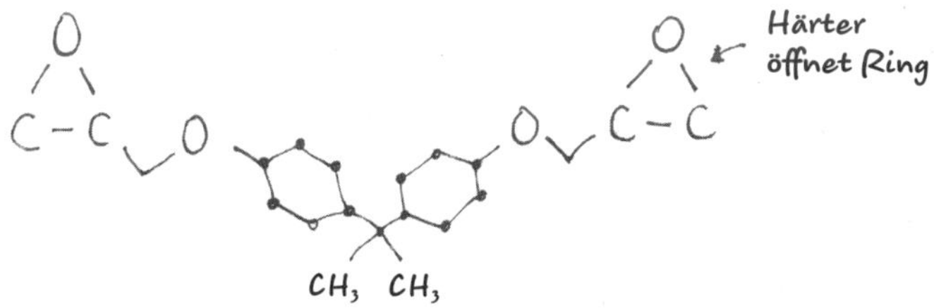

23 Der Ring eines Epoxidmoleküls wird von einem Härter geöffnet, der die Bildung eines Polymerklebstoffs ermöglicht.

Im Zentrum des Epoxidmoleküls befindet sich ein Ring aus zwei Kohlenstoff- und einem Sauerstoffatom. Wenn dieser Ring geöffnet wird, kann das Epoxid mit anderen Molekülen reagieren und einen starken Feststoff hervorbringen. Dazu muss erst die Bindung zwischen den Kohlen- und den Sauerstoffatomen gelöst werden, und dazu verwendet man einen sogenannten Härter.

Einer der großen Vorteile der Epoxidharze ist, dass diese Reaktion eine bestimmte Temperatur erfordert – man kann die Komponenten mischen, doch die Reaktion setzt erst dann ein, wenn man es will. Das ist entscheidend für die Produktion der komplex geformten und faserverstärkten Tragflächenteile eines Flugzeugs, die gewaltige Dimensionen annehmen und in der Herstellung Wochen brauchen. Wenn der Kleber schließlich in einen starken Feststoff verwandelt werden soll, wird die Tragfläche in einen Druckofen geschoben, auf die richtige Temperatur gebracht, und fertig ist sie. Diese Öfen bezeichnet man als Autoklaven, und sie können so groß sein wie ein ganzes Flugzeug. Vor dem Erhitzen wird die gesamte Luft aus den Gussformen entfernt, womit ein weiteres Problem von Klebstoffen beseitigt wird: Sie schließen oft Luft ein, die nach dem Aushärten Bläschen und damit Schwachstellen hinterlässt. Ein weiterer Vorteil der Epoxidharze ist ihre chemische Vielseitigkeit. Chemiker können verschiedene Komponenten an den Epoxidring hängen, sodass sie an ganz unterschiedlichen Materialien wie Metallen, Keramik und natürlich auch Kohlefasern haften.

Vielleicht fragen Sie sich, warum Sie den Epoxidkleber aus dem Baumarkt nicht erhitzen und autoklavieren müssen, ehe Sie damit eine zerbrochene Tasse reparieren oder den Knopf an den Metalldeckel ihres Entsafters kleben können. Das liegt daran, dass diese Klebstoffe andere Härter verwenden als die im Flugzeugbau eingesetzten und dass sie schon bei Zimmertemperatur mit dem Epoxidmolekül reagieren. Der Kleber besteht aus zwei Flüssigkeiten, die Sie mischen müssen. In einem befindet sich das Epoxidharz, im anderen der Härter und verschiedene Reaktionsbeschleuniger, die dafür sorgen, dass der Kleber schneller aushärtet. Diese Haushaltskleber sind zwar nichts im Vergleich mit denen, die im Flugzeugbau zum Einsatz kommen, doch sie sind immer noch erstaunlich stark.

Das klingt alles so wunderbar einfach, doch Wissenschaftler brauchten einige Jahrzehnte, bis sie die Technik der Komponentenklebstoffe so weit verstanden hatten, um Flugzeuge aus Kohlefasern bauen zu können. Ehe sie sich in die Lüfte erhoben, wurden die Fasern in der Formel 1 ausprobiert, wo sie sich hochgradig erfolgreich zeigten. Sogar in die Motoren der Rennwägen werden heute Teile aus Kohlefaser eingebaut, denn inzwischen haben Ingenieure auch hitzebeständige Epoxide entwickelt. Nach der Formel 1 kamen die Kohlefasern in Prothesen zum Einsatz, was einen großen Fortschritt bedeutete, weil sie steifer und stärker sind als viele Metalle, während sie gleichzeitig erheblich leichter sind. Die Unterschenkelprothesen von beinamputierten Läufern bestehen aus Kohlefasern. Auch in Fahrrädern werden sie verwendet, die Rahmen von Hochleistungsrädern werden heute aus mit Epoxidharzen verleimten Kohlefasern hergestellt. Und natürlich bestehen auch die neuesten Passagierflugzeuge von Airbus und Boeing aus Kohlefasern – auch jenes, in dem ich gerade über den Atlantik schwebte.

So wie die Klebstoffe in der Prothesen- und der Luftfahrttechnik an die Stelle der Nieten und Schrauben getreten sind, könnten sie in Zukunft in der Medizin auch die Platten und Nähte ersetzen. Nachdem ich mir neulich beim Bolzen im Park eine klaffende Platzwunde am Kopf zugezogen hatte, ging ich mit einem blutverschmierten

Taschentuch auf der Stirn in die Notaufnahme und wartete dort erst einmal zwei Stunden lang. Als ich schließlich hereingerufen wurde, säuberte ein Arzt die Wunde und holte dann eine Tube mit Cyanacrylat hervor. Er trug das Präparat auf beide Seiten der Wunde auf, drückte sie dann zehn Sekunden lang zusammen und schickte mich nach Hause. Nicht weil er ein Misanthrop gewesen wäre, der seine Patienten so schnell wie möglich loswerden wollte, sondern weil das in Krankenhäusern inzwischen gängige Praxis ist.

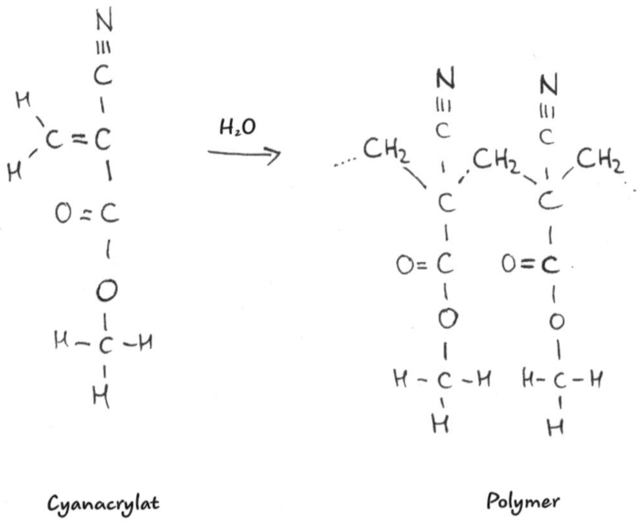

24 Ein Wassermolekül öffnet ein Cyanacrylatmolekül und schafft einen Polymerklebstoff.

Cyanacrylatkleber ist besser als Sekundenkleber bekannt und eine ausgesprochen merkwürdige Flüssigkeit. Für sich genommen ist es ein Öl und verhält sich auch so. Aber wenn ein Molekül mit einem Wassermolekül in

Berührung kommt, öffnet sich die Doppelbindung, die es zusammenhält, und an dieser Stelle kann es eine Bindung zu einem anderen Cyanacrylatmolekül eingehen. So entsteht ein Doppelmolekül mit einer freien Bindung, die wieder mit etwas anderem reagieren kann. Also geht sie eine Bindung mit einem weiteren Cyanacrylatmolekül ein, und auf diese Weise entsteht ein Dreifachmolekül, wiederum mit einer freien Bindung, und auch das reagiert, und so weiter. Mit anhaltender Kettenreaktion entsteht ein immer längeres und stärker verwobenes Molekül. Das ist eigentlich schon clever genug, doch es wird noch interessanter, wenn man weiß, dass allein der in der Luft vorhandene Wasserdampf ausreicht, um eine dünne Schicht von flüssigem Cyanacrylat in einen Feststoff zu verwandeln. Viele Klebstoffe versagen in feuchter Umgebung, weil sie vom Wasser daran gehindert werden, sich mit der Oberfläche zu verbinden, doch der Sekundenkleber funktioniert überall. Umgekehrt weiß jeder, der schon einmal mit dem Zeug in Berührung gekommen ist, wie entsetzlich schnell man sich dabei die Finger verklebt hat, weshalb Chemiker nun fieberhaft nach einer Methode suchen, mit der sich der Sekundenkleber schnell und einfach wieder entfernen lässt.

Abgesehen von unseren Fingern wird heute vieles von Klebstoffen zusammengehalten. Und wahrscheinlich wird es mehr werden, denn – wie das Flugzeug bewies, mit dem wir gerade mit einer Geschwindigkeit von 1000 Kilometern pro Stunde Turbulenzen durchquert hatten – die Kleber haben das Zeug dazu. Bislang haben wir vermutlich nicht einmal an der Oberfläche ihrer Möglichkeiten gekratzt, vor allem wenn man sich überlegt, wie viele klebrige Substanzen andere Lebewesen verwenden. Es vergeht kaum ein Tag, an dem nicht irgendwo ein Wissenschaftler einen neuen Klebstoff entdeckt, den eine Pflanze, ein Schalentier oder eine Spinne verwendet.

Daran musste ich denken, als ich durch das Filmangebot im Unterhaltungsprogramm scrollte. Als ich auf *Spider-Man 2* stieß, stutzte ich. Ja, Kleber sind schon eine feine Sache, dachte ich mir und klickte auf den Film.

Kapitel 5

Fantastisch

Um nicht vom hellen Sonnenlicht geblendet zu werden, zog ich die Jalousie meines Fensterchens herunter, nicht ohne schlechtes Gewissen: Es vergeht kaum ein Tag, an dem ich mir nicht wünsche, durch die ewig grauen Wolken am Himmel von London springen zu können, um darüber ein Sonnenbad zu nehmen. Und ausgerechnet jetzt, da ich über den Wolken schwebte, wollte ich einen Film sehen, und dazu musste es dunkel sein, damit ich den Bildschirm besser sehen konnte. Meine Sitznachbarin Susan blickte irritiert auf, als ich die Jalousie herunterzog, denn jetzt sah sie auch nichts mehr. Also hob ich sie wieder ein wenig an und ließ ein paar Sonnenstrahlen herein. Dann hob ich den Daumen, um zu fragen, ob das so okay war. Sie nickte, schaltete die Leseleuchte über ihrem Kopf ein und vertiefte sich wieder in ihr Buch. Ich wurde den Eindruck nicht los, dass sie mich nicht besonders mochte.

Wenn Bildschirme nur so wie Gemälde wären, dachte ich, ein Gemälde aus veränderlichen Pigmenten, mit denen sich die Figuren über die Leinwand bewegen, dann müsste ich das Fenster jetzt nicht verdunkeln. Aber dann fiel mir ein, dass es in dem Roman, den Susan las, *Das Bildnis des Dorian Gray*, um genau diese Art von Gemälde ging. Der

Zufall war ein bisschen unheimlich, aber das passte ja zu der Geschichte. Oscar Wilde schrieb den Roman im Jahr 1890, und just zu dieser Zeit wurden die Flüssigkristalle entdeckt. Natürlich wusste er weder von dieser Entdeckung noch davon, dass man sie irgendwann in die Flachbildschirme einbauen würde, auf dem ich nun *Spider-Man 2* sah. Noch weniger konnte er ahnen, dass diese Technik das magische und bösartige Gemälde erzeugen konnte, das im Mittelpunkt der Geschichte stand.

Die Titelfigur des Romans ist Dorian Gray, ein gut aussehender und reicher junger Mann, der sich ein Porträt malen lässt. Als er das fertige Bild sieht, durchfährt ihn der schmerzliche Gedanke, dass er altern und seine Schönheit verlieren wird und das Gemälde nicht. Er klagt:

»Wie traurig ist das! Ich werde alt und grässlich und widerwärtig werden, aber dieses Bild wird immer jung bleiben. Es wird nie älter sein als dieser Junitag heute … Wenn es nur umgekehrt wäre! Wenn ich immer jung bleiben könnte und dafür das Bild immer älter würde! Dafür – dafür – dafür gäbe ich alles! Ja, es gibt nichts in der ganzen Welt, was ich nicht dafür gäbe! Ich gäbe meine Seele dafür!«

Auf magische Weise wird Dorians Wunsch wahr. Er lebt ein hedonistisches Leben, ist verliebt in seine eigene Schönheit und Jugend und genießt die damit verbundenen Sinnesfreuden, doch er zerstört dabei das Leben anderer Menschen. Das Gemälde verleiht ihm übermenschliche Kräfte, die allerdings nicht mit denen von Spider-Man zu vergleichen waren, der nun über meinen Bildschirm turnte. Spider-Man kann an Fassaden hochklettern und hat einen »Spinneninstinkt« für Gefahren. Dorian Gray ist dagegen übermenschlich, weil er nicht altert und nie seine Schönheit verliert – stattdessen altert das Bild an seiner Stelle. Ich blickte hinüber zu Susan, die nun im Licht der Leseleuchte schmökerte. Ich musste daran denken, wie schwer es wäre, ein bewegliches Gemälde zu schaffen.

25 Buchillustration des Moments, in dem Dorian Gray zum ersten Mal sein jugendliches Porträt sieht.

Wenn man Farbe auf eine Leinwand tupft, dann haftet die Flüssigkeit auf dem Tuch und auf bereits vorhandenen Pigmenten. Wie schon unsere Vorfahren mit ihren Höhlengemälden lernten, ist die Malfarbe nichts anderes als ein gefärbter Kleber. Die Aufgabe der Farbe besteht also darin, vom flüssigen in festen Zustand überzugehen und dann dauerhaft an einem Ort zu bleiben. Dieses Problem löst jeder Farbtypus anders. Aquarellfarben trocknen, das heißt, das Wasser, mit dem sie angerührt werden, verdunstet, und zurück bleiben die Pigmente auf dem Papier. Ölfarben bestehen aus Öl, in der Regel Mohn-, Walnuss- oder Leinöl. Das trocknet nicht, sondern verwendet einen anderen Trick: Es reagiert mit dem Luftsauerstoff und wird hart. Unter normalen Umständen würde man diese Oxidation tunlichst vermeiden wollen, denn Fette und Öle wie Butter oder Speiseöl werden dadurch ranzig. Doch im Falle der Ölfarben ist sie sogar ausdrücklich erwünscht. Die Öle in der Farbe bestehen aus langkettigen Kohlenwasserstoffmolekülen. Der Sauerstoff greift sich ein Kohlenstoffatom aus einer Kette und verbindet es durch eine Reaktion mit einem Kohlenstoffatom einer anderen Kette; damit öffnet es das Molekül gleichzeitig für weitere solche Reaktionen. Der Sauerstoff wirkt also als Härter (so wie das Wasser im Fall des Sekundenklebers), und das Ergebnis ist einmal mehr ein Polymer.

Diese Reaktion erzeugt eine harte, wasserfeste Plastikschicht auf der Leinwand, die so robust ist, dass sie dem Zahn der Zeit lange widersteht. Die Polymerisierung dauert allerdings eine Weile, denn der Sauerstoff muss durch die Oberfläche vordringen, um mit den tieferen Schichten des Öls reagieren zu können. Das ist der Nachteil dieser Farbe – man muss lange warten, bis sie so weit gehärtet ist, dass man weitermalen kann. Doch die großen Meister wie van Eyck, Vermeer und Tizian nutzten diese Eigenschaft zu ihrem Vorteil: Sie legten viele Farbschichten übereinander, die nacheinander mit dem Sauerstoff reagierten und aushärteten, und weil die Farben nie vollständig decken, schufen sie ein komplexes Gemenge unterschiedlicher Pigmente.

Die Farbschichten verleihen ihren Werken wunderbare Nuancen, denn wenn das Licht auf die Leinwand trifft, wird es nicht nur von der obersten Schicht zurückgeworfen; ein Teil des Lichts dringt auch zu tiefer gelegenen Pigmenten vor und wird von dort als farbiges Licht zurückgeworfen. Oder es wird von den verschiedenen Schichten absorbiert und ergibt ein sattes Schwarz. Auf diese raffinierte Art lassen sich Farbe, Leuchtkraft und Textur verändern, und das ist auch genau der Grund, warum die Maler der Renaissance die Ölfarben so schätzten. Bei der Analyse von Tizians Gemälde *Die Auferstehung Christi* wurden neun Farbschichten entdeckt, die zusammen einen komplexen visuellen Eindruck ergeben. Die Effekte, die sich mit der Schichtung erzeugen lassen, sind so eindrucksvoll, dass sie heute nicht mehr nur in der Ölmalerei ihre Anwendung finden, sondern auch Eingang in digitale Zeichenprogramme gefunden haben. Mit Photoshop, Illustrator oder jedem anderen Grafikprogramm können Sie heute Bilder mit mehreren Ebenen erzeugen.

Das Leinöl fand auch jenseits der Ölmalerei verschiedene Anwendungsformen, etwa bei der Holzbehandlung; es erzeugt eine durchsichtige Schutzschicht aus Plastik, genau wie die Ölfarbe, nur ohne Pigmente. So werden zum Beispiel Cricketschläger traditionell mit Leinöl eingerieben. Man kann auch noch weiter gehen und aus Leinöl einen Feststoff namens Linoleum herstellen. Linoleum ist ein Kunststoff und wurde von Gestaltern und Einrichtern als wasserfester Bodenbelag geschätzt. Auch Künstler arbeiten mit Linoleum: Sie schaben Bilder hin, wie einst in Holz oder Kupfer, und drucken damit. Auch beim Linolschnitt lassen sich durch Schichtungen komplexe Bilder schaffen.

26 Linolschnitt: *Secret Lemonade Drinker* von Ruby Wright.

Aber so beeindruckend die optische Qualität von Drucken und Gemälden sein mag, bewegliche Bilder lassen sich damit leider nicht herstellen. Das ermöglichen andere auf Kohlenstoff basierende Moleküle, die sich im Grunde gar nicht so sehr von Leinöl unterscheiden, zum Beispiel das 4-Cyano-4'-Pentylbiphenyl.

Das Herzstück des 4-Cyano-4'-Pentylbiphenyl-Moleküls sind zwei sechseckige Ringe. Sie geben dem Molekül seine starre Struktur, doch die Elektronen, die sie zusammenhalten, sind nicht gleichmäßig verteilt: Das Molekül ist polar. In einigen Bereichen konzentriert sich eine negative elektrische Ladung, in anderen eine positive. Die positive Ladung eines Moleküls zieht die negative Ladung eines anderen an und verstärkt damit die Neigung des Moleküls, mit anderen eine feste Struktur einzugehen – ein Kristall. Doch an einem Ende des Moleküls befindet sich eine bewegliche CH_3-Gruppe, eine Art wedelnder Schwanz, der sich gegen die Bildung eines festen Kristalls stemmt. Daher ist das 4-Cyano-4'-Pentylbiphenyl-Moleküls teils fest und teils flüssig – ein sogenanntes Flüssigkristall.

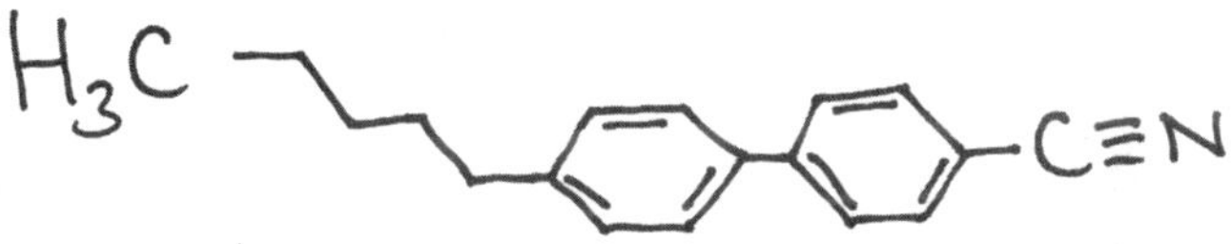

27 Die Molekülstruktur von 4-Cyano-4'-Pentylbiphenyl, das in Flüssigkristallbildschirmen verwendet wird.

Ab einer Temperatur von 35 Grad Celsius behält der CH_3-Schwanz die Oberhand und das 4-Cyano-4'-Pentylbiphenyl-Molekül verhält sich wie ein durchsichtiges Öl. Bei Zimmertemperatur wird die Flüssigkeit jedoch milchig. Dann ist sie zwar noch nicht fest, doch es passiert etwas Merkwürdiges. Die Moleküle nehmen eine Anordnung ein, die an Fische in einem Schwarm erinnert. Für Flüssigkeiten ist diese Struktur ungewöhnlich. Flüssigkeiten zeichnen sich dadurch aus, dass ihre Atome und Moleküle zu energiereich sind, um sich lange an einem Ort aufzuhalten, sie vibrieren, rotieren und wandern unentwegt. Anders Flüssigkristalle – die Moleküle sind zwar dynamisch und fließen, doch sie halten eine Richtung ein, die mit der Anordnung von Atomen in einem Kristall verglichen wurde –, daher der Name.

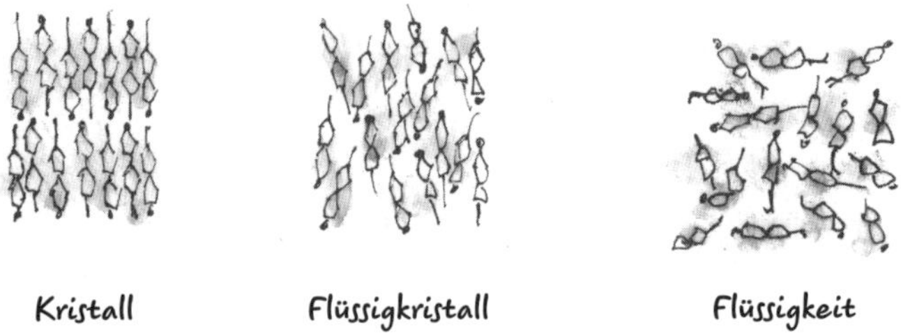

28 Der Unterschied zwischen Kristall, Flüssigkristall und Flüssigkeit.

Die Ordnung ist allerdings nicht perfekt; da die Moleküle in flüssigem Zustand sind, bewegen sie sich, tauschen die Plätze und schließen sich anderen Schwärmen an. Doch dank ihrer Polarität haben die Moleküle des Flüssigkristalls eine andere nützliche Eigenschaft – sie reagieren auf elektrische Felder, indem sie ihre Richtung ändern. Mithilfe einer elektrischen Ladung kann man den Schwarm dazu bringen, in eine bestimmte Richtung zu schwimmen. Das ist das Erfolgsgeheimnis der Flüssigkristalle, denn auf diese Weise lassen sie sich in elektronischen Geräten verwenden.

Wenn Licht auf Flüssigkristalle fällt, kommt es zu winzigen Verschiebungen: Die Polarisierung ändert sich. Um das zu verstehen, müssen Sie sich das Licht als Welle vorstellen – eine Welle schwingender elektromagnetischer Felder. Aber in welche Richtung schwingen sie? Rauf und runter? Rechts und links? Hin und her? Das natürliche Sonnenlicht schwingt in jede dieser Richtungen. Doch wenn es auf eine glatte Oberfläche trifft, dann bringt diese das Licht dazu, je nach ihren Eigenschaften nur in eine Richtung zu schwingen und nicht in die anderen. Das reflektierte Licht enthält also nur einige Arten von Schwingung, und andere nicht mehr. Das ist polarisiertes Licht.

Das können nicht nur Oberflächen. Auch transparente Materialien können die Polarisation des Lichts ändern – zum Beispiel eine Sonnenbrille. Die polarisierten Linsen lassen nur Schwingungen in einer Richtung passieren. Das verringert natürlich die Intensität das Lichts, das auf Ihre Netzhaut trifft, weshalb Sie die Welt dunkler wahrnehmen. Das ist vor allem am Strand sinnvoll, nicht nur weil diese Gläser Ihre Augen schützen, sondern auch weil das gleißende Licht, das von der glatten Wasseroberfläche zurückgeworfen wird, ebenfalls polarisiert ist und die Linsen genau dieses Licht herausfiltern. Fischer verwenden polarisierte Sonnenbrillen, um besser ins Wasser schauen zu können, und Fotografen arbeiten mit Polarisationsfiltern, um Spiegelungen und gleißendes Licht herauszufiltern.

Einige Spinnenarten können polarisiertes Licht wahrnehmen, und ich fragte mich, ob das vielleicht der Grund für den »Spinneninstinkt« von Spider-Man war und seine Fähigkeit, blitzschnell auf Gefahren zu reagieren. Im Film war er gerade mit einer behänden Reaktion den Tentakeln von Doctor Octopus entronnen. Die Spezialeffekte waren verblüffend, und ich grinste zu Susan hinüber – ich hatte vergessen, dass sie den Film ja gar nicht sah.

Flüssigkristalle verändern die Polarisierung des Lichts, und so zauberten sie das Bild von Spider-Man auf den Bildschirm vor mir. Wenn Sie mit einer polarisierten Sonnenbrille auf das Bild aus Flüssigkristallen schauen, dann erscheint es hell, wenn es in derselben Richtung polarisiert ist wie die Gläser der Brille, aber ansonsten erscheint es dunkel. Doch jetzt kommt ein Trick: Wenn Sie mit einem elektrischen Feld die Struktur der Flüssigkristalle ändern, dann verändert sich auch ihre Polarisierung. Wie mit einem einfachen Schalter können Sie das Licht ein- und ausschalten. Mit einem Mal haben Sie ein Gerät, das Ihnen mal weißes Licht gibt, mal gar keines, dann wieder weißes – so schnell, wie Sie die Struktur der Flüssigkristalle mit elektronischen Mitteln hin und her schalten können. Damit haben Sie einen Schwarz-Weiß-Bildschirm.

Das klingt, als wäre es ein Kinderspiel, doch die Entwicklung dauerte Jahrzehnte. Der österreichische Botaniker Friedrich Reinitzer beschrieb das sonderbare Verhalten der Flüssigkristalle erstmals 1888, zwei Jahre vor der Veröffentlichung von Oscar Wildes *Das Bildnis des Dorian Gray*. In den folgenden acht Jahrzehnten beschäftigten sich viele Wissenschaftler mit dem Phänomen, doch niemand fand eine Anwendung dafür. Erst 1972, als die Hamilton Watch Company die erste Digitaluhr auf den Markt brachte, war der Moment der Flüssigkristalle gekommen. Die Uhr sah großartig aus und kostete mehr als ein Kleinwagen. Die Käufer glaubten, dass sie die Zukunft kauften, und sie hatten recht: Die Uhr markierte den Aufbruch ins digitale Zeitalter und war das erste Verbraucherprodukt einer Branche, die später Billionen umsetzen sollte.

Die erste Digitaluhr verwendete eine Anzeige aus LEDs, lichtemittierenden Dioden aus Halbleiterkristallen, die in Reaktion auf elektrischen Strom rotes Licht abgeben. Das sah elegant aus, vor allem auf schwarzem Untergrund, und die Reichen und Schönen waren verrückt danach. Selbst James Bond trug 1973 in *Leben und sterben lassen* eine Hamilton Pulsar. Der Nachteil der LED-Anzeige war allerdings ihr hoher Stromverbrauch: Die Batterien der ersten Digitaluhren hatten eine sehr geringe

Lebensdauer. Um die sensationelle Nachfrage nach diesem neuen Spielzeug zu befriedigen, musste eine neue Anzeigetechnologie her. Plötzlich, nach Jahrzehnten des Schattendaseins in Labors, erhielten die Flüssigkristalle ihren Auftritt. Schon bald beherrschten sie den Markt für Digitaluhren, denn die elektrische Energie, die nötig ist, um ein Flüssigkristallpixel von Schwarz auf Weiß umzuschalten, ist minimal. Außerdem waren sie billig – so billig, dass die Hersteller dazu übergingen, das gesamte Display mit Flüssigkristallen herzustellen. Das ist der graue Hintergrund der Digitaluhr. Die Uhr schaltet elektronisch bestimmte Bildschirmbereiche so, dass die grauen Kristalle polarisiertes Licht blockieren und schwarz erscheinen. So kann die Uhr wechselnde Ziffern darstellen und Uhrzeit oder Datum anzeigen oder was immer sonst man auf den kleinen Bildschirm übertragen kann.

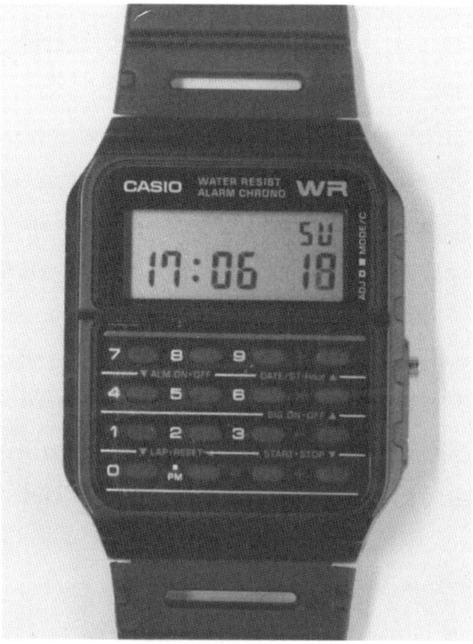

29 Eine Digitaluhr mit Taschenrechner.

Eine meiner lebhaftesten Kindheitserinnerungen ist der stechende Neid, den ich empfand, als mein Freund Merul Patel nach den Weihnachtsferien in die Schule kam und eine Digitaluhr mit Taschenrechner am Handgelenk trug. Ich war unglaublich beeindruckt von der Lässigkeit, mit der er die albern piepsenden Knöpfchen drückte. Heute weiß ich natürlich, wie lächerlich das war – was kann man mit einem derart winzigen Taschenrechner schon anfangen? Aber damals war ich zutiefst beeindruckt. So begann meine Sucht nach Elektronikspielzeug.

Mit einer Digitaluhr haut man heute niemanden mehr vom Hocker, doch es folgte eine schier endlose Prozession neuer elektronischer Geräte mit Flüssigkristallbildschirmen, allen voran die Handys. So verblüffend das sein mag, hinter den Digitaluhren und den farbigen Videobildschirmen unserer Smartphones steckt noch immer dieselbe Technik. Was uns wieder zu den Ölgemälden bringt und der Frage, wie man ein sich veränderndes Gemälde schaffen kann, wie es in *Dorian Gray* beschrieben wurde. Vielleicht wären Flüssigkristalle die Antwort – aber woher kommt die Farbe?

Wenn wir im Farbkasten Blau und Gelb mischen, dann interpretieren unsere Augen das Ergebnis als Grün. Und wenn man Rot und Blau mischt, dann erhält man je nach Mischungsverhältnis Violett oder Rosa. Nach der Farbenlehre kann man durch die Kombination der Grundfarben jeden beliebigen Farbton zusammenrühren. Druckereien arbeiten meist mit Cyan, Magenta und Gelb sowie Schwarz für den Kontrast. Auch moderne Tintenstrahldrucker verwenden Kartuschen mit diesen vier Farben. Der Drucker setzt feine Farbpünktchen auf dem Papier nebeneinander, und unsere Augen und das Sehzentrum unseres Gehirns fügen diese dann zu einem Farbton zusammen. Wir wissen schon lange, dass sich das Auge auf diese Weise überlisten lässt. Der englische Physiker Isaac Newton beobachtete dies bereits im 17. Jahrhundert, und die Schule der Pointillisten machte sich dies Ende des 19. Jahrhunderts bei der Erfindung einer neuen Maltechnik zunutze. Der große Vorteil ist, dass sich die winzigen Farbtupfer nicht miteinander vermischen und sich die Helligkeit und Leuchtkraft nach Belieben manipulieren lassen. Wie von der Farbenlehre vorhergesagt, lässt sich jede Farbe herstellen, solange die Farbpunkte ausreichend klein sind und eng beieinandersitzen. Doch die Farben eines Gemäldes verändern zu wollen, ist eine andere Geschichte. Dazu müsste man das Mischungsverhältnis der Pigmente auf der Leinwand selbst verändern können. Das heißt, man müsste Punkte entfernen und andere an deren Stelle setzen können. Es sei denn, man fände eine Möglichkeit, Punkte mit allen möglichen Farbkombinationen auf die Leinwand zu positionieren.

Das ist das Grundprinzip der farbigen Flüssigkristallbildschirme, ob auf Ihrem Handy, Ihrem Fernseher oder wie in meinem Fall im Rücken der Lehne vor mir im Flugzeug. Diese Punkte bezeichnet man als Pixel. Jedes Pixel hat drei Farbfilter für jede der drei Primärfarben. In den Bildschirmen sind dies Rot, Grün und Blau, daher das Kürzel RGB. Werden alle drei aktiviert, erscheint das Pixel weiß, obwohl er sich aus drei verschiedenen Farben zusammensetzt. Das sehen Sie, wenn Sie einen Wassertropfen auf ihren Handybildschirm geben und durch diesen auf den Bildschirm schauen. Der Tropfen wirkt wie ein Vergrößerungsglas, und Sie erkennen die drei Pixelfarben Rot, Grün und Blau.

So wie die Meister der Ölmalerei lernten, durch die Mischung von Farben Licht und Dunkel in ihre Gemälde zu bringen, so dringen die Wissenschaftler heute mit ihren beweglichen Farbbildern in neue Regionen vor. Und wie in der Renaissance, als die Ölmalerei mit anderen Techniken wie Fresko und Tempera konkurrierte, treten die Flüssigkristall-Displays (LCDs) heute in Konkurrenz zu organischen Leuchtdioden (OLEDs). Dieser Wettlauf wird in jeder neuen Generation von Fernsehapparaten, Tablets und Handys ausgetragen und hat seine eigene Geheimsprache. So können Sie in Technikblogs nachlesen, dass sich auf LCD-Bildschirmen keine tiefschwarzen Töne darstellen lassen, weil die Polarisierer, die in dunklen Filmszenen das Licht blockieren, nicht zu hundert Prozent effektiv seien; daher wirke das Schwarz grau. Außerdem leide bei LCDs die Helligkeit einiger Farbtöne. Daher auch das Thema der Jalousie im Flugzeug, denn wenn Sonnenlicht auf den Bildschirm fällt, leidet die Bildqualität noch mehr.

Die Verbesserungen der Displays verdanken sich einigen großartigen Neuerungen, die an die Ölmalerei und ihre Farbschichtung erinnert. Mithilfe einer sogenannten Aktivmatrix-Schicht lassen sich zum Beispiel Pixel unabhängig voneinander ansteuern. So können bestimmte Teile des Bildes kontrastreicher werden als andere, und man muss nicht mehr den Kontrast für den gesamten Bildschirm regulieren. Das ist gut für teilweise beleuchtete Filmszenen. Das passiert natürlich vollautomatisch mithilfe von Transistoren – weshalb die Matrix als »aktiv« bezeichnet wird. Außerdem haben es die Ingenieure geschafft, dass die Bildqualität beim Blick von der Seite besser wird. Früher musste man mehr weniger direkt vor dem Display sitzen, um es gut zu sehen, doch mit einer neuen Diffusionsschicht wird das Licht beim Verlassen des Bildschirms gestreut.

Die OLEDs sind heute im Vergleich zu den roten Leuchtdioden der ersten Digitaluhr sehr energiesparend. Außerdem verfügen sie über eine breitere Farbpalette und lassen sich aus allen Richtungen nahezu perfekt erkennen. Doch obwohl sie viel teurer sind als LCDs, bleiben sie hinter deren Leuchtkraft zurück.

LCDs sind nicht perfekt, aber sie kommen der lebenden Leinwand, wie Oscar Wilde sie erträumte, sehr nahe. Sie können sich heute Porträts an die Wand (oder wie Dorian Gray auf den Dachboden) hängen, die täglich aktualisiert werden. Als die Flüssigkristallbildschirme vor einigen Jahren billig wurden, kam die Geschenkidee der dynamischen Fotos auf. Allerdings erfreuten sie sich nie besonderer Beliebtheit, im Gegenteil, die Kunden hassten die Dinger genauso wie Dorian Gray sein dynamisches Porträt hasste. Ich glaube nicht, dass das an der Qualität lag – es gibt genug Leute, die auf ihren Smartphones unentwegt Bilder von sich selbst anschauen –, die Bilder wirken vielmehr irritierend. Sie sind Hochstapler – falsch, fließend und nicht zu greifen, doch sie geben vor, eine authentische, feste und verlässliche Aufnahme eines bestimmten Moments zu sein.

In Flachbildfernsehern erfreut sich diese Technik dagegen gewaltiger Beliebtheit. Auch auf dem Fernseher wird die Darstellung von Bewegung durch die Steuerung der Pixelfarben ermöglicht. Dank dieser Technik konnte ich jetzt zusehen, wie Spider-Man von einem Gebäude zum anderen hopste und die Welt rettete. Auch wenn ich wusste, dass es sich nur um eine Mischung von blinkenden Farbpunkten handelte, sah ich gebannt zu und ließ mich mit meinen Gedanken und Gefühlen in die Handlung hineinziehen. Eines begreife ich allerdings nicht. Wenn ich mein Filmerlebnis im Flugzeug mit dem Besuch eines Kunstmuseums und der Begegnung mit einem Meisterwerk wie Tizians *Auferstehung Christi* vergleiche, dann weiß ich, was mich stärker berührt. Ich fürchte, es ist der Film. Ich gebe das nicht gern zu. Ich weiß, dass ein Gemälde von Tizian große Kunst ist und ein Superheldenfilmchen auf einem Zehn-Zoll-Bildschirm nicht. Warum ist das so? Kann es sein, dass ich in 12 000 Metern Höhe jeglichen Kunstsinn verliere? Oder hat es etwas mit der emotionalen Erregung zu tun, die mit dem Fliegen einhergeht?

Vor statischen Bildern wie Gemälden oder Fotos können wir uns selbst sehen und vergleichen, wie wir uns von einer Begegnung zur nächsten verändern. Bei der wiederholten Begegnung mit großen Kunstwerken, egal ob von Tizian, van Gogh oder Frida Kahlo, können wir über unser Leben hinweg unsere Reaktionen auf sie vergleichen. Das Bild bleibt dasselbe, doch unsere Wahrnehmung ändert sich. Die magisch fließenden Bildschirme im Flugzeug funktionieren genau andersherum, sie sind dynamisch und öffnen ein Fenster in eine andere Welt. Sie sind eine Fluchtmöglichkeit. In 12 000 Metern Höhe in einem verhältnismäßig engen Raum gefangen, betreten wir die Welt der Fantasie. Einen Moment lang sind wir wie Götter, die durch fließende Fenster auf die Taten der Menschen herabschauen, über ihre Dummheit lachen und über ihre Verrücktheiten den Kopf schütteln. Das verstärkt unsere Emotionen. Wissenschaftler erklären dies mit dem extremen Unterschied zwischen dem Gefühl der

Wärme und Intimität mit den im Film dargestellten Personen und der krassen Wirklichkeit des Eingepferchtseins mit wildfremden Menschen in einer dunklen Röhre hoch über dem Erdboden. Das kann ich nachvollziehen. Nur im Flugzeug bringen mich Filme zum Weinen. Selbst bei den kitschigsten Geschichten rollen mir die Tränen über die Wangen, und ich lache schallend über Komödien, die mir am Boden nicht einmal ein Schmunzeln abringen würden.

Der Film war zu Ende, Spider-Man hatte die Welt gerettet, doch auf den Flüssigkristallen hatte er keinerlei Spuren hinterlassen. Sie waren leer und bereit für einen neuen Traum. Ich fühlte mich weniger göttlich. Ich blickte hinüber zu Susan, die sich wieder in ihre Decke gewickelt hatte und zusammengerollt schlief. Es sah gemütlich aus, doch aus leidvoller Erfahrung wusste ich nur allzu gut, dass es das nicht war. Ich war versucht, die Jalousie hochzuschieben und mich wieder am blauen Himmel zu erfreuen, doch ich wollte Susan nicht aufwecken. Ich überlegte, selbst ein Nickerchen zu machen. Ich zog meine Schuhe aus, klappte die Lehne zurück und versuchte zu vergessen, dass ich im Flugzeug nicht schlafen kann.

Kapitel 6

Körperlich

Ich schreckte hoch, als Susan mich brüsk von ihrer Schulter schob, auf die ich meinen Kopf gelegt hatte. Meine Beschämung wuchs, als ich bemerkte, dass ich im Schlaf auf Susans Ärmel gesabbert hatte. Meine Hand zuckte nach oben, um die Spucke wegzuwischen, doch weil ich Susan nicht in die Augen sehen und um Entschuldigung bitten konnte, tat ich so, als schliefe ich noch. Ich ließ den Kopf auf die andere Seite des Sitzes fallen und versuchte, mich in den Spalt zwischen der Polypropylenwand und dem Akrylbezug des Sitzes zu schmiegen. Es war unbequem und ein wenig schmerzhaft, doch ich hatte nichts anderes verdient. Ich war jetzt hellwach, hielt die Augen jedoch fest geschlossen. Wie lange musste ich in dieser Position verharren, ehe wir beide so tun konnten, als wäre nichts geschehen? War das das Peinlichste, was mir jemals passiert war? Nein, das war es nicht. Aber es stand definitiv ganz oben auf der Liste – gleich neben dem Tag, an dem ich mir in der Schule in die Hose gepinkelt hatte; oder dem Tag im Restaurant, als ich mich noch während des Sprints zur Toilette übergeben musste, oder dem Tag, an dem mein Großvater in meine Suppe nieste. Solche und ähnliche Szenen aus der Vergangenheit kommen mir hin und wieder ungerufen in den Sinn, doch egal, wie lange sie her sind, der Ekel scheint immer derselbe zu sein. Warum sind unsere Körperflüssigkeiten eigentlich derart mit Emotionen aufgeladen? Schon beim Wort »Körperflüssigkeit« muss ich mich innerlich ein wenig schütteln. Viele unserer Sitten und Manieren haben im Grunde den Zweck, unsere körperlichen Ausscheidungen unter Kontrolle zu halten. Andererseits könnten wir ohne sie gar nicht leben. Diese Flüssigkeiten sind wesentlich für unsere Existenz, solange sie durch unseren Körper fließen – warum ekeln wir uns dann so sehr vor ihnen, wenn sie ihn verlassen?

»Sir, möchten Sie das Curryhähnchen oder das Nudelgericht?«

Das Essen wurde aufgetragen. Ich drehte mich um, tat so, als sei ich gerade erst aufgewacht, und stellte mich benommen.

»Hä? Wie bitte? Was?«

»Sir, möchten Sie das Curryhähnchen oder das Nudelgericht?«

»Äh, das Hähnchen. Danke«, erwiderte ich eilig und klappte mein Tischchen herunter.

Noch immer konnte ich Susan nicht in die Augen schauen, doch ich hatte das Gefühl, mit dem Essen konnten wir vergessen, dass ich sie vollgesabbert hatte: Wir würden jetzt beide unseren Speichel brauchen.

Ich nahm mein Brötchen vom Tablett, das nun vor mir stand, und biss hinein. Es war weich, aber ein bisschen trocken. Zum Glück wird das Brot beim Kauen eingeweicht. Meine Speicheldrüsen waren sofort aktiv geworden und hatten eine Flüssigkeit erzeugt, die das Brot benetzte und dafür sorgte, dass es mir nicht am Gaumen festklebte und ich etwas zu schmecken begann: Der Speichel löste zunächst den im Brot enthaltenen Zucker und führte ihn an meinen Geschmacksknospen vorüber, weshalb es anfangs süß schmeckte. Allmählich schlugen dann auch die salzigen und anderen Geschmäcker durch.

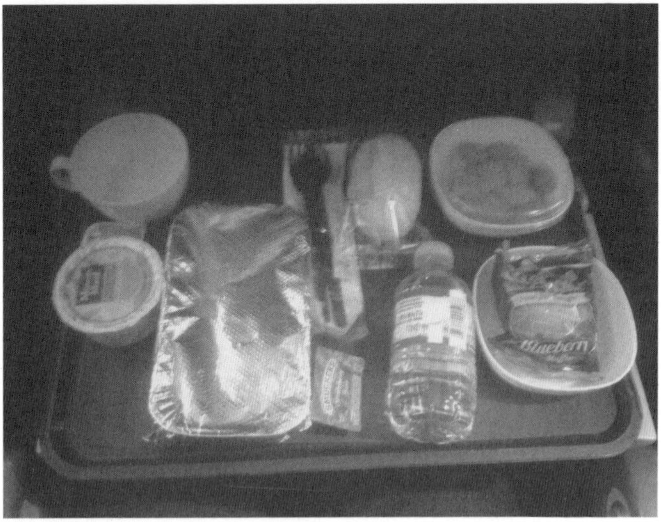

30 Eine typische Flugzeugmahlzeit.

Geschmacksknospen brauchen ein Medium, das ihnen die Geschmacksmoleküle zuführt, und genau das ist der Speichel. Weil Brot keinen eigenen Saft hat, brauchen wir unseren Speichel, um es zu schmecken und überhaupt verzehren zu können. Doch der Speichel löst nicht nur Geschmacksstoffe. Nur dank seiner Hilfe kann das Geschmackssystem erkennen, was wir da überhaupt zu uns nehmen, und Alarm schlagen, wenn es verdorben oder giftig ist. Enzyme im Speichel übernehmen die Vorverdauung, und unsere Geschmacksknospen sowie die Geruchsrezeptoren in der Nase können analysieren, was wir im Mund haben, ehe wir es hinunterschlucken. Das wichtigste Enzym ist die Amylase, es bricht die Stärke auf und verwandelt sie in einfachen Zucker, weshalb Brot immer süßer wird, je länger wir auf ihm herumkauen. Selbst lange nachdem wir es heruntergeschluckt haben, zerlegt die Amylase die Kohlenhydrate weiter und zersetzt Speisereste im Mund und zwischen den Zähnen.

Der Speichel gleicht auch den pH-Wert im Mund aus und versucht aktiv, ihn neutral zu halten. Der pH-Wert besagt, ob eine Flüssigkeit sauer oder alkalisch ist. Die Skala reicht von 0 bis 14, wobei 0 der sauerste und 14 der alkalischste Wert ist. Reines Wasser ist neutral und hat einen pH-Wert von sieben. Säuren schmecken oft sauer, zum Beispiel Zitronensaft, der einen pH-Wert von zwei hat. Die meisten Getränke sind sauer, darunter auch Orangensaft, Apfelsaft und sogar die Milch; wenn wir ihren Geschmack nicht als sauer wahrnehmen, dann liegt das am beigemischten Zucker, der das Geschmacksprofil ausgleicht (Limonaden haben meist einen pH-Wert von etwa 2,5, enthalten aber so viel Zucker, dass sie süß schmecken).

Viele Bakterien in unserem Mund ernähren sich von Zucker und produzieren als Abfallprodukt Säuren, die Löcher in unseren Zahnschmelz fressen. Deshalb rät Ihnen jeder Zahnarzt, weniger Zucker zu sich zu nehmen. Der Speichel spült die Bakterien ununterbrochen weg und stellt den neutralen pH-Wert im Mund wieder her. Speichel ist außerdem mit Kalzium, Phosphat und Fluor übersättigt und lädt diese Mineralien auf den Zähnen ab, wo sie den Zahnschmelz reparieren. Er enthält Proteine, die den Zahnschmelz überziehen und Säuren fernhalten; natürliche Antibiotika, die Bakterien abtöten; Schmerzmittel, die mögliche Zahnschmerzen lindern; sowie andere Substanzen, die kleinere Verletzungen im

Mund, die wir uns beim Essen selbst beibringen, reinigen und heilen. Unser Speichel ist mit anderen Worten das älteste Zahnreinigungsmittel der Welt, und für die allermeisten Tiere ist es auch das einzige. Er schützt nicht nur Zähne und Zahnfleisch, sondern bekämpft außerdem den Mundgeruch, der von den Bakterienkolonien im hinteren Rachenraum herrührt.

Der regelmäßige Speichelfluss durchspült und reinigt unseren Mund ununterbrochen. Wenn Sie wissen wollen, wie viel Speichel Sie produzieren, gehen Sie mal zum Zahnarzt. Der hat eine Maschine, mit der er während der Behandlung den Speichel absaugt. Den Speicheldrüsen gefällt diese Einmischung allerdings überhaupt nicht, weshalb sie den Speichel fast so schnell nachliefern, wie er entfernt wird. Im Durchschnitt produzieren wir pro Tag 0,75 bis 1 Liter von dieser außergewöhnlichen Flüssigkeit.

Speicheldrüsen sind im Tierreich weitverbreitet und haben sich zu ganz unterschiedlichen Zwecken entwickelt: Schlangen erzeugen damit ihr Gift, Fliegenlarven ihre Seide und Mücken einen Gerinnungshemmer, der verhindert, dass unser Blut gerinnt, während sie uns aussaugen. Einige Vögel benutzen Speichel, um ihr Nest zusammenzukleben, und manche Schwalbenarten wie die Schwarznestsalangane bauen ihre Nester ausschließlich aus getrocknetem Speichel – bei den Chinesen gilt dieses Nest als ganz besondere Delikatesse.

Womit wir wieder beim Essen wären. Beim Menschen dient der Speichel unter anderem dazu, das Essen zu befeuchten, um uns das Schlucken zu erleichtern. Ohne diese Befeuchtung wäre das Essen eine komplizierte Angelegenheit, wie sich bei Kekswettessen zeigt. Wenn Sie das Spiel nicht kennen, dann probieren Sie es einmal aus: Stecken Sie sich einmal innerhalb einer Minute so viele Kekse wie möglich in den Mund, ohne Wasser dazu zu trinken. Schon der erste Keks saugt so viel Speichel auf, dass sich der zweite beim Kauen in eine trockene Krümelmasse verwandelt, die sich kaum herunterwürgen lässt. Aber Speichel ist nicht das einzige Mittel, um mit besonders trockenen Mahlzeiten fertigzuwerden. Deshalb trinken viele Menschen zum Essen, und deshalb bestreichen wir unser Brot mit Fetten wie Butter, Margarine, Öl oder Mayonnaise, die als Gleitmittel wirken.

Die meisten Menschen haben ausreichend Speichel, um alles essen zu können, wonach ihnen der Sinn steht. Einige Menschen leiden allerdings unter »Mundtrockenheit«, das heißt, sie produzieren den Speichel nicht in ausreichender Menge. Ursache kann eine Krankheit sein, aber oft handelt es sich um eine Nebenwirkung von Medikamenten. Das kann extrem lästig sein, und manche Patienten können deshalb überhaupt keine feste Nahrung mehr zu sich nehmen. Kurzfristig kann unser Mund auch austrocknen, wenn wir Stress oder Angst empfinden. Wenn Sie unter Lampenfieber leiden, dann ist Ihnen das vielleicht schon einmal während eines Vortrags passiert: Die Speicheldrüsen drosseln die Produktion, Ihr Hals trocknet aus, und Ihnen fällt das Schlucken und Sprechen schwer. Vielleicht bemerken Sie, dass Sie schlucken, während Sie dies lesen – das ist eine normale Reaktion und zeigt nur, wie eng die Verbindung zwischen unserem Speichel- und unserem Nervensystem ist.

Wenn man sich die Unmengen von Speichel ansieht, die Zahnärzte aus den Mündern ihrer Patienten absaugen, dann sollte man doch meinen, dass man ihn ähnlich wie Blut in einer Speichelbank aufbewahren und an Patienten mit Mundtrockenheit verabreichen können müsste. Doch der Speichel anderer Menschen widert uns an – viele Menschen empfinden schon den Gedanken eklig, ein Getränk mit einem anderen zu teilen und dabei versehentlich mit dessen Speichel in Berührung zu kommen. Ekel ist allerdings nicht das einzige Problem. Außerhalb des Körpers zersetzt sich der Speichel rasch und verliert viele der Eigenschaften, die ihn so wertvoll machen. Statt also mit Transfusionen zu experimentieren, entwickeln Pharmakonzerne künstlichen Speichel mit Mineralien zum Schutz vor Karies, Puffern zur Neutralisierung des pH-Werts sowie Schmierstoffen, mit denen die Nahrung eingespeichelt und das Schlucken erleichtert werden soll. Künstlicher Speichel wird in Form von Gels, Sprays oder Flüssigkeiten verabreicht. Wenn einmal ein Angehöriger oder Sie selbst diese Produkte benutzen musste, lernen Sie Ihre Speicheldrüsen zu schätzen.

Dank meines eigenen Speichels hatte ich inzwischen mein trockenes Brötchen verdrückt. Damit war mein Appetit geweckt, und ich wandte mich dem Salatschüsselchen auf meinem Tablett zu. Es enthielt einige Tomatenscheiben, die sich neben ein paar winzigen Gurkenwürfeln und geschredderten Salatblättchen geradezu riesig ausnahmen. Das Ganze machte einen verwelkten und wenig appetitlichen Eindruck. Neben dem Schlüsselchen lag ein Tütchen mit Dressing, das ich nach einem längeren Kampf schließlich aufgerissen hatte. Die beige Pampe, die nun herausquoll, war derart zähflüssig, dass sie den Salat nicht gleichmäßig bedeckte, sondern in Klumpen auf den Blättchen saß wie eine Familie von kleinen Nacktschnecken. Ich verspürte ein ungutes Gefühl in der Magengegend. Heutzutage kommt es nur noch selten vor, dass mich Speisen anwidern. Als Kind passierte mir das jedoch andauernd, und der Anblick der vermeintlichen Schnecken auf meinem Salat versetzte mich umgehend in diese Zeit zurück. Meine Mutter bestand immer darauf, dass ich alles aß, was sie mir vorsetzte, und wenn ich mich weigerte, quälte sie mich mit Statistiken über den Hunger in der Welt und klärte mich auf, dass viele Menschen dankbar wären, wenn sie das essen dürften, was ich in meinem Undank verweigerte. Das machte es nicht besser. Ich empfand Ekel, und der ist für rationale Argumente nicht zugänglich. Das teilte ich ihr auch mit, doch damit kam ich nicht weit. Ekel ist stärker als jede Moral, und ich erinnere mich an das Würgen im Hals, mit dem ich den abstoßenden Brocken aufspießte und in den Mund schob. Die Dinge, die ich als Kind widerwärtig fand, hatten oft dieselbe schleimige Konsistenz wie die Salatsauce vor mir: schmieriges, schlüpfriges, glitschiges und glibberiges Zeug. Diese Eigenschaft von Flüssigkeiten bezeichnet man als Viskoelastizität: Gemeint sind damit Flüssigkeiten, die sich kurzfristig wie Feststoffe, aber überwiegend wie Flüssigkeiten verhalten. Deshalb kann man Schleim anders als normale Flüssigkeiten aufheben und zwischen den Fingern halten. Er hat eine gewisse Festigkeit, deren Elastizität man spüren kann, wenn man mit den Fingern Druck ausübt; während andere Flüssigkeiten zerfließen, hängt der Schleim zusammen. Aber wenn man ihn länger festhält, läuft er von selbst auseinander, und das ist die Viskosität im Wort Viskoelastizität. Haargel verhält sich zum Beispiel so: Man kann es in die Hand nehmen, aber es fließt auch, wenngleich langsam. Auch dicke Shampoos und Zahnpasta sind viskoelastisch. Im Badezimmer finden wir solche Flüssigkeiten komischerweise weniger widerlich, was damit zusammenhängen mag, dass wir sie dort auch nicht essen sollen.

Es ist genau diese schwabbelig-quallige Konsistenz, die uns am Schleim so anwidert – aber warum? Vielleicht weil sie uns an unsere eigenen Körperflüssigkeiten erinnert, die eine Gefahr für unsere Gesundheit signalisieren, wenn sie aus unserem Körper austreten. Flüssiger Kot ist ekelerregend, vor allem wenn man hineintritt, möglichst noch barfuß, und spürt, wie er einem zwischen den Zehen quatscht. Ein fester Kothaufen macht uns deutlich weniger aus, vor allem wenn er von Tieren wie Schafen oder Kühen stammt. Schleim, besonders grüner Schleim, ist widerlich, und wer ihn isst, erregt damit unseren Anstoß. Ein Kind mag noch so niedlich sein, aber wenn ihm der Rotz aus der Nase läuft, dann ekeln sich nur seine Eltern nicht vor ihm, und selbst für die ist es kein Genuss, sich um die Triefnase ihres Sprösslings kümmern zu müssen. Genau das war es auch, dieses Rotzartige, was mich an der Salatsoße so abstieß. Ich beschloss, auf den Salat zu verzichten.

Aber so unappetitlich der Schleim auch sein mag, seine Viskoelastizität ist ein Hinweis auf eine raffinierte Struktur. Eine wichtige Molekülgruppe innerhalb des Speichels sind die sogenannten Muzine – langkettige Proteinmoleküle, die vor allem von den Schleimhäuten abgesondert werden. Schleim ist eine glibberige Schutzsicht, die Ihr Körper an Stellen absondert, an denen er mit Fremdkörpern, Giftstoffen und Krankheitserregern aus der Umwelt in Berührung kommen könnte – also in der Nase, den Augen und der Lunge. Es ist das klebrige Zeug, das Ihnen aus der Nase läuft, wenn Sie Rauch ausgesetzt sind, oder das sich in Ihren Augen sammelt, wenn Staub hineinfliegt.

Schleim ist klebrig, weil die langkettigen Muzine viele Bausteine enthalten, die sich chemisch leicht mit anderen Dingen verbinden. Mit anderen Worten sind sie ähnlich klebrig wie Klebeharze.

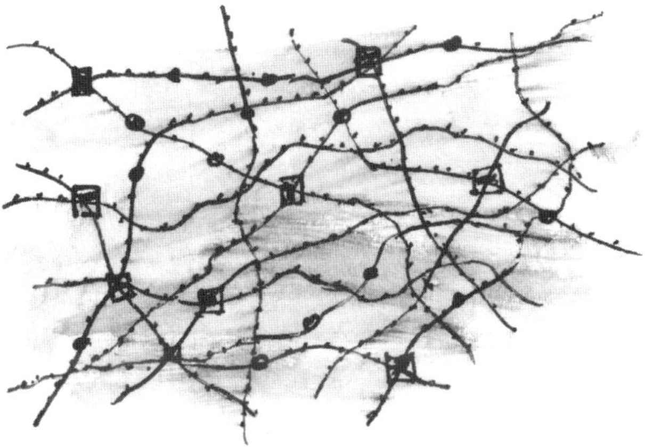

31 Die Struktur der Muzine. Unterschiedliche Bausteine (symbolisiert durch Quadrate, Kreise und Dreiecke) fügen sich zu einem viskoelastischen Netz, das Wasser aufnimmt und mit ihm zusammen ein schleimiges, klebriges Gel bildet.

Die Sache ist nicht immer so erfreulich. Bei einer Erkältung sammeln sich Schleim und grüner Rotz im Hals. Muzinmoleküle sind wasseranziehend, und weil sie sich auch untereinander verbinden, entsteht ein Netz von langen Molekülen, das Wasser auffängt. Das Ergebnis ist ein viskoelastisches Gel. Die Muzinbindungen verleihen dem Schleim seine Festigkeit, aber weil sich das Netz der Moleküle leicht zu neuen Strukturen verschieben lässt, fließt er wie eine Flüssigkeit. Dabei ordnen sich die Muzinmoleküle in Flussrichtung, weshalb der Schleim beim Sabbern lange Fäden bildet. Weil der Speichel zusammenhält und trotzdem fließt, ist er ein ideales Schmiermittel. Schnecken sondern einen ähnlichen Stoff ab, auf dem sie vorwärtsgleiten: Der muzingetränkte Schleim schmiert ihren Weg durch die Welt und hinterlässt überall seine schmale Spur. Weil der Schneckenschleim an unsere Spucke erinnert, ekeln sich viele Menschen vor ihm, doch das hindert Kosmetikhersteller offenbar nicht daran, ihn zu sammeln und in Gesichtscremes zu rühren. Es ist zwar nicht wissenschaftlich bewiesen, dass Schneckenschleim die menschliche Haut verjüngt, wie die Werbung verheißt, doch das scheint die Käuferinnen nicht abzuschrecken.

Vielleicht haben Sie beobachtet, dass sich die Viskoelastizität Ihres Speichels im Laufe des Tages verändert, je nachdem, ob Sie essen oder trinken, und in Abhängigkeit von Ihrem Gesundheitszustand. Manchmal ist Ihre Spucke wässrig, dann wieder zäh und klebrig. Sie kann noch viel mehr Eigenschaften hervorbringen, je nachdem, von welchen Drüsen sie produziert wird. Unsere Speicheldrüsen werden vom autonomen Nervensystem gesteuert, das unsere unbewussten Handlungen kontrolliert. Die Speichelproduktion ist nur eine von vielen. Das autonome Nervensystem besteht aus zwei Teilen: dem Sympathikus und dem Parasympathikus. Der Parasympathikus sorgt dafür, dass wir gut ernährt werden, und erzeugt beim Essen wässrigen Speichel. Nach dem Essen wird der Sympathikus aktiv und sorgt dafür, dass der Mund befeuchtet wird und selbst im Schlaf Bakterienangriffe verhindert werden. Der vom Sympathikus produzierte Speichel hat eine andere Zusammensetzung und Mikrostruktur, weshalb er dicker und zäher ist. Diesen Speichel hatte ich unfreiwillig auf Susans Schulter hinterlassen.

Ich schielte rasch zu ihr hinüber, um ihre Stimmung einzuschätzen. Ohne erkennbare Gemütsregung verzehrte sie gerade ihre Nudeln.

Also wandte ich mich meinem Gericht zu. Ich schob den ersten Bissen in den Mund. Vielleicht hatte ich die Gabel ein bisschen zu voll geladen, vielleicht lag es auch an der Konsistenz, jedenfalls lief mir dabei ein wenig Sauce übers Kinn. Das passiert mir andauernd – wenn ich Saucen esse und mir nicht immer wieder den Mund abwische, dann habe ich mir gleich das ganze Gesicht vollgeschmiert. Das ist eklig, wie mir selbst meine Liebsten immer wieder versichern. Um ehrlich zu sein, finde ich das bei anderen auch abstoßend, weshalb ich mich eigentlich nicht darüber wundern sollte, dass andere es bei mir widerlich finden. Es scheint sich um eine gesellschaftliche Norm zu handeln: Essensreste am Mund sind an sich eklig, und es wird noch schlimmer, wenn sie schon teils zerkaut sind. Vollkommen unerträglich wird es, wenn sie mit Speichel vermischt sind und während des Kauens aus dem Mund quellen. Um meine Mitreisenden zu verschonen, mache ich während des Essens ausgiebig Gebrauch von der Serviette und sabbere für gewöhnlich nicht.

Essen ist eine gesellschaftliche Handlung, und weil der Verzehr von Nahrung nie allzu weit vom Gefühl des Ekels entfernt ist, spielen in den meisten Kulturen Tischmanieren eine ganz zentrale Rolle. Essende Babys und Kleinkinder sind kein schöner Anblick. Sie haben weder die Koordination, das Essen unfallfrei in den Mund zu befördern, noch verfügen sie über die Selbstdisziplin, es nicht wieder auszuspucken oder es über den Tisch, auf den Boden oder nach ihren Eltern zu werfen. Die gesittete Einnahme von Mahlzeiten gehört zu den Grundregeln unserer Gesellschaft, weshalb wir bei Tisch das Essen nicht wieder ausspucken, nicht sabbern und nicht mit offenem Mund schmatzen. Diese Tabus sind derart tief verwurzelt, dass sich selbst die gewissenlosesten Verbrecher und übelsten Flegel im Allgemeinen daran halten. Nur psychisch Kranke dürfen dagegen verstoßen.

Also gab ich mir große Mühe, mein Curryhähnchen mit Anstand zu verzehren. Allerdings bemerkte ich, wie ich dabei ins Schwitzen geriet. Das passiert mir hin und wieder, wenn ich Curry esse. Chili enthält ein Molekül namens Capsaicin, das sich stark an die Hitze- und Schmerzrezeptoren im Mund bindet. Deshalb hinterlässt der Verzehr von scharfen Gerichten ein brennendes Gefühl im Mund, selbst wenn das Essen selbst gar nicht sonderlich heiß ist. Weil sich der Mund scheinbar überhitzt, reagiert der Körper, indem er sich mittels Schweiß Kühlung verschafft. Schweiß ist eine weitere Körperflüssigkeit, auf die andere Menschen mit Ekel reagieren, wenngleich es von der Situation abhängt. Wenn der Schweiß auf der Kleidung sichtbar wird, muss er gar nicht riechen, um von anderen mit Widerwillen wahrgenommen zu werden. In diese Kategorie fällt vermutlich auch ein heftig schwitzender Sitznachbar im Flugzeug. Während des Geschlechtsverkehrs wird Schweiß jedoch geduldet, und in modernen Gesellschaften scheint er sogar die Attraktivität zu steigern.

Wissenschaftler von der University of Texas untersuchten unlängst drei Arten von Ekel: pathogenen, sexuellen und moralischen Ekel (inzwischen gibt es zahlreiche Hinweise, dass man diese drei Arten tatsächlich unterscheiden kann). Um zu ermitteln, inwieweit sich ihre Teilnehmer vor möglichen Krankheitserregern ekelten, fragten sie sie zum Beispiel, wie sie auf schimmlige Essensreste im Kühlschrank oder auf unbekannte Speisen reagierten. Den Grad des sexuellen Ekels ermittelten sie, indem sie sie zu unterschiedlichen sexuellen Praktiken oder Gelegenheitssex mit wechselnden Partnern befragten. Und den moralischen Ekel maßen sie, indem sie fragten, was sie von Schülern hielten, die bei Prüfungen schummelten, oder von Unternehmen, die ihre Bilanzen frisierten.

Dabei stellten die Wissenschaftler fest, dass Menschen, die eher zu kulinarischen Abenteuern bereit waren, auch weniger sexuellen Ekel empfanden. Vor allem bei Männern gab es einen statistisch relevanten Zusammenhang zwischen Paarungsstrategien und der Bereitschaft, neue und unbekannte Gerichte auszuprobieren. Die Wissenschaftler spekulierten, ob die Männer vielleicht ihren Ekel vor bestimmten Speisen unterdrückten, um potenzielle Partnerinnen zu beeindrucken und unter Beweis zu stellen, dass sie über gute Gesundheit und ein widerstandsfähiges Immunsystem verfügten; das würde sie als geeignete Sexualpartner ausweisen. Mit anderen Worten wäre der Verzehr von widerlichen Speisen eine Art Balzritual. Wer weiß, vielleicht ist ja etwas dran. Wir wissen jedenfalls, dass viele Menschen beim Anblick von fremder Spucke Ekel empfinden, doch dieser Ekel scheint sich abzuschwächen, wenn sie sich sexuell zur speichelnden Person hingezogen fühlen. Der Kuss einer alten Tante, die darauf besteht, uns auf den Mund zu küssen, und dazu unser Gesicht packt, damit wir nicht entsetzt zurückzucken, ist widerlich. Der Austausch von Speichel während eines Zungenkusses mit einem Sexualpartner ist dagegen eine instinktive und leidenschaftliche Angelegenheit. Dass wir Flüssigkeiten, die beim Geschlechtsverkehr wesentlich sind, unter anderen Umständen als widerlich empfinden, sagt uns etwas darüber, wie sehr die Aussicht auf Sex mit unserem Widerstand gegen Körperflüssigkeiten aufräumt.

Allerdings ging ich nicht davon aus, dass Susan mein Curryhähnchen oder meinen Verzehr desselben auch nur im Entferntesten als Balzverhalten missdeuten könnte. Ich wischte mir die letzten Saucenreste vom Kinn und aus den Mundwinkeln und wandte mich dem Dessertbecher auf meinem Tablett zu. Zitronenmousse – eigentlich eine gute Wahl als Gaumenfeger, vorausgesetzt, dass es zitronig genug war. Wenn unsere Geschmacksknospen Säure registrieren, dann regen sie unsere Speicheldrüsen zur Produktion an, was den pH-Wert in unserem Mund neutralisiert. Das wiederum hat den Effekt, dass verbleibende Geschmacksstoffe aus dem Mundraum gespült werden, zum Beispiel der Curry und Knoblauch des Hähnchens, das ich gerade gegessen hatte. Aber wenn das Zitronenmousse nicht zitronig genug wäre, dann bliebe immer noch ein Nachgeschmack von Curry, und diese Mischung wäre nicht gerade lecker. Zum Glück war es wunderbar schaumig, zitronig und ausgesprochen schmackhaft.

Essen ist nicht nur Nahrungsaufnahme, soziales Ritual und Balzverhalten – es ist auch ein emotionales Erlebnis. Vielleicht hat das mit den Hormonen zu tun, die bei der Verdauung einer befriedigenden Mahlzeit freigesetzt werden und Wohlbefinden, ja vielleicht sogar Glücksgefühle auslösen. Jedes Mal, wenn ich eine leckere Mahlzeit esse, scheint mich aus dem Bauch heraus ein Wonnegefühl zu überkommen, und manchmal rührt es mich sogar zu Tränen.

Anders als Speichel sind die Tränen in unserer Gesellschaft nicht mit einem Stigma behaftet. Und das, obwohl sie ganz ähnliche Zutaten enthalten, allen voran Muzine, Mineralien und Öle. Man unterscheidet drei Arten von Tränen: Basistränen, Reflextränen und emotionale Tränen. Basistränen sind so etwas wie der Grundbaustein der Tränen, sie übernehmen die wichtige Funktion, das Austrocknen der Augen zu verhindern, die Lider beim Blinzeln zu befeuchten und Staub zu entfernen; außerdem bekämpfen sie bakterielle Infektionen. Reflextränen dienen dazu, die vielen Reizstoffe aus den Augen zu entfernen, denen wir täglich begegnen, zum Beispiel Rauch und Staub. Und emotionale Tränen sind solche, wie man sie nach einer befriedigenden Mahlzeit, während eines bewegenden Konzerts oder nach dem Ende einer Beziehung vergießt. Emotionale Tränen haben eine andere chemische Zusammensetzung als Basis- oder Reflextränen und enthalten Stresshormone. Der Zweck dieser Hormone ist nicht klar, doch vermutlich haben sie mit dem Bedürfnis zu tun, anderen unser Leid mitzuteilen und von ihnen unterstützt zu werden. Der Anblick eines weinenden Menschen erregt unser Mitgefühl und den Wunsch, den anderen zu trösten. Doppelblinduntersuchungen haben gezeigt, dass der Geruch weiblicher Tränen bei Männern den Testosteronspiegel und damit die Erregbarkeit senkt.

Nein, es dreht sich nicht alles um Sex. Aber wenn es um Körperflüssigkeiten geht, ist der Sex nie weit. Umso verständlicher war Susans Verärgerung über einen Fremden, der auf ihre Schulter sabberte.

»Darf ich abräumen?«, fragte der Flugbegleiter. Er stand neben seinem Wagen und deutete auf meinen Klapptisch.

Über Susan hinweg reichte ich ihm das Tablett und gab mir größte Mühe, dabei so zerknirscht wie möglich zu wirken, ohne sie direkt ansehen zu müssen. Dazu musste ich das Kunststück vollbringen, dem Steward das Tablett zu geben und gleichzeitig durch die ausgestreckten Arme hindurch den Kopf zu senken.

Kapitel 7

Anregend

»Tee oder Kaffee?«, fragte der Steward, als er wieder mit seinem Wägelchen den Gang herunterkam. Die meisten Jalousien waren inzwischen geschlossen, die Dunkelheit wurde nur durch Lichtstrahlen von vereinzelten offenen Fenstern durchbrochen. Draußen schien die Sonne nicht untergehen zu wollen. Wir waren inzwischen seit sechs Stunden in der Luft, es fehlten noch fünf, und ein allgemeines Gefühl der Trägheit machte sich breit. Auch die Flugbegleiter sahen müde aus.

Ich mag Kaffee – mehr noch, ich liebe ihn. Aber ich trinke ihn am liebsten schwarz, weil er anregt, und nicht als Getränk für zwischendurch. In einer Höhe von 12 000 Metern verspürte ich kein Bedürfnis nach einem anregenden Getränk. Ob ich aber einen Tee wollte, wusste ich auch nicht, denn der schmeckt, wenn er nicht richtig zubereitet wird, schlimmer als eine schlechte Tasse Kaffee. *Woran liegt das?,* fragte ich mich, während mich der Steward mit einer Mischung aus Langeweile und Ungeduld ansah.

»Tee oder Kaffee?«, fragte er wieder.

Ich sah zur Tasse meiner Nachbarin hinüber, die auf dem Tischchen vor ihr stand. Es war Kaffee in einer Plastiktasse, deren Henkel so klein war, dass er nicht als solcher zu benutzen war. Neben der Tasse lag eine Plastiktüte mit Milch- und Zuckerpäckchen, einem Rührstäbchen und einer Serviette. Es sah nicht sonderlich appetitlich aus und schon beim Anblick wurde mir klar, dass es mir nicht schmecken würde. Das Gebräu wirkte kalt und erinnerte mich an Krankenhaus.

»Tee«, sagte ich also und schob sofort nach: »Aber ist er auch heiß? Ich meine, aus richtig heißem Wasser?« Meine Frage ging jedoch im Dröhnen der Triebwerke unter, oder vielleicht überhörte mich der Steward auch einfach absichtlich. Er goss den Tee in eine Tasse, die genauso aussah wie die von Susan, und reichte sie mir auf einem Tablett zusammen mit einem Plastiktütchen.

Wie sollte eine Tasse Tee schmecken? Beim ersten Schluck wünsche ich mir eine aromatische Frische, die sämtliche meiner Geschmacksknospen öffnet – nicht wie ein aufdringlicher Cappuccino mit Schaum und Schokopulver, sondern eine feine, aber entschlossene Welle der Lust, die mir ein unfreiwilliges und zufriedenes *Ah!* entlockt. Der Tee soll ordentlich krautig schmecken, aber ich will keine Blätterbrösel schlucken müssen; stattdessen will ich eine feine Adstringenz spüren, die mir den Geschmack der schalen Flugzeugluft aus dem Mund spült. Ich wünsche mir einen ausgewogenen Geschmack, ein Gleichgewicht aus Süße und Bitterkeit und dazu einen leicht salzigen Nachgeschmack. Wenn eine Säure herausschmeckt, dann sollte sie leicht sein, gerade genug, um die fruchtigen, vergorenen Noten des Tees in die Nase zu heben und mich zu beleben. Auch auf die Farbe kommt es an: Ein schwarzer Tee muss wunderbar golden und transparent sein; auf keinen Fall darf er so dunkel sein, dass ich den Boden der Tasse nicht mehr erkennen kann.

Idealerweise sehe ich mir den Tee an, ehe er mir eingeschenkt wird, wenn er frisch aus der Kanne kommt. Ich will hören, wie er in die Tasse sprudelt, und mich an die Momente erinnern, in denen ich mit meiner Familie am heimischen Küchentisch sitze und Tee genieße.

Mit diesen Erwartungen im Kopf nahm ich einen ersten Schluck.

Es war entsetzlich.

Der Tee schmeckte wie eine abgestandene Cola, nur ohne Zucker. Ich nippte noch einmal, um zu sehen, ob mir etwas entgangen war. Diesmal kam ein unangenehmer Plastikgeschmack von der Tasse dazu. Ich schielte zu Susan hinüber, die behaglich ihren Kaffee schlürfte und las. Offensichtlich hatte ich die falsche Wahl getroffen.

Angeblich ist Tee ja das beliebteste Getränk der Welt. Es ist zwar schwer, zuverlässige Informationen zu bekommen, doch man munkelt, dass allein in Großbritannien pro Tag 165 Millionen Tassen davon getrunken werden. Zum Vergleich: Beim Kaffee sind es nur 70 Millionen. In vielen anderen Ländern der Welt ist das Verhältnis ganz ähnlich. Was also hat der Tee, was der Kaffee nicht hat? Und vor allem: Warum wird Tee so oft so miserabel zubereitet?

Der Tee in meiner Tasse hatte sein Dasein als junger Trieb eines immergrünen Teestrauchs begonnen, der nur in den Tropen und Subtropen gedeiht. Man sieht dieser Pflanze nicht an, welchen Genuss sie bereiten kann, und unsere Vorfahren brauchten einige Jahrtausende, um es zu bemerken. Der Strauch liebt Feuchtigkeit und Regen, aber Hitze mag er gar nicht, weshalb er nur in einigen wenigen Gegenden angebaut wird. Darunter sind die höher gelegenen Regionen der chinesischen Provinz Yunnan, die Berge Japans, der indische Bezirk Darjeeling am Fuße des

Himalaja und das zentrale Hochland von Sri Lanka. Der beste Tee der Welt – oder zumindest der teuerste – ist der Da-Hong-Pao-Tee aus den Wuyi-Bergen von China, der pro Kilo leicht eine Million Dollar kosten kann.

32 Eine Teepflanzung. Foto: HolyWiz.

Der Geschmack des Tees hängt vom Anbaugebiet, der Höhe und den Witterungsbedingungen des jeweiligen Jahrgangs ab. Die große Herausforderung für die Hersteller besteht darin, den Tee aus verschiedenen Anbauregionen so zu mischen, dass er jahrein, jahraus denselben Geschmack hat.

Es gibt viele Sorten Tee, doch alle stammen von derselben Pflanze, *Camellia sinensis*. Der Unterschied zwischen schwarzem und grünem Tee (sowie anderen Varianten wie weißem, gelbem, Oolong und so weiter) besteht in der Verarbeitung der Blätter. Jedes Jahr werden die neuen Triebe der Teepflanze von Hand geerntet. Sie beginnen sofort zu welken, das heißt, Enzyme zersetzen die Blätter und sorgen dafür, dass das grüne Chlorophyll erst braun, dann schwarz wird. Diesen Effekt können Sie gut beobachten, wenn Sie einen Bund Kräuter zu lange im Kühlschrank liegen lassen.

Bei der Herstellung von grünem Tee werden die Blätter sofort nach der Ernte erhitzt. Auf diese Weise werden die Enzyme zerstört, während das Chlorophyll intakt und damit auch die grüne Farbe erhalten bleibt. Daraufhin werden die Blätter oft gerollt, was die Zellwände bricht und die Extraktion der für den Geschmack verantwortlichen Moleküle erleichtert. Zur Palette des Geschmacks von grünem Tee gehört Adstringenz, die von einer Gruppe von Molekülen namens Polyphenole herrührt (denen wir im Zusammenhang mit den Tanninen im Wein begegnet sind); Bitterkeit aus den Koffeinmolekülen, Süße vom Zucker, Seidigkeit von den Pektinen, ein herzhaft-fleischiger Geschmack von den Aminosäuren sowie ein Bouquet von aromatischen Ölen. Die Ausgewogenheit dieser verschiedenen Elemente ist es, die eine feine Tasse grünen Tees ausmacht, und nicht ihre maximale Intensität.

Schwarzer Tee wird aus den gleichen Blättern gewonnen wie grüner, allerdings wird er nach einem anderen Verfahren hergestellt. Hier werden die verwelkten Blätter gerollt, und die Enzyme zersetzen die Moleküle der Blätter durch eine Reaktion mit Luftsauerstoff. Diese Oxidation färbt die Blätter dunkelbraun und bringt eine andere Geschmackspalette hervor. Viele der Polyphenole, zum Beispiel die bitteren Tannine, verwandeln sich in schmackhaftere und fruchtig schmeckende Moleküle. Da diese Moleküle aus einer Oxidation hervorgehen, laufen sie weniger Gefahr, später durch Kontakt mit Luftsauerstoff zersetzt zu werden. Daher kann der schwarze Tee nach dem Trocknen länger gelagert werden als der grüne, ohne seinen Geschmack zu verlieren.

Das war's, könnten Sie jetzt denken: einfach heißes Wasser aufgießen, und fertig. Doch Tee ist schnell ruiniert. Andere koffeinhaltige Getränke haben immer und überall denselben Geschmack. Cola wird zum Beispiel in Fabriken hergestellt, und Transport und Lagerung haben kaum Auswirkungen auf den Geschmack. Hier können Sie in der Tat nicht mehr viel falsch machen. Sie können das Getränk mit der falschen Temperatur servieren (was Geschmackssache ist) oder ins falsche Glas gießen (was ebenfalls Geschmackssache ist), doch an der chemischen Zusammensetzung ändert das nichts. Tüftler haben lange versucht, einen ähnlich verlässlichen Tee herzustellen und einen Flüssigextrakt zu entwickeln, der sich zum Beispiel in Getränkeautomaten zu einem Instanttee aufbrühen lässt. Diese Extrakte haben sich allerdings nicht bewährt, weil ihr Geschmack nur wenig mit dem von frischem Tee zu tun hat. Das könnte daran liegen, dass viele der für den typischen Geschmack entscheidenden chemischen Verbindungen nach dem Brühen innerhalb relativ kurzer Zeit zerfallen und verfliegen.

33 Flüssige Instanttees.

Dem Autor George Orwell, eigentlich bekannt für seine politischen Romane *1984* und *Farm der Tiere*, ließ das Phänomen des schlechten Tees keine Ruhe, weshalb er dem Thema einen Aufsatz widmete und darin elf Regeln für die Zubereitung einer perfekten Tasse Tee aufstellte. Unter anderem erklärt er, Tee müsse unbedingt in einer Teekanne zubereitet werden, die Kanne müsse vorher gewärmt werden, und die Milch dürfe erst nach dem Einschenken des Tees zugegeben werden. Auch wenn ein abschließendes Urteil noch aussteht, bestätigt die Wissenschaft einige von Orwells Regeln. Demnach gibt es vier Variablen, die spürbare Auswirkungen auf die Qualität des Tees haben: die Teeblätter, die Wasserqualität, die Temperatur des Wassers beim Aufgießen und die Dauer, die der Tee zieht.

Je mehr Geschmack die Blätter haben, umso mehr Geschmack hat der Tee. Trotzdem ist es nicht ganz so einfach, wie es klingen mag. Wenn Sie mir zustimmen würden, dass der beste Tee immer der ist, der Ihnen persönlich am besten schmeckt (eine Ansicht, die George Orwell nicht geteilt hätte), und wenn Sie Ihren Lieblingstee mit Teebeuteln brauen, dann wird Ihnen der extrem intensiv schmeckende und teure Da-Hong-Pao-Tee nicht schmecken. Geschmack ist immer subjektiv, genau wie beim Wein und den meisten anderen Dingen. Wenn Sie allerdings nie die Gelegenheit hatten, verschiedene Tees zu probieren – es gibt ungefähr tausend Sorten im Handel –, dann haben Sie immer die Möglichkeit, einen schmackhafteren Tee zu finden. Hinsichtlich des Geschmacksprofils ist Tee so komplex wie Wein, und das schlägt sich auch im Preis nieder. Und genau wie beim Wein ist der Markt ein weites Feld für Snobs, weshalb Seltenheit und Marketing oftmals mit Qualität verwechselt werden. Außerdem gibt es eine gewaltige Palette von Tees, von grünem Tee über Oolong, den südamerikanischen Mate bis zum schwarzen Tee von Sri Lanka, weshalb man viel Zeit mit der Suche nach dem schmackhaftesten Tee verbringen kann. Was ich persönlich als perfekte Tasse Tee bezeichnen würde, hängt von der Tageszeit ab. Morgens, kurz nach dem Aufstehen, bevorzuge ich einen kräftigen Frühstückstee mit Milch – der ist angenehm, weckt die Lebensgeister und ist nicht allzu anspruchsvoll. Nachmittags trinke ich gern einen Earl Grey – die subtilen Bergamotte- und Zitrusnoten dringen durch die Mattheit eines grauen, regnerischen Nachmittags hindurch.

Ich fragte mich, welchen Tee Susan wohl bevorzugte – wenn sie überhaupt Teetrinkerin war. Wenn ich Besuch von Menschen erhalte, die keinen Tee trinken, dann weiß ich nie, was ich ihnen anbieten soll. »Darf ich Ihnen eine Tasse anbieten?«, ist der einladendste Satz, den ich kenne. Ich spreche ihn oft schon aus, noch ehe der Besuch die Tür hinter sich geschlossen hat. Die Frage mag banal klingen, doch sie hat viele Bedeutungen: Damit heiße ich einen Menschen willkommen und spreche aus, dass er mir wichtig ist. Außerdem lasse ich ihn wissen, dass ich diese wohlschmeckenden getrockneten Blätter im Haus habe, die in einem fernen und exotischen Land angebaut und geerntet wurden und deren Besitz mich als kultivierten Menschen ausweist – oder zumindest bedeutete es das, als der Tee im 18. Jahrhundert in England eingeführt wurde. Seither ist die Tasse Tee zur archetypischen Begrüßungszeremonie der Briten geworden, mehr als Küsschen, Händeschütteln, Umarmungen und andere, zugegebenermaßen intimere Begrüßungsrituale in anderen Ländern. Daher auch die Bedeutung der Teekanne für George Orwell – das ist kein x-beliebiger Topf, sondern sie verkörpert das Heiligste des Haushalts, in den der Gast eingeladen wird. Die Liebe und Sorgfalt, mit der die Kanne behandelt wird, das Geräusch des Aufgießens, die ästhetische Erscheinung der Kanne, das geduldige Warten, bis der Tee gezogen ist, und das Teeservice – das alles gehört zur Zeremonie.

Dazu gehört natürlich auch gutes Wasser. Das klingt selbstverständlich, weshalb selbst Orwell diese Variable überging. Doch weil der Tee vor allem aus Wasser besteht, hat dieses natürlich spürbare Auswirkungen auf den Geschmack. Die Wasserqualität hängt von der Herkunft ab. Frisches Quellwasser schmeckt natürlich anders als Wasser aus dem Hahn, aber auch letzteres kann von einem Ort zum anderen ganz unterschiedlich schmecken. Der Gehalt an Mineralien und organischem Material sowie Beimischungen von Chlor und anderen Chemikalien verändern Geschmack und Geruch des Trinkwassers. Damit der Tee lebendig schmeckt, braucht man Wasser, das Mineralien enthält. Destilliertes Wasser schmeckt schal. Aber zu viele Mineralien oder gar Chlor im Wasser sind auch nicht gut, denn dann übertönt der Geschmack des Wassers den des Tees. Normales Leitungswasser ist in der Regel in Ordnung, doch der pH-Wert muss neutral sein. Säure kann einen metallischen Geschmack mit sich bringen, weil es Metallrohre oxidiert, und alkalisches Wasser schmeckt seifig. Ein muffiger Geschmack stammt oft von Mikroorganismen im Wasser. Das erste Wasser am Morgen kann ein wenig streng schmecken, weil es die Nacht über in der Leitung gestanden hat; wenn die Rohre alt sind oder aus bestimmten Metallen bestehen, dann können sie angerostet sein, und das Wasser kann schlecht schmecken. In diesem Fall ist es hilfreich, das Wasser erst ein bisschen laufen zu lassen, ehe Sie es zur Teezubereitung verwenden. Wenn Sie in einer Gegend mit »hartem« Wasser leben – in einer Gegend also, in der aufgrund der Bodenbeschaffenheit viel Kalzium im Wasser gelöst ist –, dann verbinden sich die Kalziumionen im Wasser mit den organischen Molekülen des Tees zu einem Film, der oben auf dem Tee schwimmt. Diese unansehnliche Schlacke kann die schönste Teezeremonie ruinieren. Wenn Sie hartes Wasser haben, dann können Sie diesen Film vermeiden, indem Sie Ihr Wasser filtern oder Teekannen verwenden, die den Kalk an ihren Wänden auffangen.

Wenn Sie das richtige Wasser haben, müssen Sie es zum Kochen bringen. Von der Temperatur hängt es ab, welche Geschmacksmoleküle im Wasser gelöst werden, und diese beeinflussen Geschmack, Aroma und Farbe des Tees. Ist das Wasser nicht heiß genug, lösen sich viele der Geschmacksträger nicht im Wasser, und der Tee bleibt geschmack- und farblos. Aber zu heißes Wasser ist auch nicht gut, denn dann lösen sich zu viele der Tannine und Polyphenole, die dem Tee seine Bitterkeit und Adstringenz verleihen. Grüner Tee hat einen besonders hohen Anteil an diesen Stoffen, weshalb Sie das Wasser am besten bei einer Temperatur von 70 bis 80 Grad Celsius aufgießen, damit Ihnen der Tee nicht alles zusammenzieht.

Koffein ist ein besonders bitteres Molekül, das sich nicht leicht in Wasser löst. Wenn Sie einen besonders koffeinhaltigen Tee haben wollen, dann sollten Sie das Wasser möglichst heiß aufgießen, damit sich mehr Koffein im Wasser löst. Da schwarzer Tee oxidiert ist und weniger Tannine und Polyphenole enthält, können Sie das Wasser heißer aufgießen, ohne dass er dadurch übermäßig bitter wird; auf diese Weise können Sie einen koffeinhaltigen Tee genießen, ohne sich schütteln zu müssen. Schwarzer Tee, der bei 100 Grad Celsius fünf Minuten lang zieht, hat einen dunklen, kräftigen Geschmack und enthält im Durchschnitt 50 Milligramm Koffein pro Tasse. (Zum Vergleich: Normaler Kaffee enthält 100 Milligramm Koffein pro Tasse.) Das macht die Zubereitung von Tee an Bord eines Flugzeugs so schwierig. In 12 000 Metern Höhe ist der Luftdruck in der Kabine niedriger als der Luftdruck auf Meereshöhe, und das hat Auswirkungen auf den Geschmack des Gebräus. Bei der Zubereitung des Tees kommt es nicht nur darauf an, welche Temperatur das Wasser beim Aufgießen hat. Damit die für Farbe und Geschmack verantwortlichen Moleküle gelöst werden, müssen die Blätter eine bestimmte Zeit mit dem heißen Wasser in Kontakt sein. Wenn sich das Wasser während des Ziehens zu stark abkühlt, dann werden weniger Geschmacksmoleküle gelöst. Deshalb pochte George Orwell darauf, die Kanne vor dem Aufgießen vorzuwärmen. Wenn das Wasser kälter ist, kann man den Tee etwas länger ziehen lassen, doch damit erreicht er nicht dieselbe ausgewogene Mischung aus salzigen, süßen, bitteren, sauren und würzigen Aromen und den Tausenden flüchtigen Noten, die die Komplexität einer perfekten Tasse ausmachen.

Die Sache ist die: Weil Tee so komplex ist und weil der Geschmack von so vielen unterschiedlichen Variablen abhängt (Tee, Qualität und Temperatur des Wassers sowie Brühdauer), verliert man leicht den Überblick und bekommt am Ende einen Tee, der ganz und gar nicht so schmeckt wie erhofft. So geschehen mit der Tasse Tee, die auf dem Klapptisch vor mir stand. Das Personal hatte sicher sein Bestes gegeben, es hatte den niedrigeren Siedepunkt im Flugzeug durch eine längere Brühzeit ausgeglichen und den Tee in einen vorgewärmten Edelstahltopf aufgegossen, damit er während des Ziehens die Temperatur hielt. Doch es hatte natürlich eine Weile gedauert, bis er zu mir gelangt ist, und in den fünfzehn Minuten, die seit dem Kochen vergangen waren, war der Tee abgekühlt und hatte an Geschmack verloren. Als der Steward ihn mir schließlich in meine Plastiktasse goss, hatte er sämtliche seiner fruchtigen und krautigen Aromen eingebüßt; er hatte noch reichlich würzige Noten, aber vor allem war er kalt, bitter und sauer, und dazu kam der hervorstechende Eigengeschmack der Plastiktasse. So war der Tee nicht das Geschmackserlebnis, das ich mir erhofft hatte, im Gegenteil, er schmeckte widerlich. Ich hätte ihn gar nicht erst bestellen sollen.

Aber dann beging ich einen weiteren Fehler. Um den Tee zu retten und diese enttäuschende braune Brühe vielleicht doch noch in ein schmackhaftes Getränk zu verwandeln, riss ich das Plastiktütchen auf, das mir der Steward mit der Tasse gereicht hatte. Ich öffnete das Milchdöschen, goss den Inhalt in die Tasse und rührte mit dem Plastikstäbchen um. Das Dunkelbraun des Tees verwandelte sich in ein freundliches Ocker. Ich trinke meinen Tee gern mit Milch – Kuhmilch ist süß und enthält einen guten Anteil an Salzen und Fetten. Das Milchfett besteht aus Tröpfchen mit einem Durchmesser von rund einem Tausendstel Millimeter und verleiht der Milch viel Geschmack und ein angenehmes Gefühl im Mund. Wenn die Milch in den Tee gegossen wird, dann verteilen sich die Fetttröpfchen und bestimmen den Geschmack und die Farbe des Tees.

Sie geben ihm einen malzigen, fast karamellartigen Geschmack und verleihen der Textur eine Cremigkeit, die der natürlichen Adstringenz des Tees entgegenwirkt. Außerdem absorbieren sie viele der Geschmacksmoleküle des Tees, sie verringern seine Fruchtigkeit und Bitterkeit und machen ihn geschmeidiger.

Wann die Milch in den Tee gegossen wird, ist eine Frage, über die sich Briten die Köpfe heißreden können. Die einen geben als Erstes die Milch in die Tasse, weil diese dann durch das langsame Aufgießen des Tees behutsam erwärmt wird. Damit werde verhindert, dass sich die Milchproteine so stark erhitzen, dass sich ihre Struktur verändert und sie gerinnen, was der Milch einen sauren Geschmack verleihen könnte. Außerdem werde auf diese Weise der Hitzeschock des heißen Tees in der Tasse abgemildert und ein Reißen des Porzellans verhindert. Letzteres mag früher eine Rolle gespielt haben, doch inzwischen ist das kein Thema mehr, denn moderne Keramiktassen sind deutlich robuster. Für wieder andere ist es ein absolutes Tabu, zuerst die Milch und dann den Tee in die Tasse zu gießen. Ihrer Ansicht nach gelingt die perfekte Tasse nur, wenn man als Erstes den Tee eingießt und erst dann die Milch zugibt. Diesem Lager gehörte auch George Orwell an, der erklärte, dass sich nur so die richtige Menge Milch zugeben und die erwünschte Cremigkeit erreichen lässt.

Vielleicht sind Sie jetzt der Ansicht, dass es für den Geschmack nicht die geringste Rolle spielt, ob man erst die Milch oder erst den Tee in die Tasse gießt, weil die Unterschiede einfach zu gering sind, um sie wahrnehmen zu können. Der Statistiker Ronald Fisher ging dieser Frage mit wissenschaftlicher Sorgfalt nach und entwickelte dazu ganz neue statistische Methoden. In seinen Geschmackstests fand er heraus, dass seine Versuchspersonen sehr wohl unterscheiden konnten, ob die Milch vorher oder nachher in die Tasse gegeben wurde.

Die von Ronald Fisher entwickelten Methoden revolutionierten die Statistik. Leider hatten sie keine Auswirkungen auf die Teezubereitung in Großbritannien, und in Cafés tun bis heute alle so, als sei es vollkommen gleichgültig, ob erst der Tee oder erst die Milch eingeschenkt wird. Das macht mich schier verrückt. Gerade in Bahnhofscafés wirft man einfach einen Teebeutel in einen Becher heißes Wasser und kippt dann sofort einen Schluck Milch darüber, als wollte man sagen: »Die Zutaten sind alle drin, deswegen ist das jetzt Tee.« »Aber Sie haben mich nicht gefragt, ob ich zuerst die Milch oder zuerst den Tee haben will!«, rufe ich manchmal aus, wenn mich der Unmut überkommt. Nicht dass ich die Milch als Erstes haben wollte. Ich halte es da ganz mit George Orwell und möchte zuerst den Tee und dann die Milch. Aber ich bin mir sicher, dass Orwell mir zustimmen würde: Die aktuelle Praxis ist der Tiefpunkt der britischen Teetradition. Tee ist bis heute das Nationalgetränk, aber wenn das so weitergeht, wird er bald vom Kaffee verdrängt. Anders als der Tee ist der Kaffee in den letzten Jahrzehnten nämlich immer besser geworden. Das haben wir einem einzigen Gerät zu verdanken: der Espressomaschine.

Der Kaffee, den meine Sitznachbarin Susan trank, hat seinen Ursprung in tropischeren Regionen als mein Tee. Kaffee wird in der Regel in den Wäldern von Ländern wie Brasilien oder Guatemala angebaut, wo die Sommer heiß und die Niederschläge üppig sind. Wie der Teestrauch entwickelte der Kaffee chemische Kampfstoffe, um nicht von Insekten und anderen Tieren gefressen zu werden. Dazu gehören auch starke Alkaloide wie Koffein, die den Stoffwechsel eines Organismus beeinträchtigen können. Die Bitterkeit des Koffeins ist ein biologisches Signal unseres Mundes, das uns warnt, dass wir im Begriff sind, etwas möglicherweise Giftiges zu schlucken. Im Fall des Koffeins ignorieren wir dieses Signal jedoch. Warum? Vermutlich weil wir gelernt haben, die körperlichen Auswirkungen des Koffeins zu genießen – genau wie die anderer natürlicher Alkaloide wie Nikotin, Morphium und Kokain. Unter diesen psychoaktiven Substanzen ist das Koffein die beliebteste. Es regt das Nervensystem an, beseitigt Müdigkeit und macht uns wacher. Außerdem ist es ein Harntriebmittel, das heißt, es regt die Urinproduktion an. Deswegen müssen wir nach einer starken Tasse Kaffee oft auf die Toilette. Hoch dosiert kann Koffein Schlaflosigkeit und Nervosität verursachen. Wie der Alkohol geht das Koffein direkt ins Blut über, weshalb die Wirkung sofort zu spüren ist. Und wie andere Alkaloide macht es süchtig. Wenn Sie regelmäßig Kaffee trinken, ist es schwer, ihn wieder abzusetzen – es kann schwere Entziehungserscheinungen wie Kopfschmerzen, Müdigkeit, Antriebslosigkeit und Übellaunigkeit nach sich ziehen.

Der Kaffee, den wir trinken, wird aus Bohnen zubereitet, den Samen der Frucht des Kaffeestrauchs. Diese Samen enthalten eine Menge Kohlenhydrate in Form von Zucker, die ihnen die Energie mitgeben, die sie zum Keimen benötigen. Außerdem enthalten sie Proteine, die die Molekülmaschinerie der Pflanze antreiben und den Bauplan für den Vermehrungsprozess enthalten – das Wachstum des neuen Kaffeestrauchs aus dem Keim. Sobald die Frucht reif ist, wird sie geerntet und vergoren, dann wird der Same vom Fruchtfleisch getrennt und getrocknet. An diesem Punkt sind die Kaffeebohnen kleine grüne Samenkerne. Als Nächstes werden sie geröstet, und nun entsteht die große Palette der Aromen im Kaffee. Sie können Ihren Kaffee auch selbst rösten – ich habe das einmal ausprobiert. Bei meinem Kaffeehändler habe ich die grünen Samen gekauft, sie in ein Edelstahlsieb gegeben und eine Weile lang mit einer Heißluftpistole behandelt, wobei ich sie immer wieder gewendet habe. Auf diese Weise hatte ich in fünf Minuten genug Bohnen für eine Tasse Kaffee geröstet. Wenn Sie ein echter Kaffeeliebhaber sind, sollten Sie es einmal ausprobieren – Sie können eine Menge über das Getränk lernen.

34 Kaffeerösten mit einer Heißluftpistole.

Beim Erhitzen beobachten Sie als Erstes, wie die Bohnen allmählich ihre Farbe verändern. Zunächst werden sie gelb, wenn der Zucker in der Bohne karamellisiert. Wenn die Bohnen heißer werden, beginnt das Wasser in ihrem Innern zu kochen, und der Dampfdruck steigt – das erkennen Sie daran, dass die Bohnen mit einem Knacken aufspringen. Bei weiterer Hitzezufuhr zerfallen die molekularen Bestandteile der Bohne, aber sie reagieren auch miteinander. Bei der Kaffeeröstung übernimmt die Hitze eine ganz andere Rolle als bei der Teeherstellung. Beim Tee dient sie dazu, chemische Reaktionen zu beenden, und beim Kaffee bringt sie die Reaktionen in Gang, die den Großteil der Aromen erzeugen. Eine der wichtigsten Reaktionen erfolgt zwischen den Proteinen und Kohlenhydraten der Bohne. Die sogenannte Maillard-Reaktion tritt ein, wenn die Bohne eine Temperatur von 160 bis 220 Grad Celsius erreicht. Diese Reaktion erzeugt eine ganze Reihe von Geschmacksmolekülen. Wenn sie in Gang gesetzt wird, bemerken Sie es sofort am Geruch, denn sie bringt die typischen Kaffeearomen und -geschmäcker hervor. Es ist dieselbe Reaktion, die beim Brotbacken für die Kruste verantwortlich ist und beim Braten von Fleisch für die knusprige Hülle. Durch die Reaktion verändert sich die Farbe der Bohne von Gelb zu Braun, und es entsteht Kohlendioxid, das später in der Tasse die Crema erzeugt, die auf dem Kaffee sitzt. An diesem Punkt hören Sie, wie die Bohnen knistern, während ihre innere Struktur aufbricht und sich das Gas in ihnen sammelt, weshalb sie anschwellen.

Wenn Sie die Bohnen weiterrösten, nehmen sie irgendwann eine dunkelbraune Färbung an, denn nun zerfallen die Säuren und Tannine, und der Kaffee wird milder.

Irgendwann hören Sie ein zweites Knacken, das darauf hinweist, dass die innere Struktur zunehmend brüchig und schwach wird. Nun können Sie zusehen, wie winzige Mengen Öl an die Oberfläche der Bohne treten – die Zellstruktur der Bohne hat sich vollkommen aufgelöst. Diese Öle, die rund 15 Prozent der Masse der Kaffeesamen ausmachen, hinterlassen eine glänzende Schicht an der Oberfläche, die typisch für eine französische Röstung ist. Wenn Sie nun weiterrösten, gewinnt die Bohne an Glanz, aber gleichzeitig verliert sie an Geschmack, denn die hohen Temperaturen zerbrechen die Moleküle in kleinere Einheiten, die weniger Aroma abgeben. Außerdem verlieren Sie viele der löslichen Kohlenhydrate, die für das sirupartige Gefühl im Mund verantwortlich sind. Allgemein kann man sagen, je dunkler die Röstung, desto austauschbarer und simpler das Geschmacksprofil.

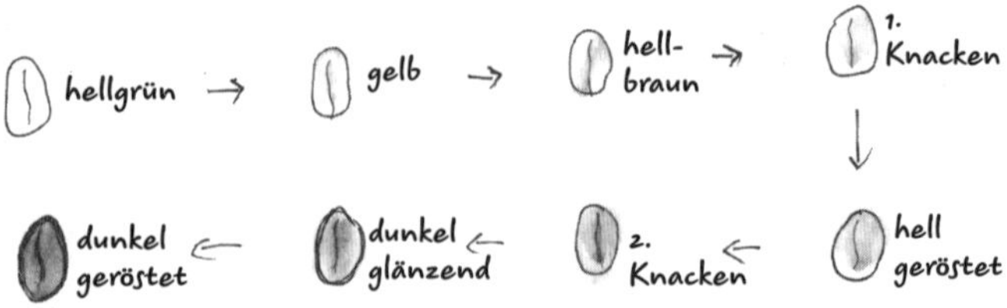

35 Wie die Kaffeebohne während der Röstung die Farbe verändert.

Wenn Sie selbst rösten, können Sie so lange mit dem Geschmacksprofil experimentieren, bis Sie den Stil gefunden haben, der Ihnen am besten mundet. Bei meinen eigenen Spielereien habe ich große Hochachtung vor professionellen Kaffeeröstern bekommen: Mit zwei vermeintlich einfachen Variablen, der Temperatur und der Röstdauer, lässt sich mit ein und derselben Bohne eine gewaltige Bandbreite von unterschiedlichen Geschmäckern erzielen.

Nach dem Rösten müssen Sie den Geschmack nur noch aus der Bohne in die Tasse befördern. Das älteste bekannte Verfahren zum Mahlen und Kochen des Kaffees stammt aus dem Jemen des 15. Jahrhunderts. Die Araber zerstampften die Bohnen mit einem einfachen Mörser, gaben sie ins Wasser und kochten beides zusammen auf. Im Nahen Osten ist dieses Verfahren bis heute beliebt, das daraus resultierende Getränk wird oft als türkischer Kaffee bezeichnet. Auf diese Weise erhält man ein starkes, dunkles Gebräu, das nicht nur nach Kaffee schmeckt, sondern auch Kaffeepulver enthält und daher im Mund eine samtene Textur hat. Während sich die Tasse leert, mischt sich in dieses weiche Gefühl jedoch schnell ein gewisses Knirschen von den dickeren Brocken des Bodensatzes. Türkischer Kaffee ist außerdem reichlich bitter, denn wenn der Kaffee zusammen mit dem Wasser aufgekocht wird, werden eine Menge bittere Moleküle wie das Koffein gelöst. Daher wird türkischer Kaffee in der Regel mit viel Zucker getrunken, und das Ergebnis ist ein süß-bitteres und stark koffeinhaltiges Getränk. Das kann sehr befriedigend sein, doch bei dieser Zubereitung verlieren sich viele der fruchtigeren Noten aus der Vergärung und die nussigen und schokoladigen Aromen aus der Röstung der Bohne.

Dabei stoßen wir auf eines der größten Probleme des Kaffees: Er duftet oft besser, als er schmeckt. Warum ist das so? Weil viele der Aromen, die eigentlich erst in unserem Mund freigesetzt werden sollten, schon während der Zubereitung in die Luft entweichen. Zurück bleiben dann wenig mehr als Bitterkeit und Säure. Um bei der Zubereitung weniger Aromen zu verlieren, ist es ratsam, den Kaffee bei niedrigeren Temperaturen zu brühen. Das reduziert außerdem die Bitterkeit und den Koffeingehalt des Getränks.

So fein sich die samtene Textur des türkischen Kaffees im Mund anfühlen kann, das dicke Ende ist alles andere als angenehm. Daher wurden verschiedene Verfahren entwickelt, um den Satz vom Kaffee zu trennen, allen voran der Kaffeefilter. Wenn das Pulver in ein feines Sieb oder Filterpapier gegeben wird, kommt das Wasser in Kontakt damit, fließt dann aber weiter in eine Kanne, während der Satz zurückbleibt. Die Geschwindigkeit hängt davon ab, wie schnell das Wasser durch den gemahlenen Kaffee läuft. Wenn zu viel Kaffeepulver im Filter ist oder der Kaffee zu fein gemahlen ist, dann braucht das Wasser zu lange, kühlt ab und kann nicht mehr alle Moleküle lösen, die dem Getränk seinen Geschmack geben. Wenn zu viel Wasser verwendet wird oder die Bohnen zu grob gemahlen sind, dann wird der Sud schwach, hat wenig Körper und zu viel Säure, weil das Wasser nicht lange genug in Berührung mit dem Pulver kommt.

Wenn Sie alles richtig machen, erhalten sie eine Tasse mit heißem, klarem und goldbraunem Kaffee ohne Satz. Eine Crema bekommen Sie so allerdings nicht hin. Für viele Genießer gehört zur perfekten Tasse Kaffee die Crema, die obenauf schwimmt – ein feiner Schaum aus Kohlendioxid, das beim Rösten entsteht und beim Brühen freigesetzt wird. Wenn Sie einen Filter verwenden, dann entweicht das Kohlendioxid beim Aufgießen. Allerdings wurden in den vergangenen vier Jahrhunderten zahlreiche Zubereitungsmethoden erfunden, bei denen die Crema erhalten bleibt, darunter die Stempelkanne, die Caffettiera und natürlich die Espressomaschine.

36 Eine italienische Caffettiera.

Die Stempelkanne ist schneller als der Filter. Das Pulver wird erst mit kochendem Wasser übergossen und zieht dann einige Minuten (je länger er zieht, umso weniger Geschmacks- und umso mehr Bitterstoffe werden gelöst). Dabei sinkt die Temperatur auf etwa 70 Grad. Das heißt, anfangs kommt die Oberfläche des Pulvers mit sehr heißem Wasser in Berührung, und die Geschmacksmoleküle werden sehr schnell gelöst, doch mit sinkender Temperatur fällt es dem Wasser immer schwerer, ins Innere der Körnchen vorzudringen. Nun wird das Kohlendioxid freigesetzt und steigt an die Oberfläche der Kanne auf, wo es eine Crema bildet. Wenn der Kaffee fertig ist, müssen Sie nur das Sieb der Kanne herunterdrücken, um den Brühvorgang zu beenden und den Satz auf dem Boden zu isolieren. Wenn Sie den Kaffee sofort einschenken, haben Sie einen ausgewogenen, heißen Kaffee mit einer hübschen

Crema. Um den Kaffee stärker, aber nicht bitterer zu machen, können Sie entweder mehr oder feineres Pulver verwenden, wobei in letzterem Fall mehr Satz durch das Sieb schlüpft und in Ihre Tasse gelangt, während Sie in ersterem den Geschmack des Kaffees nicht völlig ausschöpfen.

Eine Antwort auf dieses Dilemma ist die Caffettiera oder Mokakanne. Diese Kanne hat getrennte Kammern für Wasser und Kaffee. Wenn das Wasser im unteren Behälter erhitzt wird, verdampft es und erzeugt dabei einen Druck von 1,5 bar. Dieser drückt das heiße Wasser durch den Filter mit dem Kaffeepulver hindurch und weiter in den oberen Teil der Kanne. Die Mokakanne gewinnt mehr Geschmack aus dem Kaffeepulver als die Stempelkanne oder der Papierfilter, doch wenn das Wasser in der unteren Kammer zur Neige geht, vermischt sich sehr heißer Dampf mit dem Wasser und wird mit ihm durch das Kaffeepulver gedrückt. Mit seiner hohen Temperatur löst er viele der Bitterstoffe, weshalb der Kaffee leicht verbrannt schmecken kann.

Die Espressomaschine perfektioniert nach demselben Prinzip wie die Mokakanne und erzeugt den verlässlichsten und, wie einige behaupten, auch den besten Kaffee. Die Espressomaschine verdankt ihren Namen der Tatsache, dass sie den Kaffee im Expressverfahren innerhalb von dreißig Sekunden brüht. Dazu erhitzt sie das Wasser auf 88 bis 92 Grad Celsius, setzt es unter gewaltigen Druck (etwa 9 bar) und drückt es dann durch das Kaffeepulver hindurch. Der extreme Druck entzieht dem Kaffee ein Maximum an Aromen, aber weil die Maschine nicht mit Dampf arbeitet, bleiben Bitterkeit und Adstringenz im Hintergrund. Entscheidend ist die Geschwindigkeit: Sie sorgt dafür, dass nur wenige der flüchtigen Aromen des Kaffees in die Luft entweichen. Das Ergebnis ist ein vollmundiger Kaffee, in dem sich nussige, erdige, fruchtige und herzhafte Aromen die Waage halten, ein Kaffee mit ausreichend Säure und einer Adstringenz, die an Wein erinnert.

Weil die Espressomaschine eine kontrollierte Zubereitung ermöglicht, ist das Ergebnis ein Kaffee, der immer gleich gut schmeckt. Außerdem ist sie unglaublich schnell. Deshalb kommt sie heute in Cafés zum Einsatz, um eine schier grenzenlose Vielfalt von Getränken zu produzieren. Wird er allein gereicht, ist er ein Espresso oder Mokka. Wird heißes Wasser aufgegossen, bekommt man einen klassischen Kaffee oder einen Verlängerten, wie er in Österreich heißt. Mit heißer Milch erhält man einen Milchkaffee, auch als Caffè Latte oder Melange bekannt. Mit aufgeschäumter Milch ist es ein Cappuccino beziehungsweise eine Wiener Melange, und so weiter. Wie beim Tee verändert die Zugabe von Milch das Geschmacksprofil radikal, die Adstringenz wird gemildert, der Kaffee schmeckt insgesamt flacher, dafür aber malziger und cremiger.

Auch Flugzeuge haben heutzutage ihre kleinen Espressomaschinen an Bord, allerdings nur für die Fluggäste der Ersten Klasse, der Rest wird mit Filterkaffee abgespeist. Aufgrund des niedrigeren Luftdrucks in der Kabine siedet das Wasser schon bei 92 Grad Celsius – für Kaffee rein zufällig die perfekte Temperatur. Wenn der Kaffee allerdings zwischen Brühen und Trinken zu lange warm gehalten wird – wie dies in Flugzeugen genauso der Fall ist wie in der heimischen Kaffeemaschine –, dann verliert er viel von seinem Aroma und Geschmack, und zurück bleiben Bitterkeit und Adstringenz.

Und das ist nicht das Einzige, was Ihnen die Lust am lauen Flugzeugkaffee verderben kann. Untersuchungen haben gezeigt, dass unsere fünf Grundgeschmäcker – süß, salzig, sauer, bitter und fleischig – durch den Lärm im Flugzeug genauso beeinträchtigt werden wie unser Geruchssinn. Deswegen werden Sie aus dem Kaffee, den sie im Flugzeug trinken, kaum dieselben Nuancen herausschmecken wie am Boden. Ich kann das nur bestätigen: Im Flugzeug genieße ich den Kaffee nicht so, wie ich das erwartet hätte.

Was ist also besser: Kaffee oder Tee? Jedes der beiden Getränke entspricht bestimmten Stimmungen und Momenten im Leben. Aber es gibt Momente, in denen Tee vielleicht eher Ihrer Stimmung entspricht, in denen die Aussichten, einen wohlschmeckenden Tee zu bekommen, jedoch so gering ist, dass es besser ist, sich für Kaffee zu entscheiden. Ein Flug in der Economy Class ist ein solcher Moment. Das werde ich mir merken. Mein Tee schmeckte entsetzlich: Mit niedriger Temperatur gebrühter Beuteltee, im Servicewagen kalt geworden, in einer Plastiktasse serviert. Zum Glück war der Lärm der Triebwerke so laut, dass ich auch diesen fiesen Geschmack nicht mehr ganz so stark wahrnahm. Ich hatte erwartet, in eine kontemplative Stimmung versetzt zu werden, doch das war schlicht unmöglich. Ja, ich hätte mich für Kaffee entscheiden sollen. Mit seinen kräftigeren Aromen kommt er besser gegen den Lärm in der Kabine an, die Zubereitungstemperatur in 12 000 Metern Höhe entspricht seinem Temperament, und die Filtermaschine brüht einen ordentlichen Kaffee mit ausgewogenem Geschmack, auch wenn er nicht besonders aromatisch ist.

Ich sah, dass Susan ihre Tasse geleert hatte und nach

dem Steward Ausschau hielt, der mit seiner Kanne in der Hand den Gang herunterkam und jeden fragend anblickte, der aufsah. Wenn Sie am Fenster sitzen, gibt es nie einen perfekten Zeitpunkt, um die Toilette aufzusuchen, aber ich platzte fast, was an der harntreibenden Wirkung des Koffeins im Tee gelegen haben könnte. Wenn ich aufstand, ehe Susan eine frische Tasse Kaffee auf dem Tischchen vor sich stehen hatte, dann konnte ich das Teefiasko hinter mich bringen. Ich bedeutete ihr, dass ich meinen Platz verlassen wollte, also stand sie auf. Ich schob mich an ihr vorbei und stolperte steifbeinig den dunklen Gang entlang in Richtung der grün leuchtenden Schilder mit der Aufschrift »Toilette«.

Kapitel 8

Reinigend

Auf dem Weg durch den Gang war ich ein bisschen unsicher auf den Beinen. Mein böses Knie schmerzte, und gelegentlich verlor ich den Halt, während die Maschine durch die Stratosphäre rumpelte. Ich musste aufpassen, nicht auf die Decken zu treten, die von den schlafenden Passagieren gerutscht waren und halb auf dem Boden lagen. Unterwegs verschaffte ich mir einen kleinen Eindruck von den Sehgewohnheiten meiner Mitreisenden; auf einem Flüssigkristallbildschirm sang eine Frau auf einer Bühne, auf einem anderen blickte ein Richter mit Perücke streng drein, und auf einem dritten hechtete Spider-Man von einem Gebäude zum nächsten. Einige schliefen, wieder andere hackten in ihre Laptops, ihre Gesichter leuchteten im Schein der Bildschirme. Als ich schließlich am Ende des Gangs ankam, waren sämtliche Toiletten besetzt, und ich musste warten, während sich das Flugpersonal an mir vorbeiquetschte, um die Passagiere der Business Class zu umsorgen. Neidisch schielte ich durch einen Spalt im Vorhang und sah Fluggäste in Liegesesseln, die verwöhnt wurden wie römische Kaiser. Dann klickte vor mir eine Tür, und ein heller Lichtkegel fiel aus der Toilette. Ein Mann trat eilig heraus auf den Flur. Sah ich einen entschuldigenden Blick in seinen Augen? Innerlich bereitete ich mich auf das Schlimmste vor, doch zu meiner Erleichterung roch es neutral, nur ein Hauch von künstlichem Zitronenduft schwebte in der Luft.

Ich hob den Deckel, entleerte meine Blase, dann drückte ich den Knopf, um die Spülung zu betätigen. Diesen Moment empfinde ich immer als bedrohlich. Das saugende und tosende Geräusch will gar nicht aufhören, so als wollte es sagen: »Was glotzt du so? Wenn ich wollte, könnte ich dich auch wegspülen!« Als ich mich dem Waschbecken zuwandte, um mir die Hände zu waschen, entdeckte ich zwei Pumpfläschchen. Ich betätigte dasjenige, das mich am ehesten an Seife erinnerte, und eine durchsichtige gelbe Flüssigkeit tropfte auf meine Hand. Ich bin kein Freund von Flüssigseife, ich mag es nicht, wie sie spritzt. Es erinnert mich immer an ein Meerschweinchen, das einem vor Angst in die Hand pinkelt, wenn man es hochhebt.

Als ich ein Kind war, gab es noch keine Flüssigseife. Man verwendete Seifenstücke, und jedes Waschbecken hatte eine Mulde, in die man die Seife legte, damit sie nicht auf den Fußboden oder ins Becken rutschte. Heute begegnet man der festen Seife immer seltener. Ist das ein Fortschritt? Ist die Flüssigseife wirklich so viel besser? Oder ist sie nur eine Modeerscheinung, die man uns mit falschen Verheißungen andreht und die genauso verschwinden wird wie Schlaghosen und CDs?

Um das beantworten zu können, muss man sich erst einmal die Vor- und Nachteile einer normalen Seife ansehen. Seife ist ein Zaubermittel. Man kann sich die Hände mit dem saubersten, heißesten Wasser waschen, aber das reicht nicht, um den öligen Schmutz auf unserer Haut loszuwerden. In früheren Jahrhunderten hat man sich darüber nicht allzu viele Gedanken gemacht. Der Mensch war eben schmutzig und stank, und niemand beschwerte sich. Wir hatten andere Probleme und keine Ahnung, dass Seife vielleicht sogar wichtig sein könnte. Nicht dass es keine Seife gegeben hätte. Rezepte für ihre Herstellung wurden schon auf 4200 Jahre alten Tontäfelchen aus Mesopotamien entdeckt, und ihre Erfindung liegt vermutlich noch viel weiter zurück. Das Rezept aus dem Zweistromland hat große Ähnlichkeit mit heutigen Verfahren: Man nehme die Asche eines Holzfeuers, verrühre sie in Wasser und koche die Lösung mit geschmolzenem Talg (Tierfett) – und schon ist die Seife fertig. Die Mesopotamier benutzten die Seife nicht unbedingt zum Baden, sondern wohl eher, um Wolle zu waschen, ehe sie sie versponnen. Die Seife befreite die Fasern vom Lanolin, einer Art Fett.

Aber wie kommt man auf den Gedanken, Fett mit Fett zu entfernen? Das Geheimnis ist das Aschenwasser, auf Arabisch *alkali*, das wörtlich »aus der Asche« bedeutet. Alkalische Lösungen oder Laugen sind das Gegenteil von Säuren, doch beide sind ausgesprochen reaktionsfreudig und können andere Moleküle umwandeln. In diesem Fall verwandelt die Lauge das Fett.

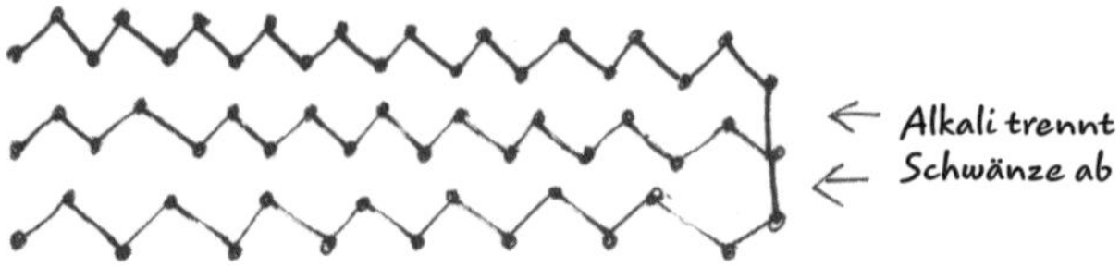

37 Einer der vielen Bestandteile des Talks, ein Molekül namens Triglyzerid. Dieses Molekül besteht aus drei Ketten, die mithilfe einer Lauge voneinander getrennt werden können.

Fette wie Talg bestehen aus Kohlenstoffketten; eine dreiarmige Struktur von Glyzeriden, die an einem Ende von

Sauerstoffatomen zusammengehalten wird. Dieser Aufbau unterscheidet sich vollkommen von Wasser mit seinem viel kleineren H_2O-Molekül. Wassermoleküle sind nicht nur viel kleiner als die Triglyzeride, sondern sie sind auch polar, das heißt, ihre elektrischen Ladungen sind nicht gleichmäßig verteilt, und das Molekül hat einen positiv und einen negativ geladenen Pol. Aufgrund dieser Polarisierung ist Wasser ein ausgezeichnetes Lösungsmittel: Es wird von anderen polaren Atomen und Molekülen angezogen, es umgibt und absorbiert sie. Auf diese Weise löst Wasser Salz, Zucker oder Alkohol. Aber Fett- und Ölmoleküle sind nicht polarisiert, weshalb sie sich nicht in Wasser lösen. Deshalb vermischen sich Öl und Wasser nicht.

Die aus der Holzasche gewonnene Lauge teilt sich jedoch in positive und negative Komponenten und löst sich daher in Wasser. Die so entstandene Lösung reagiert chemisch mit den Fettmolekülen, sie trennt die drei Schwänze der Triglyzeride ab und gibt ihnen eine Ladung mit. So entstehen drei Seifenmoleküle (sogenannte Stearate). Diese Moleküle sind Mischwesen mit einem elektrisch geladenen Kopf, der sich in Wasser löst, und einem Kohlenstoffschwanz, der sich in Ölen löst – und genau diese Mischnatur macht die Seife so nützlich.

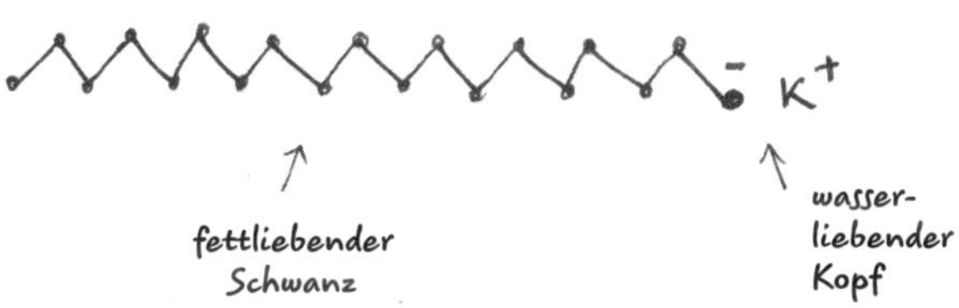

38 Der aktive Bestandteil der Seife, das Stearat, mit seinem geladenen »wasserliebenden« Kopf und seinem »fettliebenden« Schwanz aus Kohlenstoff.

Wenn Seifenmoleküle mit einem Tropfen Öl in Kontakt kommen, dann vergräbt sich der fettliebende Schwanz sofort darin, weil sich die beiden chemisch ähnlich sind. Doch der geladene Kopf will sich möglichst weit vom Öl entfernen und ragt aus dem Öl heraus. Wenn sich mehr Seifenmoleküle so verhalten, sieht der Fetttropfen irgendwann aus wie ein Igel: ein Knopf in der Mitte, der von elektrisch geladenen Stacheln umgeben ist.

39 Seife reinigt durch die Wirkung von oberflächenaktiven Molekülen wie Stearaten. Der fettliebende Schwanz des Moleküls wird vom Öl aufgenommen, während der wasserliebende Kopf herausragt. Wenn das Öl von einer Hülle wasserliebender Köpfe umgeben ist, lässt es sich in Wasser lösen und fortspülen.

Weil der Öltropfen nun eine elektrisch geladene Oberfläche hat, wird er polar und damit wasserlöslich. Auf diese Weise reinigt Seife: Sie bricht Fett- und Ölreste auf unseren Händen und Kleidern in kugelförmige Tröpfchen auf, die sich in Wasser lösen und auf diese Weise abwaschen lassen.

Das saubere, trockene Gefühl nach dem Händewaschen rührt daher, dass die Seife die Öle von der Haut entfernt. Seife ist dagegen glitschig, weil sie selbst im Grunde fettig ist – sie ist nichts anderes als modifiziertes Fett. Deshalb können Sie Seife als Schmiermittel verwenden – wenn Sie einen Ring von einem geschwollenen Finger ziehen wollen, können Sie ihn mithilfe der Seife ganz einfach abziehen.

Wenn wir mit Seife waschen, entsteht eine besondere Flüssigkeit: Es ist Schmutzwasser, aber es besteht nicht nur aus Schmutz, sondern auch aus Fettkügelchen. Es handelt sich um eine Flüssigkeit innerhalb einer anderen – eine Emulsion. Emulsionen sind nützlich, weil man mit ihrer Hilfe viele verschiedene Typen von Flüssigkeiten mit Wasser mischen kann. Mayonnaise ist zum Beispiel eine hoch konzentrierte Mischung aus Öl und Wasser, wobei das Verhältnis von Öl und Wasser etwa 3 : 1 beträgt. Man stellt sie her, indem man die beiden mit hoher Energie verrührt, bis sie eine Creme ergeben. Das allein reicht allerdings nicht aus, und die beiden würden sich rasch wieder trennen, weil sich Öl und Wasser bekanntermaßen nicht vermischen. Aber mit der Zugabe eines seifenartigen Moleküls kann man die Öltröpfchen stabilisieren. Im Falle der Mayonnaise ist das Bindemittel das Ei. Das Eigelb enthält eine Substanz namens Lezithin, dessen Struktur große Ähnlichkeit mit derjenigen der Seife hat (einen fettliebenden Schwanz und einen wasserliebenden Kopf); wenn man das Eigelb mit der Mischung aus Wasser und Öl verrührt, dann bindet es die beiden zur Mayonnaise zusammen. Mit Eigelb könnten Sie sich die Hände genauso gut waschen wie mit Seife, weshalb es in vielen Shampoos enthalten ist. Auch Senf trägt zur sogenannten Emulgierung von Ölen bei: Wenn man Senf zu einer Mischung aus Essig und Öl, die sich ansonsten nicht mischen, gibt, dann erhält man eine stabile Emulsion, die als Vinaigrette bekannt ist. Die Zutaten funktionieren alle nach demselben Prinzip und werden übergreifend als oberflächenaktive Moleküle bezeichnet – bei Lebensmitteln spricht man von Emulgatoren und bei Seifen von Tensiden.

Aber Seife entfernt nicht nur Öle und Fette, sondern auch die Bakterien, die sich in diesen Ölen und Fetten befinden. Händewaschen mit Seife ist daher das wirkungsvollste Mittel, um einer Infektion durch Bakterien oder Viren vorzubeugen. Aber obwohl die Seife ein so wirkungsvolles Reinigungsmittel ist und obwohl sie schon vor so langer Zeit entdeckt wurde, ist ihr regelmäßiger Gebrauch bei der Körperpflege ein modernes Phänomen.

Frühere Kulturen hatten ganz unterschiedliche Einstellungen zur Seife. Die Römer verwendeten sie gar nicht und zogen es vor, Schweiß und Schmutz abzuschaben und sich dann erst in heißem, dann in kaltem Wasser zu baden, um sich zu waschen. Die öffentlichen Badehäuser waren ein wichtiger Bestandteil ihrer Kultur und technisch so fortschrittlich, dass sie ihren Besuchern heißes und kaltes Wasser boten. Mit dem Zusammenbruch des Römischen Reichs zerfiel auch die Infrastruktur, die diese Bäder instand hielt, und in Europa kam das Baden aus der Mode. Die Bewohner der engen und übervölkerten Städte und Dörfer hatten keinen Zugang zu sauberem Wasser, weshalb Baden gar als gesundheitsgefährdend galt. Im Mittelalter glaubten viele, Krankheiten würden durch einen »Pesthauch« und schlechte Luft verbreitet. Man glaubte, dass das Baden, vor allem mit heißem Wasser, die Poren öffne und anfälliger für Krankheiten wie die Pest mache. Körperpflege galt damals zudem als anrüchig, da ein frommes Leben nach dem Vorbild von Einsiedlern und Heiligen verlangte, jedem Luxus zu entsagen. Je strenger man roch, umso näher war man Gott.

In anderen Teilen der Welt hatte man keine vergleichbaren Vorbehalte gegen die Hygiene, weshalb Reisende aus dem Osten selbst gekrönte europäische Häupter als widerlich schmutzig und stinkend empfanden – eine Wahrnehmung, die wir heute teilen würden. Doch im Rückblick erscheinen uns viele kulturelle Normen der Vergangenheit unverständlich. Es ist noch gar nicht so lange her, als das Rauchen ganz normal war und der Zigarettenqualm alles verpestete – Büros, Restaurants, Kneipen und Eisenbahnabteile. Vor nicht allzu langer Zeit war es auch in Flugzeugen erlaubt. Heute fragen wir uns mit einer Mischung aus Verwunderung und Ekel, wie das möglich gewesen sein kann. So gesehen war die Ära der schmutzstarrenden Europäer vielleicht gar nicht so ungewöhnlich, wie sie uns heute scheint.

Genau wie das Rauchen hatte auch das verbreitete Misstrauen gegen die Körperpflege nicht nur ästhetische Konsequenzen. Noch im 19. Jahrhundert war es vollkommen normal, dass Ärzte von einem Krankenbett zum anderen gingen, ohne sich umzuziehen oder die Hände zu waschen. Und weil sie auch schon mal vom Krankenbett in den Kreißsaal gingen, starben unzählige Mütter und Säuglinge bei der Geburt. Erst 1847 verlangte der österreichische Arzt Ignaz Semmelweis, dass sich die Ärzte vor dem Kontakt mit den Patientinnen die Hände mit einer Chlorkalklösung waschen sollten; als er diese Maßnahme umsetzte, sank die Sterblichkeit von 20 auf 1 Prozent. Trotz aller Beweise wollten Ärzte nicht wahrhaben, dass sie Keime an den Händen hatten, auf ihre Patienten übertrugen und damit zahllose Todesfälle verschuldeten. Erst als die britische Krankenschwester Florence Nightingale in der 1850er Jahren ihre Hygienekampagne begann, setzte sich die Desinfizierung durch, zunächst in Militärlazaretten, dann in öffentlichen Krankenhäusern. Nightingale erhob Statistiken und entwickelte eigene mathematische Grafiken, um den Ärzten und der Öffentlichkeit ihre Erkenntnisse zu den Ursachen von Krankheiten und Sterblichkeit zu präsentieren. Allmählich wurden die wissenschaftlichen Beweise erdrückend, die Theorie der Krankheitserreger setzte sich bei Ärzten und Krankenschwestern durch, und die Desinfizierung der Hände mit Seife wurde in Krankenhäusern zur gängigen Praxis. Allerdings ist Seife nicht gleich Seife. Die Entdeckung der Hygiene fiel in eine Zeit, in der sich Industrialisierung und Marketing zu unserer modernen Konsumkultur verbanden. Die Seife erlebte eine Wiedergeburt als Konsumgut.

In meiner winzigen Toilette in 12 000 Metern Höhe erwartete auch ich von der Seife eine Wiedergeburt: vom müden zum erfrischten, sauberen und hellwachen Reisenden. Ich wusch mir die Hände im kleinen Blechbecken und betrachtete mich im Spiegel. Meine Augen waren rot, die Haut um sie herum wirkte trocken und faltig, mein Gesicht hatte eine gelbliche und kranke Färbung angenommen. Ich betrachtete die Lampe – bläulich fluoreszierendes Licht. Vielleicht war das ja die Erklärung. Aber bei genauerem Hinsehen bemerkte ich entsetzt, dass auf meinem Hemdkragen ein gelber Curryfleck prangte. Susan hatte mich nicht darauf aufmerksam gemacht – aber warum sollte sie auch? Instinktiv versuchte ich, den Fleck mit ein wenig Spucke zu entfernen. Da er sich direkt unter meinem Kinn befand, brauchte ich für die Reinigungsaktion den Spiegel. Doch die Enzyme meines Speichels waren machtlos gegen das Gelb (wahrscheinlich Kurkuma). Nachdem ich – hin und wieder durch ein Rütteln an der Tür gestört – fünf Minuten lang gerubbelt hatte, war der Fleck eher noch schlimmer geworden.

Waschpulver war eines der ersten kommerziellen Seifenprodukte. Jeder muss Kleider waschen, und im 19. Jahrhundert wurden Hygiene und Sauberkeit allmählich mit dem sozialen Status in Verbindung gebracht. Wer zu sozialen Anlässen oder gar in der Kirche in schmutzigen Kleidern erschien, galt nicht nur als arm, sondern bald auch als unmoralisch. Schmutz und Gestank waren nicht mehr Tugendausweis, im Gegenteil, Erreger und Krankheiten wurden nun als Folge eines moralisch unreinen Lebenswandels angesehen. Als der Prediger Henry Ward Beecher 1885 verkündete, »Sauberheit steht neben Göttlichkeit«, brachte er die verbreitete Überzeugung zum Ausdruck, dass sich Gottgefälligkeit auch in der körperlichen Erscheinung äußerte und dass die Seife den Weg zu Höherem bereitete.

Eisenbahnen und Zeitungen brachten damals immer mehr Menschen in Kontakt zueinander und ermöglichten, dass sich neue Botschaften schnell in der gesamten Gesellschaft verbreiteten. Auf diese Weise wurden Seifenfirmen zu Institutionen. In den Vereinigten Staaten stieg Procter & Gamble zum mächtigsten Seifenkonzern auf. Gegründet wurde das Unternehmen 1837 von den beiden englischen Einwanderern William Procter und James Gamble. Zunächst verkauften die beiden Kerzen und Seifen, die sie aus dem Talg der örtlichen Schlachthöfe herstellten. Doch im Laufe des 19. Jahrhunderts brach die Kerzenbranche ein, und die Kerzen wurden erst durch Walöl, dann durch Kerosin ersetzt. Die Seifenherstellung blühte dagegen auf. Procter & Gamble erfand die Ivory-Seife und investierte gewaltige Summen in ihre Vermarktung, vor allem in Zeitungsanzeigen. Nach der Erfindung des Radios in den 1920ern sponsorte Procter & Gamble

Hörspielserien, die sich vor allem an Frauen richteten, die allein zu Hause den Haushalt erledigten und Wäsche wuschen. Diese Sendungen erfreuten sich großer Beliebtheit und wurden schließlich nach ihren Sponsoren »Seifenopern« genannt.

Die Erfindung der Waschmaschine nahm Frauen diese Plackerei ab und läutete die Entwicklung ganz neuer Produkte zur Reinigung schmutziger Wäsche ein. Die Seife, seit mehr als 5000 Jahren das Mittel der Wahl bei der Textilreinigung, wurde chemisch aufgemotzt zum Waschmittel. Diese Pulver sind eine Mischung aus verschiedenen Reinigungsmitteln; neben Tensiden wie Seife enthalten sie eine Reihe anderer Inhaltsstoffe, die sie wirkungsvoller und umweltschonender machen sollen. In der Seife zieht der geladene Kopf das Kalzium im Wasser an. Wenn Sie in einer Gegend mit hartem Wasser wohnen, dann verbindet sich das Kalzium mit der Seife zu einer schmutzigen Schlacke, genau wie beim Tee. Diese Seifenschlacke ist allerdings etwas anderes – es ist eine weißliche Substanz, die sie an den Händen haben, wenn sie sie mit einem Stück Seife waschen. Diese Schlacke ist nicht nur hässlich, sie verbraucht zudem mehr Seife, sodass weniger für die Reinigung der Kleidung übrig bleibt. Außerdem kann sie unschöne graue Schleier auf dem Stoff hinterlassen.

Was kann man gegen diese Seifenschlacke unternehmen? Man kann zum Beispiel eine Seife herstellen, die weniger Kalzium anzieht. Chemiker entwickelten neue Moleküle, die wie Seife einen wasserliebenden Kopf und einen fettliebenden Schwanz haben, deren Ladung sich aber so kontrollieren lässt, dass sie weniger Kalzium anzieht: Das waren die neuen Tenside.

Mit der wachsenden Nachfrage nach Waschmitteln wurde der Konkurrenzkampf zwischen den Herstellern immer heftiger. Konzerne beschäftigten die besten Chemiker, um Waschpulver immer weiter zu verbessern. So entwickelten sie Produkte mit schwachen Bleichmitteln, die weiße Wäsche strahlend weiß wuschen, indem sie mit den Molekülen reagierten, die für die braunen Flecken verantwortlich waren. Außerdem gaben sie fluoreszierende Moleküle bei, die sogenannten optischen Aufheller, die sich an die Fasern des weißen Stoffs heften und bis nach dem letzten Spülgang in der Wäsche bleiben. Optische Aufheller absorbieren das unsichtbare ultraviolette Licht und geben es als bläuliches Licht zurück – mit dem Ergebnis, dass die Wäsche »weißer als weiß« strahlt, wie viele Hersteller behaupten. In der Diskothek können Sie sehen, wie das funktioniert: Das ultraviolette Licht über der Tanzfläche regt die fluoreszierenden Moleküle in weißer Kleidung an und bringt sie zum Leuchten.

Die Palette der Tenside wurde immer größer. Anionische Tenside (deren wasserliebende Köpfe genau wie bei der Seife eine negative Ladung tragen) wurden entwickelt, die nicht nur die Entstehung der Schlacke verhindern und Schmutz beseitigen, sondern zudem verhindern, dass sich in der Maschine neuer Schmutz in der Wäsche anlagert. Kationische Tenside (mit positiv geladenen wasserliebenden Köpfen) kamen als Spülungen hinzu. Und nichtionische Tenside (mit ungeladenen wasserliebenden Köpfen) entfernen Schmutz selbst bei niedrigen Temperaturen und schäumen weniger als die meisten anderen Tenside. Schaum zu vermeiden ist wichtig, denn Schaum trägt nicht zur Entfernung von Flecken bei; außerdem ist es lästig, wenn sich die Maschine mit Schaum füllt, weil es nicht einfach ist, diesen wieder loszuwerden. Daher enthalten viele Waschmittel zusätzliche Inhaltsstoffe, die die Schaumbildung unterdrücken.

Um die Umwelt durch das Waschen weniger zu belasten, enthalten die meisten modernen Waschmittel biologische Enzyme. Diese tragen zur Zersetzung der Proteine und Stärke in den Flecken bei. Außerdem wirken sie schon bei niedrigeren Temperaturen, was Energie und Geld spart. Enzyme werden als »biologisch« bezeichnet, weil sie aus natürlichen Enzymen entwickelt wurden, mit denen Organismen unerwünschte Stoffe zersetzen und beseitigen. Inzwischen unterscheidet man in vielen Ländern zwischen biologischen und nicht biologischen Waschmitteln. Biologische Waschmittel arbeiten mit Enzymen und waschen gründlicher, doch die nicht biologischen Waschmittel sind nach wie vor erhältlich, weil sich hartnäckig der Mythos hält, dass biologische Waschmittel Hautausschlag verursachen – eine Behauptung, die allerdings nie bewiesen wurde.

Aber nicht nur unsere Kleidung soll sauber und frisch sein, sondern auch unsere Haare. An diesem Punkt kommen Shampoos ins Spiel. Das Wort Shampoo kommt ursprünglich aus Indien, wo es eine Kopfmassage mit Ölen und Parfüms beschreibt. Während der Kolonialzeit kam das Wort zuerst nach Europa und beschrieb dort eine bestimmte Form der Haarwäsche. Das erste moderne Shampoo wurde in den 1930er Jahren von Procter & Gamble hergestellt und unter dem Namen Drene verkauft. Drene bestand aus neuen, milderen Tensiden und wurde in einer Glasflasche mit auffälligem Etikett und leuchtend grün-rosafarbenem Schriftzug verkauft. Etwa um diese Zeit stieg Unilever ins Geschäft ein und wurde einer der größten Konkurrenten von Procter & Gamble. Seither treibt der Konkurrenzkampf zwischen diesen beiden Weltkonzernen die Innovation der Reinigungsmittel an.

40 Shampoowerbung aus den Fünfzigern.

Wenn Sie sich die Inhaltsstoffe eines modernen Shampoos ansehen, dann finden Sie häufig einen Stoff mit dem Namen Natriumlaurylsulfat oder seinen Vetter Natriumlaurylethersulfat. Das sind heute die Grundbausteine der meisten Shampoos, beides wirkungsvolle Tenside, die kaum mit dem Kalzium im Wasser reagieren und daher keine Schlacke bilden. Außerdem tun sie etwas, das wir heute von jedem Shampoo erwarten: Sie schäumen kräftig.

41 Natriumlaurylsulfat – beachten Sie den wasserliebenden Kopf und den fettliebenden Schwanz.

Beim Haarewaschen entsteht der Schaum durch Reibung – während Sie Ihre Haare massieren, wird die Luft vom Wasser eingefangen. Diese Luft will entweichen, und wenn sie die Oberfläche der Flüssigkeit erreicht, bildet sie ein Bläschen. Ohne Tenside wäre das Bläschen nur ein hauchdünner Film aus reinem Wasser, das gegenüber der Luft eine hohe Oberflächenspannung besitzt und rasch zerplatzt. Das ändert sich, wenn ein Tensid wie Natriumlaurylsulfat ins Spiel kommt. Die Moleküle des Tensids sammeln sich im dünnen Wasserfilm des Bläschens und senken die Oberflächenenergie so weit, dass der flüssige Film relativ stabil wird. Während Sie das Shampoo in Ihr Haar einmassieren, entstehen immer mehr dieser widerstandsfähigen Bläschen, und der Schaum wird dicker. Weil die Tenside gleichzeitig Öle und Fette einfangen, bringen wir das Schäumen mit dem Reinigungseffekt in Verbindung und beurteilen die Wirksamkeit eines Shampoos an der Menge des Schaums, die es produziert. Die Werbung bestätigt uns noch in diesem Glauben, doch der Schaum trägt nichts zu einer gründlichen Haarwäsche bei. Er wirkt ausschließlich emotional.

Natriumlaurylsulfat und seine Verwandten sind so wirksam und billig, dass sie inzwischen in fast allen Reinigungsmitteln verwendet werden. Sie werden nicht nur in Shampoos eingesetzt, sondern auch in Geschirrspülmitteln, Waschpulver und sogar Zahnpasta – deshalb schäumt es im Mund, wenn Sie sich die Zähne putzen. Wieder ist der Schaum reine Show – *Schau, ich putze mir die Zähne!,* sagt er. Das Natriumlaurylsulfat ist so erfolgreich, dass es schließlich die feste Seife als wichtigstes Reinigungsmittel für unseren Körper verdrängte. Es war die Geburtsstunde der Duschgels. Diese Gels wurden wie Shampoos in Plastikfläschchen verkauft. Und weil die Tenside der Familie der Natriumlaurylsulfate durchsichtig sind, machen sie sich großartig in durchsichtigen Flaschen, vor allem wenn man sie einfärbt und mit Aromen versetzt wie Shampoos.

Duschgels waren allerdings nicht nur aus ästhetischen Gründen attraktiv. Unter der Dusche haben Seifen den Nachteil, dass sie beim Kontakt mit Wasser unglaublich glitschig werden. Wenn Sie in einer Gegend mit hartem Wasser leben und mit einem Stück Seife in die Badewanne gehen, dann sitzen Sie am Ende in einer traurigen grauen Schlacke und suchen verzweifelt nach Ihrer Seife. Und wenn Ihnen unter der Dusche die Seife aus der Hand glitscht, dann springt sie in der Kabine herum wie eine Flipperkugel und kommt dann womöglich unter Ihrem Fuß zu liegen, woraufhin Sie auf sie treten, ausrutschen und sich den Schädel einschlagen. Mit Duschgel passiert Ihnen das nicht.

Das Duschgel hat den zusätzlichen Vorteil, dass es in einem Behälter verkauft wird. Das Seifenstück muss irgendwo abgelegt werden, in der Regel auf einer Oberfläche, wo es seine äußere Schicht von Schaum und schleimiger Schlacke abstößt – kein hübscher und schon gar kein telegener Anblick. Und wenn es dann wieder trocken ist, hat es seine feste, verlässliche Form verloren – nach nur einem einzigen Gebrauch ist es entstellt. Anders

Flüssigseifen, die bei jeder Anwendung ihr medienfreundliches Äußeres wahren.

In den 1980er Jahren begann man bei einem Unternehmen namens Minnetonka, darüber nachzudenken, wie man Flüssigseifen aus der Dusche in die Toiletten und Küchen bringen könnte. Es war klar, dass sich das Produkt anders anfühlen musste – es konnte ja nicht einfach wie Shampoo oder gar Geschirrspülmittel sein, auch wenn es sich um dieselbe Flüssigkeit handelt. Man musste es den Kunden als neues und umwerfendes Produkt verkaufen. Dabei kamen die Designer auf einen Spender mit Pumpe, und dieser Einfall sollte sich als Geniestreich erweisen. Wer schon einmal in einer öffentlichen Toilette ein Stück nasser Seife betrachtet und sich gefragt hat, wer es wohl schon alles in der Hand gehabt haben mag, der konnte sich jetzt über die jungfräuliche Seife freuen, die aus dem Spender auf die Hand spritzte. Die Idee setzte sich allerdings nicht gleich durch. Nicht alle waren beeindruckt, und viele hielten es für eine allzu komplizierte Lösung für ein nicht vorhandenes Problem. Und wieder andere – und zu denen gehöre ich – fühlten sich an ein pinkelndes Haustierchen erinnert.

Während die Öffentlichkeit in den 1980er Jahren noch zögerte, bekam die Flüssigseife in den Neunzigern einen unerwarteten Verbündeten: ein Bakterium namens *Staphylococcus aureus,* das Wunden nach Operationen infizieren kann und im Laufe der Jahre Stämme entwickelt hat, die gegen Antibiotika resistent und schwer zu behandeln waren. Die ersten dieser Stämme wurden schon in den Sechzigerjahren entdeckt, doch seit Anfang der Neunziger waren sie auch gegen das verbreitete Antibiotikum Methicillin resistent und hatten sich zu einer Krankenhausepidemie entwickelt. In Europa und den Vereinigten Staaten waren multiresistente *Staphylococcus aureus* (MRSA) für gut die Hälfte aller in Krankenhäusern erworbenen Infektionen verantwortlich und ließen die Sterberate in die Höhe schnellen. Krankenhäuser kämpften gegen die Ausbreitung des Bakteriums, und dank der Einführung von strikteren Hygienevorschriften – unter anderem mussten sich Ärzte und Pflegepersonal nun nach jedem Patientenkontakt die Hände waschen – ist die Sterberate im vergangenen Jahrzehnt wieder zurückgegangen.

Auch in der Öffentlichkeit begann eine Hygienekampagne, die den Nutzen sauberer Hände anpries und für desinfizierende Handwaschmittel warb, die neben Tensiden auch antimikrobielle Wirkstoffe wie Triclosan enthielten. Die Werbung versprach, dass diese Seifen die Verbreitung von Krankheitserregern wirkungsvoller unterbanden als herkömmliche Seifen. Das Marketing war ein durchschlagender Erfolg, die Nachfrage nach antibakteriellen Seifen stieg rasch an, obwohl nie wissenschaftlich nachgewiesen wurde, das sie besser wirkten als herkömmliche Seife und Wasser. Im Gegenteil, Dr. Janet Woodcock von der amerikanischen Medikamentenprüfstelle kam sogar zu dem Schluss, dass die vermeintlich desinfizierenden Flüssigseifen nicht den geringsten gesundheitlichen Nutzen haben.

»Die Verbraucher glauben, dass antibakterielle Handwaschmittel die Verbreitung von Krankheitserregern wirkungsvoller verhindern, doch es gibt keinen wissenschaftlichen Beweis, dass sie besser sind als Seife und Wasser«, sagte sie. »Einige Erkenntnisse legen im Gegenteil die Vermutung nahe, dass antibakterielle Wirkstoffe langfristig mehr schaden als nutzen.«

Im Jahr 2016 wurden antibakterielle Seifen in den Vereinigten Staaten verboten. Flüssigseifen sind jedoch inzwischen allgegenwärtig und machen auch ohne antibakterielle Zusatzstoffe den Großteil der verkauften Seifen aus. In den Krankenhäusern sind sie genauso verbreitet wie in den Haushalten und natürlich auch in Flugzeugtoiletten, wo ich jetzt ein wenig davon auf meine Hand spritzte.

»Dingdong!«, tönte es in diesem Moment aus dem Lautsprecher. »Hier spricht der Flugkapitän. Wir durchfliegen ein Gebiet mit Turbulenzen, ich habe das Anschnallzeichen eingeschaltet. Ich möchte Sie bitten, auf Ihren Sitzplatz zurückzukehren und sich anzuschnallen. Haben Sie vielen Dank.«

In der Toilette angesprochen zu werden, ist immer ein bisschen komisch. Eben noch hatte ich das Gefühl der völligen Privatheit, doch das war mit einem Schlag verflogen, und es fühlte sich so an, als hätte der Kapitän gerade den Kopf zur Tür hereingestreckt. Eine paranoide innere Stimme überlegte gar, ob die Durchsage nicht ein Trick sein könnte, um mich aus der Toilette zu holen, wo ich mich seit einiger Zeit in die Lektüre der Inhaltsstoffe der Seife vertieft hatte.

Die Flüssigseife der Flugzeugtoilette enthielt in der Tat Natriumlaurylsulfat. Vermutlich wurde es aus irgendeinem Palmkern- oder Kokosöl gewonnen. Diese Bäume wachsen in den Tropen und haben in der Weltwirtschaft gewaltige Bedeutung erlangt, weil sie einfach anzubauen sind und großartige Ölmengen liefern. Deshalb sind sie in Ländern mit dem entsprechenden Klima zu einer wichtigen Anbaufrucht geworden. Fünfzig Millionen Tonnen Palmöl werden weltweit jährlich produziert und in der Kosmetik genauso verwendet wie in Backwaren – wenn

Sie das nächste Mal im Supermarkt sind, dann sehen Sie sich spaßeshalber einmal die Zutatenlisten von Plätzchen, Keksen, Kuchen, Schokoladen oder Müslis an. Vermutlich finden Sie überall Palmöl.

42 Die Struktur von Laurinsäure, das oft aus Palmkernöl gewonnen wird.

Aufgrund seiner ungewöhnlichen chemischen Zusammensetzung ist Palmkernöl bei der Herstellung von Flüssigseifen besonders nützlich. Es enthält nämlich große Mengen Laurinsäure, eine zwölfgliedrige Kohlenstoffkette mit einer Karbonsäuregruppe am Ende. Es sieht aus wie ein Tensid, nur ohne das geladene Ende. Chemisch lässt sich das allerdings leicht ändern. Die Größe ist entscheidend; wenn Laurinsäure als Tensid verwendet wird, bildet sie eine Molekülkette, die viel kürzer ist als die normaler Seifen, die in der Regel achtzehn Kohlenstoffatome haben.

Da das Molekül der Laurinsäure kürzer ist, ergibt es ein kürzeres Tensid, das leichter ist und besser schäumt. Es ist schon fast zu gut. Unsere Nachfrage nach Flüssigseifen ist regelrecht explodiert, und mit ihr auch die Nachfrage nach Palm- und Kokosöl. Dafür wurden in den Herkunftsländern wie Malaysia und Indonesien riesige Urwaldflächen gerodet, und an die Stelle der biologischen Vielfalt der

Wälder ist die Monokultur der Palmölplantagen getreten. Das hatte vielfältige negative Auswirkungen: Der Lebensraum vieler Tierarten wurde zerstört, und seit Jahrhunderten marginalisierte Ureinwohner wurden vertrieben. Doch unsere Nachfrage nach Flüssigseifen und anderen Palmölprodukten steigt, und die Rodungen gehen weiter.

Damit nicht genug. Die aus Natriumlaurylethersulfat hergestellten Tenside, deren Rohstoff wir unter derart verheerenden Umweltzerstörungen gewinnen, wirken bei einigen Menschen zu gut. Sie entfernen nicht nur Öle und Fette, sondern provozieren Hautreizungen wie Ekzeme und Dermatitis. Um das zu verhindern, geben die Seifenhersteller ihrem Produkt nun Pflegemittel bei, die die natürlichen und von den Tensiden beseitigten Öle ersetzen sollen. Wenn man das hört, könnte man ja schon fast dankbar sein, dass ein großer Teil der Flüssigseife einfach zum Abfluss davonläuft, ohne mit unseren Händen in Berührung zu kommen. Dem wollen die Hersteller entgegenwirken, indem sie ihre Produkte zähflüssiger machen und Spender herstellen, die die Seife nicht in flüssiger Form, sondern schon als Schaum ausspucken. Die Schaumspender sind tatsächlich sinnvoll, weil sie nur kleine Mengen des Tensids abgeben und weil sie endlich einen Nutzen für den Schaum gefunden haben. Es ist nicht nur eine Frage der Ästhetik, wie bei den Shampoos, Duschgels und Zahnpasten, sondern hier ist der Schaum das Medium, mit dem das Tensid auf unsere Hände transportiert wird.

Flüssigseifen sind heute ein Milliardengeschäft. Wir benutzen sie, um unseren Körper, unsere Haare und unsere Kleider zu waschen und zu parfümieren, unser Geschirr zu spülen und – besonders wichtig in unserer übervölkerten Welt – um selbst gesund zu bleiben und die Ausbreitung von Keimen zu unterbinden. Aber wenn wir sie kaufen, zahlen wir in der Hauptsache für Verpackung und Marketing – die Tenside sind billig, und das ist umso mehr Grund, darüber nachzudenken, wie diese Produkte hergestellt werden und welche Auswirkungen sie auf die Tropenwälder unseres Planeten haben.

Ich persönlich liebe ein Stück Seife. Es ist handlich und bietet einen physischen Kontakt, den ich als beruhigend und angenehm empfinde. Seifenstücke sind heutzutage schwer zu vermarkten, doch genau das macht sie mir noch sympathischer: Ich kaufe sie mir, weil ich sie brauche, und nicht, weil ich glaube, dass sie mich zu einem besseren, erfolgreicheren und begehrenswerteren Menschen macht.

Das Flugzeug ruckelte nun beunruhigend heftig. Jemand klopfte an die Tür, und die Stimme des Stewards fragte, ob alles in Ordnung sei. Einen Moment lang dachte ich besorgt, ich könnte mich schon seit Stunden in der Toilette aufhalten und mit meinem Selbstgespräch über Flüssigseifen jedes Zeitgefühl verloren haben, doch dann wurde mir klar, dass er die Turbulenzen meinte. *Höchste Zeit, mich wieder an meinen Platz zu setzen*, dachte ich mir. Ehe ich das enge Kabuff verließ, zögerte ich, und meine Hand schwebte unter dem zweiten Spender neben dem Waschbecken. Er enthielt eine andere Flüssigkeit – eine Feuchtigkeitscreme. Warum? Müssen wir uns wirklich nach jedem Händewaschen die Hände eincremen? Oder gehört auch dies zu dem immer größer werdenden Druck, Produkte zu konsumieren, die wir gar nicht brauchen? Oder zu dem Trend, so potente Seifen herzustellen, dass wir nach ihrem Gebrauch als Gegenmittel eine

Feuchtigkeitscreme benötigen? Oder war das nur meine Paranoia? Ich probierte sie trotzdem. Die Flasche sah so hübsch aus, und ich konnte dem frischen zitronigen Duft nicht widerstehen.

Kapitel 9

Kühlend

Auf dem Weg zurück zu meinem Sitzplatz kam ich am ovalen Notausstieg des Flugzeugs vorüber. Er hatte eine Luke und einen verführerisch großen roten Griff. Wenn ich diese Türen sehe, verspüre ich jedes Mal das unerklärliche Bedürfnis, sie zu öffnen. Wenn ich es täte, würde die Luft aus dem Flugzeug gesaugt, genau wie ich und alle, die nicht angeschnallt sind. Alle anderen blieben verschont, doch die Temperatur würde auf minus 50 Grad abstürzen, der Luftdruck würde sinken, und das Atmen würde schwierig. In diesem Moment würden, wie in den Sicherheitshinweisen vor dem Start angekündigt, die Sauerstoffmasken aus den Gepäckfächern purzeln.

Der niedrige Luftdruck ist natürlich der Grund, warum wir so hoch fliegen: Die Luft ist buchstäblich dünner und bietet weniger Widerstand, sodass das Flugzeug weniger Treibstoff verbraucht und eine größere Reichweite hat. Doch für die Ingenieure bedeutet die Flughöhe eine doppelte Herausforderung: Sie müssen die Passagiere vor dem Tod durch Ersticken und Erfrieren bewahren. Dazu bauen sie eine Klimaanlage ein, in deren Geschichte einige der gefährlichsten Flüssigkeiten unseres Planeten ihren Auftritt haben.

Wieder am Platz, lächelte ich Susan an. Mit dieser

einen Geste wollte ich eine Menge ausdrücken: Es tat mir leid, dass ich sie schon wieder aus ihrer Lektüre herausriss, dass sie meinetwegen den Sicherheitsgurt öffnen und aufstehen musste und dass dabei die Krümel auf ihrem Schoß zu Boden fielen. Das alles war natürlich nicht meine Schuld, sondern der beengten Anordnung der Sitze im Flugzeug zu verdanken, während der Gang zur Toilette ein Gebot der Natur ist.

Susan stand auf und erwiderte mein Lächeln. Sie schien mir zu sagen: »Es ist vollkommen in Ordnung, zur Toilette zu gehen, machen Sie sich keine Gedanken.« Sie quetschte sich hinaus in den Gang, und ich schob mich an ihr vorüber und zurück auf meinen Sitz. Wir schnallten uns beide wieder an, während das Flugzeug ordentlich ruckte und rumpelte. Die Turbulenzen wurden durch Veränderungen in der Dichte der Luft verursacht, die wir durchflogen – aufgrund der Witterung unter uns passierten wir ein Gemenge aus dichter und weniger dichter Luft. Wenn die Maschine auf dichtere Luft traf, wurde sie von der größeren Reibung abgebremst. Und wenn sie auf ein Luftloch traf, dann sackte sie plötzlich ab, weil die weniger dichte Luft den Flügeln weniger Auftrieb gab.

Trotz der raschen Veränderungen des Luftdrucks draußen atmete ich vollkommen normal, denn in der Kabine war der Luftdruck zwar niedriger, als ich das gewohnt war, doch er blieb stabil. Das hatten wir der Klimatechnik zu verdanken, einem derart spezialisierten Gebiet, dass sich selbst Einstein dafür interessierte und einige Patente einreichte. Allerdings ging es ihm damals vor allem darum, Leben am Boden zu retten, und nicht darum, Flugzeugpassagieren auf Langstreckenflügen die Atmung zu ermöglichen.

Das Problem, das Einstein lösen wollte, war folgendes: In den 1920er Jahren wurden die gerade erfundenen Kühlschränke immer beliebter, und die Eistruhen, die seit Jahrhunderten zum Kühlen verwendet worden waren, kamen aus der Mode. Doch diese Kühlschränke waren nicht ungefährlich. Entsetzt las Einstein in der Zeitung, dass eine Berliner Familie mit ihren Kindern im Schlaf starb, weil die Pumpe ihres Kühlschranks undicht geworden war. Damals kamen in Kühlschränken drei Typen von Kühlflüssigkeit zum Einsatz: Methylchlorid, Schwefeldioxid und Ammoniak, und alle drei sind giftig. Die Hersteller hatten sich jedoch für sie entschieden, weil sie einen niedrigen Siedepunkt haben.

Das Prinzip des Kühlschranks basiert darauf, dass Flüssigkeit durch eine Reihe von Röhren im Innern gepumpt wird. Wenn die Temperatur im Kühlschrank über dem Siedepunkt der Flüssigkeit liegt, dann geht sie in einen gasförmigen Zustand über. Dazu muss allerdings noch Energie zugeführt werden, um die Bindungen zwischen den Molekülen der Flüssigkeit zu lösen (die auch als latente Wärme bezeichnet wird). Diese Energie wird dem Inneren des Kühlschranks in Form von Wärme entnommen. Das wiederum hat zur Folge, dass sich die Luft dort abkühlt. Der Siedepunkt der Flüssigkeit muss daher der gewünschten Temperatur im Kühlschrank entsprechen und bei etwa 5 Grad Celsius liegen. Aber damit das Kühlmittel den Kühlschrank nicht nur einmal, sondern immer wieder abkühlen kann, muss es wieder in eine Flüssigkeit zurückverwandelt werden, und dazu verwendet man eine Pumpe, die es komprimiert.

Um das Gas zu einer Flüssigkeit zu komprimieren, muss man ihm die latente Wärme entziehen – die Wärme wird also buchstäblich aus dem Gas herausgedrückt. Das geschieht auf der Rückseite des Kühlschranks, und Sie können hören, wenn der Kompressor läuft – das ist das Surren, das Ihr Kühlschrank hin und wieder von sich gibt. Deshalb ist seine Rückseite warm, und deshalb können Sie Ihre Wohnung nicht kühlen, indem Sie die Tür ihres Kühlschranks öffnen – die Kälte, die vom Innern ausgehen könnte, wird durch die Wärme des Motors mehr als aufgehoben. Das ist das erste Gesetz der Thermodynamik: Wenn wir etwas abkühlen, indem wir ihm Wärme entnehmen, dann muss diese Wärme irgendwohin, sie kann sich nicht einfach in Luft auflösen. In diesem Fall tritt die Wärmeenergie eben auf der Rückseite des Kühlschranks aus.

Es klingt kinderleicht, eine Pumpe und mit einer Flüssigkeit gefüllte Leitungen zusammenzulöten und ein Ventil einzubauen, damit sich die Flüssigkeit in ein Gas verwandeln kann. Doch die Sache erweist sich als knifflige technische Herausforderung. Das Gas steht nämlich unter Druck, weshalb die Moleküle dauernd in Bewegung sind und auf die Innenseite der Leitungen prallen. Die Lötnähte der Röhren sind Schwachstellen, und wenn sie nicht gut verarbeitet sind, bahnen sich die quirligen Moleküle ihren Weg ins Freie. Bei den ersten Kühlschränken kam es immer wieder vor, dass mitten in der Nacht Ammoniak austrat und eine ganze Familie in ihren Betten tötete.

Dagegen wollte Einstein etwas unternehmen, und als ehemaliger Gutachter des Schweizer Patentamts kannte er sich mit den technischen Einzelheiten von mechanischen und elektrischen Geräten aus. Zusammen mit Leó Szilárd entwickelte er einen neuen und sichereren Kühlschrank. Die beiden Physiker wollten die Pumpen und die damit verbundenen beweglichen Teile vollständig ersetzen und ein weniger anfälliges System entwickeln.

Zwischen 1926 und 1933 entwickelten Einstein und Szilárd verschiedene Methoden, mit denen sich Flüssigkeiten in Gase und wieder zurück verwandeln ließen. Wie wir gerade gesehen haben, entzieht die Verdunstung einer Flüssigkeit der Umgebung Wärme und wirkt damit kühlend auf sie. Zur Rückverwandlung des Gases in eine Flüssigkeit war immer eine Pumpe verwendet worden, die die Gasmoleküle zusammenpresste. Aber es musste auch eine andere Möglichkeit geben. Die beiden Physiker hatten viele Ideen. Sie entwickelten Prototypen und meldeten mehrere Patente an. Eines ihrer Systeme pumpte Flüssigbutan mithilfe von Wärme durch Leitungen, wo es mit Ammoniak zusammenkam, um ein Gas zu bilden; dann wurde das Gas mit Wasser vermischt, das das Ammoniak aufnahm und das Butan wieder durch die Leitungen strömen ließ, wodurch sich die Kühlung fortsetzte. Ein zweites System schickte flüssiges Metall, anfangs Quecksilber, durch mehrere Leitungen, die mithilfe elektromagnetischer Kräfte in Schwingungen versetzt wurden. Die vibrierende Flüssigkeit funktionierte wie ein Kolben, der das Kühlmittel zusammendrückte und vom Gas wieder in eine Flüssigkeit verwandelte – weil eine Flüssigkeit auf eine andere wirkte, waren keine beweglichen Teile nötig. Und weil sich diese Flüssigkeiten in hermetisch versiegelten Leitungen befanden, sollten diese Systeme sicherer sein als die Modelle, die sich damals im Handel befanden.

Zwar zeigten einige Firmen Interesse an den Prototypen – das schwedische Unternehmen Electrolux kaufte eines der Patente, und das deutsche Unternehmen Citogel entwickelte ein anderes weiter –, doch die Partnerschaft der beiden Erfinder ging ihrem Ende entgegen. Die Nationalsozialisten kamen an die Macht, und für Juden wie Szilárd und Einstein wurde es immer schwieriger, in Deutschland zu leben und zu arbeiten.

Szilárd zog nach Großbritannien, wo er eine Entdeckung machte, die den Lauf der Geschichte verändern sollte und die nichts mit Kühlung, sondern mit Erhitzung zu tun hatte. Es war das Prinzip hinter der Atombombe: die atomare Kettenreaktion. Schließlich endeten Einstein und Szilárd in den Vereinigten Staaten, wo sie ihre Zusammenarbeit fortsetzten. Doch dann war es bereits zu spät. Auch in den Vereinigten Staaten hatten Wissenschaftler an der Entwicklung sicherer Kühlschränke gearbeitet und das Pferd von der anderen Seite her aufgezäumt: Sie hatten nicht die Mechanik verbessert, sondern nach sicheren Kühlmitteln gesucht. 1930 hatte der Chemiker Thomas Midgley das Freon erfunden, das als billig und sicher gefeiert wurde und die Bemühungen von Szilárd und Einstein überflüssig machte. Leider war auch das Freon keineswegs sicher, doch das wurde erst fünfzig Jahre später klar.

Thomas Midgley war bekannt dafür, mit gefährlichen Flüssigkeiten zu hantieren. In den 1920er Jahren hatte er als Mitarbeiter von General Motors eine Flüssigkeit namens Tetraethylblei entwickelt, die er dem Benzin zusetzte, damit dieses sauberer verbrannte und die Leistung der Benzinmotoren steigerte. Das Tetraethylblei funktionierte gut, doch es enthielt Blei, das hochgiftig ist. Midgley selbst zog sich bei der Arbeit eine Vergiftung zu. Im Januar 1923 schrieb er: »Nachdem ich ein Jahr lang mit organischen Bleiverbindungen gearbeitet habe, hat meine Lunge Schaden genommen und zwingt mich, meine Arbeit für eine Weile beiseitezulegen, um viel frische Luft zu bekommen.« Trotzdem ließ er sich nicht aufhalten. Er arbeitete einige Jahre lang an der Entwicklung, und in dieser Zeit erlitten auch einige seiner Mitarbeiter Bleivergiftungen, hatten Halluzinationen und starben. 1924 trat er schließlich vor die Presse, um zu beweisen, wie harmlos Tetraethylblei war. Er goss sich die Flüssigkeit über die Hand und atmete die Dämpfe ein. Wieder vergiftete er sich, doch das hinderte ihn nicht daran, mit der kommerziellen Herstellung von Tetraethylblei zu beginnen.

In der Folge wurde Tetraethylblei in aller Welt als sogenanntes Antiklopfmittel dem Benzin beigemischt. In den Siebzigerjahren häuften sich Beweise für seine Giftigkeit, und der Zusatz von Blei wurde allmählich reduziert, aber erst zum 1. Januar 2000 wurde es in der Europäischen Union vollständig verboten. Es dauerte nicht lange, und das im Blut von Kindern nachgewiesene Blei ging dramatisch zurück. Weitere positive Folgen ließen nicht lange auf sich warten. So wurde zum Beispiel ein Zusammenhang zwischen der Verwendung von bleihaltigem Benzin und der Zahl von Gewaltverbrechen nachgewiesen. Blei schädigt Nervenzellen, und Wissenschaftler spekulieren sogar, ob das Verbot von Blei zu einem messbaren Anstieg des Intelligenzquotienten bei den Bewohnern städtischer Regionen geführt haben könnte.

Doch bevor das bekannt wurde, wandte sich Midgley dem Problem der sicheren Kühlverfahren zu. Ende der 1920er Jahre hatte er eine Lösung gefunden. Er und seine Mitarbeiter konzentrierten sich auf kleine Kohlenwasserstoffe wie Butan, die einen niedrigen Siedepunkt haben.

Diese Stoffe hatten allerdings den Nachteil, dass sie leicht brennbar und potenziell explosiv waren, weshalb sie als Brennstoff in Feuerzeugen und Campingkochern verwendet wurden.

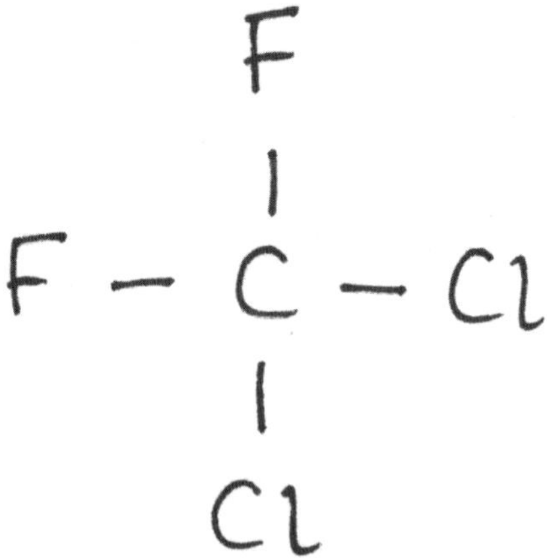

43 Die Molekülstruktur des Fluorchlorkohlenstoffs Freon.

Sie ersetzten die Wasserstoffatome der Kohlenwasserstoffmoleküle durch Fluor und Chlor und schufen so eine neue Familie von Molekülen mit dem Namen Fluorchlorkohlenstoffe. Damit erzeugten sie den Ausgangsstoff für etwas, das noch viel gefährlicher war als die kleinen Kohlenwasserstoffe, mit denen sie begonnen hatten, denn beim Zerfall dieser neuen Moleküle entstand der extrem giftige und ätzende Fluorwasserstoff. Doch Midgley hielt diesen Zerfall für sehr unwahrscheinlich, denn die Bindung zwischen Fluor und Kohlenstoff war sehr stark und die Flüssigkeit extrem reaktionsträge. Damit schien es die perfekte chemische Lösung für das Problem der Kühlung zu sein, denn selbst wenn es aus den Leitungen tropfen sollte, brachte es niemanden um. Damit hatte Midgley recht, doch hinsichtlich der Sicherheit der Fluorchlorkohlenstoffe hatte er sich gründlich getäuscht.

Seit ihrer Einführung tropften Fluorchlorkohlenstoffe aus Kühlschränken, doch die einzige Folge schien zu sein, dass das Gerät ausfiel – es brachte niemanden um. Und weil diese Chemikalien so billig herzustellen waren, wurden Kühlschränke erschwinglicher, und die Nachfrage explodierte. Im Jahr 1948 hatten nur zwei Prozent aller britischen Familien einen Kühlschrank, aber zu Beginn der Siebzigerjahre standen die Geräte praktisch in jedem Haushalt. Es war ein echtes Wunder. Einst hatte man verderbliche Lebensmittel in Kühlkellern und Eistruhen aufbewahrt, nun hatte man ein Möbel in der heimischen Küche, in dem man sie kühlen konnte. Der Verkauf von Frischwaren wurde effizienter, Fisch, Fleisch, Milchprodukte und Gemüse verdarben nicht mehr so schnell, die Preise sanken. Es war eine Revolution, und zu verdanken war sie den scheinbar harmlosen Fluorchlorkohlenstoffen.

Nach den vielen Stunden im stickigen Flieger hätte ich selbst ein bisschen Abkühlung vertragen können. Ich fummelte an der Düse über meinem Sitz herum, um ein bisschen mehr Luft abzukriegen. Weil sie klemmte, musste ich mich ein wenig aus meinem Sitz heben, um an ihr herumrütteln zu können. Als ich sie schließlich aufbekam, strömte mir kühle Luft ins Gesicht. Dabei musste ich wohl etwas Staub aufgewirbelt haben, denn als ich mich wieder hinsetzte, musste ich kräftig niesen. Es war einer dieser jähen Ausbrüche, gegen die man einfach machtlos ist, doch es war natürlich ein schwerer Verstoß gegen die Flugzeugetikette, vor allem weil ich es nicht mehr geschafft hatte, mir die Hand vor den Mund zu halten, geschweige denn in die Armbeuge zu niesen.

Die Frau vor mir drehte sich um und warf mir durch den Schlitz zwischen den Rückenlehnen einen bitterbösen Blick zu. Ein Mann, der im Gang stand, blickte mich mit offener Abscheu an. Meine Mitpassagiere vermuteten wahrscheinlich, dass ich die Grippe oder etwas noch Schlimmeres hatte, dass es vollkommen verantwortungslos von mir war, in diesem Zustand in ein Flugzeug zu steigen, und dass ich mich den Anweisungen meines Arztes widersetzt haben musste. Niesen ist ein Vergehen, dessen sich wohl jeder von uns irgendwann einmal schuldig gemacht hat, und es stimmt natürlich, dass sich in einem Flugzeug, in dem so viele Menschen auf so engem Raum zusammengepfercht sind, die Viren schneller ausbreiten. Ich schämte mich. Schlimmer noch, ich hatte recht feucht geniest, und es war durchaus denkbar, dass die Leute im Sitz vor mir das eine oder andere Tröpfchen abbekommen hatten. Susan hätte noch den meisten Grund zur Entrüstung gehabt, doch sie schwieg und heftete ihren Blick weiterhin auf ihr Buch. Ich spürte das Bedürfnis, mich zu entschuldigen und vor allen Mitreisenden zu bekennen, dass mich der Staub in der Nase gekitztelt hatte und dass dieser Staub vermutlich freigesetzt worden war, als … Aber weil ich nicht wusste, wo ich anfangen sollte, holte ich lieber ein Taschentuch heraus und wischte meine Nase und den Vinylbezug des Vordersitzes ab.

Klimaanlagen sind nichts anderes als Raumkühler. In Ihrem Auto wird die Luft über mit einem Kühlmittel gefüllte Kupferleitungen geführt und kühlt auf diese Weise das Innere des Wagens. Weil kühlere Luft weniger Feuchtigkeit aufnehmen kann, kondensieren auf dem Kühlgerät Wassertröpfchen (das ist auch der Grund, warum sich Wolken bilden, wenn die Luft aufsteigt und sich abkühlt).

Eine Klimaanlage wirkt also gleichzeitig als Lufttrockner. In heißen Ländern sind Fahrten in Auto, Bus und Zug oft nur dank der Klimaanlage erträglich. Aber diese Geräte verschlingen natürlich irrsinnige Mengen Energie. In Singapur entfallen rund 50 Prozent der in Haushalten und Büros verbrauchten Elektrizität auf Klimaanlagen. In den Vereinigten Staaten werden 25 Prozent der gesamten Energie von Transportmitteln verbraucht, also von Schiffen, Flugzeugen, Lkw, Pkw und Zügen, während die Abkühlung und Beheizung von Gebäuden fast 40 Prozent frisst.

Und genau wie die Rückseite des Kühlschranks Wärme produziert, so gibt auch die Klimaanlage eines Autos oder Gebäudes Wärme in die Umwelt ab und lässt dabei die Außentemperatur ansteigen. Insgesamt fällt das kaum ins Gewicht, aber in Großstädten lassen Klimaanlagen die Temperatur merklich steigen. Wissenschaftler der University of Arizona haben nachgewiesen, dass sie die Nachttemperatur in Stadtgebieten um durchschnittlich mehr als 1 Grad Celsius ansteigen lassen. Das klingt zunächst einmal nicht viel, bis man sich klarmacht, dass ein Anstieg von 2 Grad Celsius im weltweiten Durchschnitt gravierende Folgen für das Klima hat.

Umso wichtiger ist es, energiesparende Klimaanlagen zu bauen, und ich bin ein wenig stolz, dass ich hier einen bescheidenen Beitrag leisten konnte. Um Kühlsysteme effizienter zu machen, muss die Wärme schnell durch Metallröhren geleitet werden, weshalb die Leitungen von Klimaanlagen aus Kupfer sind. Kupfer ist teuer, aber ein guter Wärmeleiter. Allerdings reichen an einem heißen Tag, an dem es draußen 40 Grad Celsius hat und die heiße Luft im Büro steht, selbst diese Kupferleitungen nicht aus, um einen Raum zu kühlen. Hier kann es entscheidend sein, wie das Kühlmittel durch die Leitungen fließt.

Ein gleichförmiger Strom wie der von Wasser in einer Leitung ist berechenbar, doch innerhalb des Stroms variiert die Geschwindigkeit. Allgemein kann man sagen, dass das Wasser außen, also an der Wand der Leitung, langsamer fließt als innen. Der Wärmeaustausch zwischen diesen beiden Schichten ist gering, weshalb die Wärme langsamer abgeführt wird. Das Kühlsystem ist deutlich effizienter, wenn man einen turbulenten Strom erzeugt. Dabei handelt es sich um einen chaotischen Strom mit Strudeln, die das Wasser gründlich durchmischen. Diese Turbulenzen lassen sich zum Beispiel erzeugen, indem man den Druck erhöht (wenn Sie den Hahn ganz aufdrehen, wirbelt das Wasser mit Turbulenzen aus der Leitung), aber das kostet viel Energie. Deswegen ist es günstiger, die äußere Wasserschicht zu unterbrechen, etwa indem man eine spiralförmige Rille in die Innenwand der Leitung kerbt, um den gleichförmigen Strom zu durchbrechen und die Flüssigkeit zu durchmischen. Das ist die herkömmliche Methode, um einen turbulenten Strom zu erzeugen, mit dem die Kühlflüssigkeit mehr Wärme aufnimmt und die Energieeffizienz von Klimaanlagen verbessert wird, ohne zusätzlichen Strom zu verbrauchen. Genial, oder?

Das ist allerdings nicht auf meinem Mist gewachsen. Auch Einstein war nicht auf den Gedanken gekommen, weshalb ich mich nicht ganz so schlecht fühle.

Das System der turbulenten Ströme wurde im 20. Jahrhundert erfunden, als ich gerade lesen lernte und Einstein längst tot war. Doch in der Zeit, die verging, bis ich die Universität besuchte, hatte sich die Klimatechnik nicht mehr weiter verbessert. Sparsamkeit wurde immer wichtiger, und der Druck war groß, die Herstellungskosten der Kupferrohre zu senken. Und so kam es, dass mich nach meiner Promotion zum Thema Legierungen in Flugzeugmotoren Professor Brian Darby von der Oxford University einlud, ihm bei der Lösung dieses Problems zu helfen. Da das Thema weder mit Legierungen noch mit Flugzeugmotoren zu tun hatte, wusste ich zunächst nicht so recht, wie ich dabei vorgehen sollte.

Um sich ein Bild davon zu machen, wie Kupferrohre mit einer spiralförmig gerillten Innenwand hergestellt werden, können Sie sich vorstellen, wie Zahnpasta aus einer Tube gedrückt wird. Nur dass statt der Zahnpasta eine Patrone in der Tube steckt und dass diese Patrone ein klein wenig größer ist als die Öffnung, weshalb sie nicht einfach herausschießt, wenn Sie auf die Tube drücken. Stattdessen wird die Patrone gegen die Öffnung gedrückt, und das Plastik – im Fall der Leitung natürlich das Kupfer – dehnt sich und fließt um sie herum. Aber weil die Patrone eine spiralförmige Schneide hat wie ein Bohrer, dreht sie sich und fräst eine Rille in die Innenseite des Kupferrohrs. Genial! Das Problem ist nur, dass die Patrone aus verschiedenen Bestandteilen zusammengesetzt wird, die aus dem superharten Wolframcarbid bestehen, und dass der Druck in der Maschine oft so hoch wird, dass er die Patrone zerstört und ein riesiges Chaos mit Kosten in Millionenhöhe anrichtet.

Auf wunderbare Weise fanden wir eine Flüssigkeit, mit der sich das Problem beheben lässt. Wir beschlossen, die beiden Hälften der Wolframcarbid-Patrone zu verbinden, indem wir das Innere des Materials verflüssigten, während der Rest fest blieb. Das ist eine Form von Präzisionsschweißen. Wie bei allen Entdeckungen ist es kinderleicht, wenn man den Trick erst einmal heraus hat. Wir mussten die beiden Teile nur zusammenpressen und in einen Hochtemperaturofen bringen. Damit entstand die Flüssigkeit *im* Material, floss zwischen die beiden Teile und verband sie miteinander. Sobald es wieder abgekühlt ist, hat man ein einziges, nahtloses Stück Wolframcarbid. Aber das bedeutet noch nicht, dass die Patronen im Alltag den Belastungen standhalten würden. Deshalb war ich nervös, als wir in eine riesige Kupferrohrfabrik in den Vereinigten Staaten fuhren, um unsere Patrone zu testen: Wenn sie nicht standhielt, dann würde der Test das Unternehmen Zigtausende Dollar kosten. Doch es funktionierte, und wir meldeten das Verfahren zum Patent an.

Effizientere Kühlmethoden sind schön und gut, doch es lauerten größere Probleme. Die Ingenieure steckten eine Menge Köpfchen in die Entwicklung besserer Kühlschränke und Klimaanlagen, doch niemand verschwendete einen Gedanken daran, was mit den Geräten passieren würde, wenn sie ausgedient hatten. Sie wanderten einfach auf den Schrottplatz, wo die wertvollen Metalle ausgebaut wurden – das Stahl des Gehäuses oder die Kupferleitungen. Für das Kühlmittel interessierte sich niemand, das verdunstete ganz einfach, sobald die Kupferleitungen entnommen worden waren. Aber das bereitete niemandem Kopfzerbrechen. Fluorchlorkohlenstoffe und ihre Verwandten, die Fluorchlorkohlenwasserstoffe, kamen bereits als Treibgas in Haarspray und anderen Konsumgütern zum Einsatz. Sie galten als reaktionsträge, welchen Schaden konnten sie also anrichten? Man ging einfach davon aus, dass sie als Gas vom Wind verteilt würden. Das wurden sie auch. Aber im Laufe der Jahrzehnte stiegen sie in die Stratosphäre auf, wo sie vom ultravioletten Licht der Sonne in Moleküle zerlegt wurden, die sehr wohl Schaden anrichteten – eine ganze Menge sogar.

Die Sonne gibt für Menschen sichtbares und nicht sichtbares Licht ab. Ultraviolettes Licht gehört zu Letzterem. Die ultraviolette Strahlung bräunt unsere Haut und ist so energiereich, dass sie uns auch verbrennen kann: Wenn wir ihr lange genug ungeschützt ausgesetzt sind, schädigt sie unser Erbgut und verursacht Krebs. Darum ist es so wichtig, sich mit Sonnencreme zu schützen; diese Flüssigkeit hat die Aufgabe, das ultraviolette Licht zu absorbieren, ehe es auf unsere Haut trifft. Es gibt allerdings noch einen anderen und viel wirkungsvolleren Schutz vor der ultravioletten Strahlung, und das ist die Ozonschicht. Ozon ist so etwas wie der Sonnenschutz der Erde, und wie die Hautcreme ist sie unsichtbar, sobald sie aufgetragen wurde. Unser Flugzeug flog gerade durch die Ozonschicht, aber vor meinem Fensterchen war nichts davon zu sehen.

Ozon ist eine Form des Sauerstoffs. Der Unterschied ist, dass das Molekül des Luftsauerstoffs, den wir atmen, aus zwei Sauerstoffatomen besteht (O_2) und das des Ozons aus drei (O_3). Es ist sehr reaktionsfreudig, und zerfällt daher recht schnell wieder. Ozon hat zudem einen Geruch, den man manchmal wahrnehmen kann, wenn Funken fliegen; die hohe Energie der Funken verwandelt einen kleinen Teil des Luftsauerstoffs in Ozon, und das Ergebnis ist ein auffällig stechender Geruch. In unserer Atemluft hier unten auf der Erdoberfläche kommt zwar kaum Ozon vor, doch in der Stratosphäre gibt es genug davon, um eine Schutzschicht zu bilden, die das ultraviolette Licht absorbiert. Wenn allerdings Fluorchlorkohlenstoffe in die Ozonschicht gelangen, dann werden sie durch den Kontakt mit der ultravioletten Strahlung in reaktionsfreudige Moleküle namens freie Radikale verwandelt. Diese wiederum reagieren mit dem Ozon, verringern dessen Konzentration und zerstören auf diese Weise unsere Ozonschicht.

Anfang der 1980er Jahre erkannten Atmosphärenforscher, wie gravierend die Auswirkungen der Fluorchlorkohlenstoffe auf die Ozonschicht waren und welche Folgen das für uns hatte. 1985 beobachteten britische Forscher über der Antarktis ein 20 Millionen Quadratkilometer großes Loch in der Ozonhülle, und wenig später wurde bekannt, dass die Ozonschicht rund um den gesamten Planeten immer dünner wurde. Schuld daran waren vor allem die Fluorchlorkohlenstoffe, weshalb ein Verbot verhängt wurde, das sogenannte Montreal-Protokoll. Seit 1989 ist die Verwendung von diesen Chemikalien und ihren Verwandten in Kühlschränken und chemischen Reinigungen verboten. Trotz der schnellen Reaktion der Weltgemeinschaft befinden sich die Fluorchlorkohlenstoffe noch immer in der Atmosphäre, und in der Ozonschicht haben sich weitere Löcher aufgetan. Im Jahr 2006 wurde über Tibet ein 2,5 Millionen Quadratkilometer großes Loch entdeckt, und 2011 erreichte das Ozonloch über der Arktis Rekordgröße, was vermuten lässt, dass sich die Erde erst gegen Ende des 21. Jahrhunderts von dem Schaden erholt haben wird.

Zu den Glanzzeiten der Fluorchlorkohlenstoffe verbrachten Wissenschaftler viel Zeit mit der Erforschung der Eigenschaften der auf Fluor und Kohlenstoff basierenden Moleküle. So entdeckten sie zum Beispiel die erstaunliche Molekülfamilie der perfluorierten Kohlenwasserstoffe (PFCs). Im Gegensatz zu den Fluorchlorkohlenstoffen enthalten PFCs kein Chlor; die Moleküle bestehen ausschließlich aus Kohlenstoff- und Fluoratomen. Die einfachsten PFCs erinnern an Kohlenwasserstoffe, mit dem Unterschied, dass alle Wasserstoffatome durch Fluor ersetzt wurden.

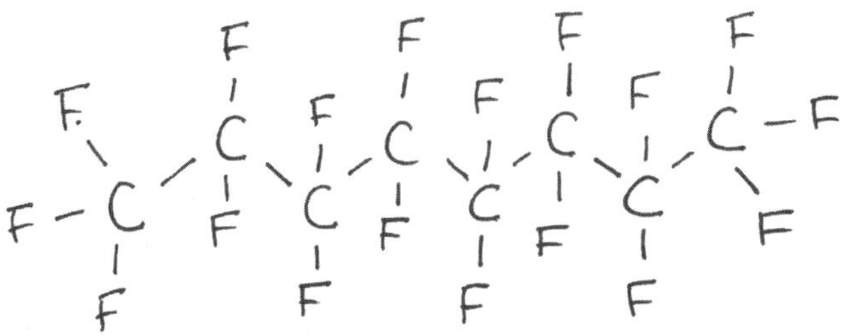

44 Molekülstruktur eines perfluorierten Kohlenwasserstoffs.

Fluorbindungen sind extrem stark, weshalb die Moleküle stabil und die PFCs sehr reaktionsträge sind. In diese Flüssigkeit können Sie so ziemlich jeden beliebigen Gegenstand tunken, ohne dass es ihm etwas anhaben kann – sogar Ihr Mobiltelefon. Es gibt sogar Leute, die ihren Laptop in einen Eimer mit PFC tauchen, weil die Flüssigkeit das Gerät besser kühlt als die eingebauten Ventilatoren. Aber noch wunderbarer ist die Tatsache, dass PFCs große Mengen Sauerstoff aufnehmen können – bis zu zwanzig Prozent ihres Volumens. Deshalb lassen sie sich als künstliches Blut verwenden.

Blutersatzmittel haben eine lange Geschichte. Blutverlust ist eine häufige Todesursache, und die einzige Möglichkeit, einem Menschen Blut zuzuführen, ist eine Transfusion. Aber dazu kann man nicht einfach das Blut von jedem x-beliebigen Menschen verwenden. Blut ist nicht gleich Blut, und eine Transfusion ist nur dann möglich, wenn Spender und Empfänger dieselbe Blutgruppe haben. Anfang des 20. Jahrhunderts entdeckte ein österreichischer Wissenschaftler namens Karl Landsteiner die Blutgruppen und klassifizierte sie als A, B, 0 und AB. In den Dreißigerjahren erhielt er für diese Erkenntnis den Nobelpreis, und während des großen Blutvergießens im Zweiten Weltkrieg wurden die ersten Blutbanken der Welt eingerichtet.

Aber weil es nicht immer einfach ist, für Patienten Blut der richtigen Blutgruppe zu finden, sind Wissenschaftler seit jeher auf der Suche nach künstlichen Blutersatzstoffen. Im Jahr 1854 versuchten es Ärzte erfolgreich mit Milch, doch das setzte sich nicht durch. Andere Wissenschaftler experimentierten mit Plasma aus Tierblut, doch das erwies sich als ungeeignet. Im Jahr 1883 entwickelten Physiologen ein Mittel namens Ringerlösung, die unter anderem aus Natrium-, Potassium- und Kalziumchlorid besteht und bis heute verwendet wird, wenn auch eher zur Ergänzung denn als wahres Blutersatzmittel.

Erst mit der Entdeckung der PFCs glaubten Wissenschaftler, dass man tatsächlich künstliches Blut herstellen könnte. Die amerikanischen Wissenschaftler Leland C. Clark und Frank Gollan erforschten, was passierte, wenn Ratten und Mäuse flüssiges PFC einatmeten. Dabei stellten sie fest, dass die Tiere atmeten, selbst wenn sie vollends in ein PFC-Bad getaucht wurden, und dass sie ganz normal Luft atmeten, wenn sie wieder herausgeholt wurden – das heißt, sie verwandelten sich vom luftatmenden Säugetier in einen flüssigkeitsatmenden Fisch und wieder zurück. Bei der sogenannten Flüssigkeitsbeatmung konnten die Lungen der Tiere nicht nur den in der Flüssigkeit gelösten Sauerstoff atmen, sondern das PFC nahm außerdem das ausgeatmete Kohlendioxid auf.

Weitere Experimente zeigten, dass die Mäuse stundenlang durch das PFC atmen konnten. In den 1990er Jahren wurden erste Versuche mit Menschen durchgeführt. Lungenkranke Patienten wurden mit PFC beatmet, in dem Medikamente gelöst waren. Die Therapie scheint zu funktionieren, hat jedoch Nebenwirkungen.

Niemand weiß, wohin sich diese sonderbare Technik entwickeln wird, doch wenn sich die PFCs durchsetzen sollten, müssen wir ihre möglichen Auswirkungen auf die Umwelt in den Griff bekommen. Es ist der Weltgemeinschaft gelungen, eine katastrophale Zerstörung der Ozonschicht zu verhindern, indem sie Fluorchlorkohlenstoffe verbot und durch weniger umweltschädliche Stoffe ersetzte – heutzutage ist das Kühlmittel in Ihrem Kühlschrank vermutlich Butan. Das ist zwar entzündlich und kann gefährlich werden, wenn es aus dem Kühlschrank austritt, doch es ist weitaus sicherer als die Kühlmittel in Einsteins Tagen und viel weniger schädlich für unseren Planeten. Unsere Ozonschicht ist zu wertvoll, um sie mit Fluorchlorkohlenstoffen zu zerstören.

Bei unseren irdischen Kühlschränken können wir das Butanrisiko zwar eingehen, doch in der Klimaanlage eines Flugzeugs wäre es zu gefährlich. Stattdessen wird Luft von außen angesaugt und durch eine Reihe von Kompressions- und Expansionszyklen geleitet, um das Innere des Flugzeugs zu kühlen – es ist schließlich verdammt kalt da draußen. Der Nachteil ist natürlich, dass die Klimaanlage nicht funktioniert, solange die Maschine auf der Startbahn steht, weil die Luft am Boden deutlich wärmer ist. Das macht Verspätungen doppelt unangenehm, denn während das Flugzeug auf dem Rollfeld wartet, kann es in der Kabine ordentlich heiß werden.

Die Klimaanlage eines Flugzeugs reguliert nicht nur Temperatur und Luftfeuchtigkeit, sondern sie gleicht auch den Luftdruck aus. In 12 000 Metern Höhe enthält die Luft nicht mehr genug Sauerstoff zum Atmen. Daher muss der Luftdruck in der Kabine deutlich höher sein als draußen. Damit ist die Hülle des Flugzeugs unter demselben Druck wie ein Luftballon, und der Rumpf dehnt sich aus. Diese Ausdehnung könnte Risse verursachen, und um das zu verhindern, muss die Klimaanlage einen Kompromiss schaffen: Der Druck ist so hoch, dass die Passagiere normal atmen können, aber nicht so hoch, dass der Rumpf unnötigen Belastungen ausgesetzt wird. Bei der Landung leitet das Belüftungssystem mehr Luft in die Kabine, um den Druck am Erdboden anzugleichen, was wir oftmals in den Ohren spüren.

Für Notfälle haben Flugzeuge keinen Flüssigsauerstoff an Bord. Wenn der Luftdruck in der Kabine sinkt und die Atemmasken aus den Gepäckfächern herunterfallen, wird der dazu nötige Sauerstoff von einem chemischen Sauerstoffgenerator hergestellt. Dieser Generator erzeugt Sauerstoff durch eine chemische Reaktion, weshalb er kompakt und leicht ist – ein wichtiges Kriterium für alle Geräte an Bord eines Flugzeugs. Ich habe es allerdings nie erlebt, dass Sauerstoffmasken zum Einsatz kamen, und ich staune immer wieder, wie gut das System versteckt ist. Während ich das Gepäckfach inspizierte, lehnte sich plötzlich die Stewardess zu mir herüber. Sie reichte mir ein Kärtchen. Zunächst war ich ein wenig verdutzt, dann dämmerte mir, dass wir uns wohl San Francisco näherten und ich eine Zollerklärung ausfüllen musste. Dazu brauchte ich eine weitere Flüssigkeit: Tinte.

Kapitel 10
Dokumentenecht

Ich klappte das Tischchen herunter und legte das Zollformular darauf. Ich brauchte einen Stift. Hatte ich einen dabei? Ich konnte mich nicht erinnern. Ich suchte in den Taschen meiner Jacke. Fehlanzeige. Meine Reisetasche befand sich unter meinem Sitz, aber weil das Tischchen im Weg war, konnte ich mich nicht weit genug vorbeugen. Ich versuchte es trotzdem und drückte meinen Kopf auf die Platte, um an die Tasche heranzukommen. Natürlich wäre es einfacher gewesen, das Tischchen wieder hochzuklappen, aber aus unerfindlichen Gründen kam ich nicht auf diesen Gedanken. Irgendwie schaffte ich es schließlich, an meine Tasche heranzukommen, und wühlte darin herum. Meine Finger ertasteten mein Handy, den Adapter für meinen Laptop und ein Paar Socken. Weil ich den Kopf schief gelegt hatte, schnitt ich die ganze Zeit Grimassen in Susans Richtung. Sie blickte mich an, wie man einen kleinen Jungen ansieht, der um Aufmerksamkeit heischt. Endlich schien ich gefunden zu haben, was ich gesucht hatte. Am Boden meiner Tasche befand sich etwas Längliches. Wie ein Perlentaucher, der an die Oberfläche zurückkehrt, hob ich den Kopf und holte den Gegenstand aus den Tiefen der Tasche herauf. Es war tatsächlich ein Stift, aber ich konnte mich nicht daran erinnern, ihn eingepackt zu haben, ja, ich konnte mich nicht einmal erinnern, jemals einen solchen Stift besessen zu haben. Inmitten des Gerümpels meines Lebens hatte er da ein unbemerktes Dasein gefristet, vergessen zwischen Münzen und Schokoladenpapierchen, die sich dort angesammelt hatten. Es war ein Kugelschreiber.

Der Kugelschreiber ist die Essenz eines Schreibgeräts: Er hat nicht den sozialen Status eines Füllers und nicht die Raffinesse eines Filzstifts, aber er funktioniert auf den meisten Papiersorten und ist zur Stelle, wenn Sie ihn brauchen. Nur selten kommt es vor, dass er ausläuft und Ihre Kleider ruiniert, und selbst nach Monaten auf dem Boden einer Tasche funktioniert er wie beim ersten Mal. Obwohl er das alles kann, geben wir ihn oft gedankenlos weg. In der Tat halten viele Menschen Kugelschreiber für Kollektiveigentum: Wenn Sie jemandem einen Kugelschreiber leihen, um ein Dokument zu unterzeichnen, dann würden Sie es kaum als Diebstahl empfinden, wenn er vergisst, Ihnen den Stift zurückzugeben. Wahrscheinlich würden Sie sich nicht einmal daran erinnern, woher Sie den Stift hatten, und es kann gut sein, dass Sie ihn selbst bei jemand anderem eingesteckt haben. Aber wenn Sie glauben, dass das Erfolgsgeheimnis der Kugelschreiber ihre Einfachheit ist, dann haben Sie sich gründlich getäuscht.

Einer der wichtigsten Bestandteile jedes Schreibgeräts ist natürlich die Tinte. Diese Flüssigkeit soll zweierlei können: Sie soll erstens auf das Blatt fließen und zweitens dort fest werden. Fließen ist nicht weiter schwierig, das können Flüssigkeiten von ganz allein. Und irgendwann werden sie auch trocken oder fest. Nicht ganz so einfach ist es jedoch, das verlässlich in der richtigen Reihenfolge und innerhalb kurzer Zeit zu tun, damit die Tinte nicht verschmiert und unleserlich wird.

Historiker glauben, dass die alten Ägypter das erste Schreibgerät dieser Art vor rund 5000 Jahren erfanden. Sie verwendeten Schreibrohre aus Bambus oder einem ähnlichen Gras mit steifem, hohlem Stängel. Wenn man das Rohr trocknete und mit einem Messer eine feine Spitze schnitt, hatte man das perfekte Gerät, um Tinte auf Papier zu befördern. Die Stängel mussten allerdings den richtigen Durchmesser haben, damit die Oberflächenspannung zwischen der Flüssigkeit und dem Rand groß genug war, um die Wirkung der Schwerkraft zu mindern, und das Rohr eine ausreichende Menge Tinte aufnehmen konnte. Sobald das Rohr mit dem Papyrus in Kontakt kam, das die Ägypter als Papier verwendeten, saugten die Papyrusfasern die Tinte auf – dahinter steckt derselbe Kapillareffekt wie im Docht einer Kerze oder Öllampe. Die trockenen Fasern saugten das Wasser auf, die Pigmente blieben an der Oberfläche haften, und damit befand sich die Tinte dauerhaft auf dem Papier.

Die Ägypter stellten ihre Tinte aus einer Mischung von Lampenruß und Akaziensaft her. Wie das Harz, mit dem sie ihr Sperrholz verleimten, benutzten sie den Akaziensaft als Kleber, der den Ruß auf die Papyrusfasern klebte. Und weil Kohlenstoff wasserabweisend ist und sich eigentlich nicht mit Wasser mischt, ließ er sich in Verbindung mit dem Pflanzensaft mit Wasser vermischen und ergab eine glatte und leicht zu verarbeitende schwarze Tusche. *Gummi arabicum*, wie der Saft heißt, wird bis heute verkauft und ist in den meisten Geschäften für Künstlerbedarf erhältlich. Dank seiner Proteine bindet er viele verschiedene Pigmente und dient als Bindemittel für verschiedenste Farben, von Wasserfarben über Tempera bis Gouache. Die Ägypter verwendeten Kohlenstoff, und das erwies sich im Nachhinein als ausgezeichnete Wahl. Tusche mit Kohlenstoff ist einfach herzustellen und ist reaktionsträge, weshalb sie auf jahrtausendealten Dokumenten erhalten geblieben ist.

Ist doch alles bestens, könnten Sie jetzt vielleicht meinen. Aber diese Tusche ist nicht perfekt. Zum Ausfüllen meiner Zollerklärung wäre sie zum Beispiel nicht geeignet, denn weil sie auf Wasser basiert, trocknet sie langsam und verschmiert leicht. Und wenn sie trocken ist, bindet der Akaziensaft die Rußpigmente nicht sonderlich fest an die Oberfläche, weshalb sie sich leicht wegwischen lässt. Ihnen persönlich würde das vielleicht wenig ausmachen, aber einige Menschen wollten sich damit nicht zufriedengeben, und so begann die jahrhundertelange Suche nach einer besseren Schreibflüssigkeit.

45 Fragment des Ägyptischen Totenbuchs (1500–1480 v. Chr.), Brooklyn Museum.

Irgendwann entdeckten Schreiber schließlich die Gallustinte. Das ist die Tinte, mit der die Christen ihre Bibel, die Muslime ihren Koran, Shakespeare seine Theaterstücke und die französischen Revolutionäre die Erklärung der Menschen- und Bürgerrechte schrieben. Gallustinte ist so gut, dass sie bis ins 20. Jahrhundert verwendet wurde.

Hergestellt wird sie, indem man einen Eisennagel mit ein wenig Essig in eine Flasche gibt. Der Essig zersetzt das Eisen, und zurück bleibt eine rötlich braune Lösung voller geladener Atome. An diesem Punkt kommt der »Gallus« ins Spiel, genauer gesagt die Galläpfel, die man im Herbst an der Unterseite von Eichenblättern finden kann. Das sind keine Früchte, sondern Einschlüsse mit den Eiern der Gallwespe. Die Wespe legt ihre Eier in die Blattknospe, und wenn das Blatt wächst, verändern die Wespen die molekularen Abläufe im Blatt so, dass es den Larven als Nahrung dient. Das ist schlecht für den Baum, aber gut für die Literatur, dann dabei entsteht Blattgalle mit ihrem hohen Gehalt von Gerbsäure, die eine revolutionäre Neuerfindung der Tinte ermöglichte.

Die Gerbsäure ist in der Pflanzenwelt weitverbreitet: Sie ist Teil des chemischen Abwehrsystems von Pflanzen. Aber aus unerfindlichen Gründen haben wir einen Geschmack für sie entwickelt – sie ist nichts anderes als das Tannin, das sich im Tee und Wein befindet und diesen Getränken ihre Adstringenz verleiht. Gerbsäure ist ein farbiges Molekül, das sich chemisch gut an Proteine bindet. Sie wird seit Langem verwendet, um Tierhäute zu Leder zu gerben und ihnen damit gleichzeitig ihre typische braune Färbung zu geben. Sie ist auch der Grund, warum Wein und Tee so hartnäckige Flecken auf Kleidung und Zähnen hinterlässt. Kein Wunder, dass man sie für Tinte verwendete, denn Tinte ist schließlich nichts anderes als ein bewusst gesetzter Fleck. Aber die Herstellung einer Flüssigkeit mit einer ausreichenden Gerbsäurekonzentration ist gar nicht so einfach – und an dieser Stelle kommt die Lösung aus Eisen und Essig ins Spiel. Diese reagiert mit der Blattgalle zu einer Eisen-Tannin-Verbindung, die wasserlöslich ist und gut fließt. Wenn diese Verbindung mit Papierfasern in Berührung kommt, fließt sie durch die Kapillarwirkung in die kleinen Gefäße des Papiers hinein und verteilt sich dort gleichmäßig. Wenn das Wasser verdunstet, bleiben die Pigmente im Papier zurück und hinterlassen eine dauerhafte schwarze Färbung. Diese Haltbarkeit ist der große Vorteil gegenüber der Rußtinte: Da die Tinte ins Papier eindringt, lässt sie sich nicht durch Radieren oder Waschen entfernen.

Dass sich die Gallustinte nicht wieder löschen ließ, hatte natürlich nicht nur Vorteile. Der Kugelschreiber, mit dem ich gerade mein Formular ausfüllte, musste nicht mehr in ein Tintenfass getaucht werden, weshalb er selbst nicht mit der Tinte in Berührung kam. Meine Finger blieben sauber. In der Geschichte des Schreibens ist das allerdings die große Ausnahme. Früher hatten die Schreiber die Tinte überall, und weil die Gallustinte extrem haltbar ist, ließ sie sich nicht leicht entfernen, schon gar nicht mit Seife. Die Schreiber beklagten sich bitterlich, und ironischerweise sind einige ihrer Klagen in Gallustinte erhalten geblieben. Der Kalif des Maghreb in Nordafrika hatte irgendwann die Nase voll und verlangte von seinen Alchemisten eine Lösung. Im Jahr 974 präsentierten diese ihm den ersten bekannten Füllfederhalter. Dieses Schreibgerät hatte einen kleinen Tintentank und soll nicht ausgelaufen sein, selbst nicht, wenn man ihn umgekehrt hielt. Letzteres halte ich allerdings für sehr unwahrscheinlich – nicht weil die Techniker der damaligen Zeit zu ungeschickt gewesen wären, sondern weil der Füllfederhalter im Laufe der nächsten tausend Jahre immer wieder neu erfunden und erst nach zahllosen Verbesserungen Ende des 19. Jahrhunderts ein zuverlässiger Mechanismus entwickelt wurde. Im 16. Jahrhundert versuchte sich auch Leonardo da Vinci daran, und er scheint sogar einen Federhalter mit fließendem Strich gebaut zu haben (im Gegensatz zu den damals verwendeten Federkielen, deren Strich stärker und schwächer wurde). Im 17. Jahrhundert gab es Füllfederhalter, und der englische Autor Samuel Pepys freute sich in seinem Tagebuch, dass er kein Tintenfass mehr mit sich herumschleppen musste. Doch diese Füllfederhalter waren alles andere als perfekt, und Pepys zog nach wie vor den Federkiel mit Gallustinte vor.

Im 19. Jahrhundert wurden zahlreiche Patente für Füllfederhalter eingereicht. Alle verwendeten flüssige Tinte, doch keiner hatte einen verlässlichen Mechanismus, mit dem sich der Tintenfluss kontrollieren ließ, weshalb die Füller hoffnungslos klecksten. Es reichte nicht aus, die Öffnung zum Tank einfach sehr klein zu machen: Wenn das Loch zu klein war, floss die Tinte überhaupt nicht, und wenn es ein bisschen zu groß war, schoss sie hin und wieder unkontrolliert über das Papier. Wie Techniker allmählich erkannten, lag das am Einfluss der Luft und dem Vakuum, das im Tank entstehen konnte.

Wenn Flüssigkeit aus einem Behältnis fließt, muss sie durch irgendetwas ersetzt werden, sonst entsteht ein Vakuum, und das verhindert, dass weitere Flüssigkeit aus dem Behälter nachfließt. Das können Sie nachvollziehen, wenn Sie aus einer Flasche trinken und dabei die gesamte Öffnung mit dem Mund verschließen: Die Flüssigkeit kommt in Schüben heraus, denn die Luft versucht, die getrunkene Flüssigkeit in der Flasche zu ersetzen. Jeder Schub entspricht einem Schluck Luft, der sich den Weg in die Flasche bahnt und dabei die Flüssigkeit am Nachlaufen hindert. Die beiden wechseln sich ab: Flüssigkeit raus, Luft rein, Flüssigkeit raus, Luft rein, gluck, gluck, gluck. Wenn Sie beim Trinken eine Öffnung lassen, können Sie ohne diese Glucks trinken, weil die Luft nun kontinuierlich nachströmen kann. Deshalb ist es einfacher, aus Gefäßen mit einer weiten Öffnung zu trinken, zum Beispiel aus Tassen oder Bechern.

Da die ersten Füllfederhalter keinen Mechanismus hatten, um die Luft in den Tank zu lassen, war es schwer, die Tinte in einem kontinuierlichen Strom auf das Blatt zu bekommen. Eine Öffnung am oberen Ende des Tanks wäre die naheliegende Lösung gewesen, doch wenn man den Füller umgedreht hätte, dann wäre die ganze Tinte ausgelaufen. Die Techniker waren ratlos, bis 1884 ein amerikanischer Erfinder namens Lewis Waterman seinen Tintenleiter zum Patent anmeldete. Dabei handelt es sich um einen Metallstift, über den die Tinte mit einer Mischung aus Kapillarwirkung und Schwerkraft durch eine Rille fließt, während in Gegenrichtung Luft in den Tank gelangt. Mit dieser Technik brach das Goldene Zeitalter der Füllfederhalter an – so etwas wie das Handy der damaligen Zeit, das die Kommunikation revolutionierte und den Füller zu einem begehrten Objekt werden ließ. Besitzer von Federhaltern waren wichtige Personen: Das Gerät wies sie als Menschen aus, die immer und überall schreiben mussten. So wie die ersten Laptops, Handys und anderen technischen Spielsachen von heute war der Füllfederhalter vor allem eines: cool.

Aber unweigerlich gab es neue Probleme. Gallustinte ist eine Säure, und sie ließ die neuen Tintenleiter rosten. Außerdem enthielt sie oft kleine Partikel, die auf dem Papier sichtbar wurden oder den Füller verstopften. Wenn die Benutzer frustriert ihr Schreibgerät schüttelten, um es wieder freizubekommen, konnten sie schonmal quer durchs Kaffeehaus spritzen oder nichts ahnende Passanten beklecksen. Der Füller war zwar nun perfekt, doch die Tinte war es nicht. Der Moment war gekommen, einen Nachfolger für die Gallustinte zu suchen.

Doch diese Aufgabe war nicht ganz einfach. Die Zusammensetzung der Tinte musste genauso stimmen wie die Reaktion mit dem Papier, das heißt, im Füller musste sie fließen, durfte ihn aber nicht angreifen, und auf dem Papier durfte sie nicht verwischen, sondern sollte schnell trocknen – ein multiples Optimierungsproblem, wie Ingenieure es nennen würden. Am Ende entwickelte jeder Hersteller seine eigene Lösung, weshalb alle darauf bestehen, dass Sie ihre Tinte kaufen und keine andere. Parker entwickelte zum Beispiel seine Quink-Tinte, um das Klecksen in den Griff zu bekommen. Das Unternehmen mischte synthetische Farbstoffe und Alkohol zu einer gut flüssigen Tinte, die auf dem Papier schnell trocknete. Bedauerlicherweise griff die Tinte auch Kunststoffe wie Zelluloid an, die Parker in seinen Füllern verwendete. Außerdem war sie nicht wasserfest und zerfloss, wenn das Papier feucht wurde. Dabei löste sie sich oft in die unterschiedlichen Farbstoffe auf, aus denen sie gemischt war, und Schwarz wurde zum Beispiel zu Gelb und Blau. Damit war das Geschriebene unleserlich.

Trotz aller Probleme waren die Hersteller überzeugt, dass der Füllfederhalter die Zukunft war und die Optimierung der Tinte die Lösung für ein zuverlässiges mobiles Schreibgerät. Doch der ungarische Erfinder László Bíró hatte einen anderen Einfall. Er ging die Optimierungsaufgabe von der anderen Seite an. Bevor er zum Erfinder wurde, hatte er als Journalist gearbeitet und die Druckerschwärze der Druckereien – auch eine Form der Tinte – schätzen gelernt: Sie trocknete extrem schnell und schmierte oder kleckste selten. Für einen Füller wäre diese Tinte allerdings zu zäh gewesen: Sie floss nicht und hätte unweigerlich die Feder verklebt. Aber wie wäre es, wenn man diese Tinte nähme und ein geeignetes Schreibgerät für sie entwickelte?

Die Zeitungen wurden mit Rollen gedruckt, die die Druckerschwärze auf Endlospapier auftrugen. Damit die Hunderttausenden Exemplare einer Tageszeitung rechtzeitig für die nächtliche Auslieferung fertig wurden, mussten die Maschinen sehr schnell arbeiten. Bei dieser Geschwindigkeit war es wichtig, dass die Tinte augenblicklich trocken war, damit die Seiten nicht aufeinander abfärbten. Zu diesem Zweck wurde eine besondere Tinte entwickelt. Als László Bíró über sein neues Schreibgerät nachdachte, überlegte er, wie sich das Druckverfahren in kleinstem Maßstab wiederholen ließe. Dazu brauchte er eine Rolle, die die Spitze konstant mit Tinte versorgte. Schließlich kam er auf den Gedanken, eine kleine Kugel zu verwenden. Aber wie sollte die Tinte auf die Kugel kommen, und von dort weiter aufs Papier? Er nahm an, dass die Druckerschwärze zu dick war, als dass sie von der Schwerkraft aus dem Tank auf die Kugel gezogen werden könnte. Doch da kam ihm ein sonderbares physikalisches

Phänomen zupass: das nichtnewtonsche Verhalten von Flüssigkeiten.

Es gibt eine Beziehung zwischen der Geschwindigkeit, mit der eine Flüssigkeit fließt, und der Kraft, die auf sie wirkt – wir nennen es Viskosität oder Zähigkeit. Dicke Flüssigkeiten wie Honig sind sehr zäh und fließen langsam, dünne Flüssigkeiten wie Wasser haben eine geringe Zähigkeit und fließen bei Einwirken derselben Kraft schneller. Bei den meisten Flüssigkeiten verändert sich die Zähigkeit nicht, unabhängig von der Kraft, die auf sie wirkt. Das ist der sogenannte newtonsche Fluss.

Einige Flüssigkeiten verhalten sich jedoch merkwürdig und halten sich nicht an Newtons Gesetze. Wenn man beispielsweise Maisstärke mit ein bisschen kaltem Wasser vermischt, ergibt sich bei leichtem Rühren ein dünnflüssiges Gemisch. Wenn man diese Flüssigkeit dagegen schnell schlägt, wird sie extrem zäh und verhält sich irgendwann wie ein Feststoff. Wenn man auf die Oberfläche schlägt, spritzt sie nicht, sondern leistet Widerstand wie ein Festkörper. Das bezeichnet man als nichtnewtonsches Verhalten: Die Flüssigkeit hat keine gleichbleibende Zähigkeit, die ihren Fluss bestimmen würde.

Diese aus Maismehl angerührte Flüssigkeit wird auch als Oobleck bezeichnet (nach einem Kinderbuch mit dem Titel *Bartholomew and the Oobleck* von Dr. Seuss). Das nichtnewtonsche Verhalten von Oobleck rührt aus seiner inneren Struktur. Auf mikroskopischer Ebene besteht Oobleck aus winzigen Stärkepartikeln, die dicht aneinandergepackt im Wasser schweben. Bei geringen Geschwindigkeiten haben diese Partikel genug Zeit, um umeinander herum zu fließen – wie Reisende, die durch einen voll besetzten Waggon gehen. Unter diesen Umständen fließt Oobleck normal. Aber wenn Druck ausgeübt wird und sich die Stärkepartikel schneller bewegen sollten, etwa wenn man Oobleck kräftig rührt oder auf die Oberfläche schlägt, dann haben die Partikel nicht genug Zeit, um umeinander herum zu fließen, und bleiben stecken. So wie sich die Reisenden am Ende des Waggons nicht bewegen können, wenn die weiter vorn nicht weitergehen, so werden die Stärkepartikel aufgehalten, wenn einige von ihnen den Rest aufhalten, weshalb die gesamte Flüssigkeit stockt und immer zäher wird.

Oobleck ist nicht die einzige nichtnewtonsche Flüssigkeit. Wenn Sie schon einmal eine Wand mit Emulsionsfarbe gestrichen haben, dann haben Sie vielleicht bemerkt, dass die Farbe im Eimer extrem dickflüssig ist und ein wenig an ein Gelee erinnert. Aber wenn Sie der Gebrauchsanweisung folgen und sie gründlich aufrühren, dann können Sie beobachten, wie die Farbe während des Rührens dünner wird, aber fast augenblicklich wieder dick wird, sobald Sie mit dem Rühren aufhören. Auch das ist ein nichtnewtonsches Verhalten, mit dem Unterschied, dass die Flüssigkeit hier dünnflüssiger wird, wenn Kraft auf sie ausgeübt wird. Wieder hängt das Verhalten mit der Struktur der Flüssigkeit zusammen. Die Emulsion ist nichts als Wasser, in dem winzige Öltropfen schweben. Wenn sich diese Tropfen setzen, dann üben sie eine schwache Anziehung aufeinander aus, umschließen das Wasser und bilden eine Struktur – ein Gelee. Wenn Sie die Farbe aufrühren, wird die Bindung zwischen den Öltröpfchen gebrochen, das Wasser wird frei, und die Farbe fließt. Das passiert auch, wenn Sie beim Streichen mit dem Pinsel Druck auf die Farbe ausüben. Aber sobald sich die Farbe auf der Wand befindet, werden die Bindungen zwischen den Öltröpfchen wiederhergestellt, die Farbe wird wieder zäh, und es entsteht eine dicke Schicht, die keine Nasen bekommt. So weit zumindest die Theorie; in der Praxis hängt es natürlich davon ab, wie gut die Entwickler der Farbe die Zahl und Größe der Öltröpfchen sowie die Bindungen zwischen ihnen aufeinander abstimmen. Es ist gar nicht so einfach, das richtige Mischungsverhältnis zu finden, weshalb ein guter Eimer Farbe sein Geld wert ist.

Selbst wenn Sie noch nie eine Wand gestrichen haben sollten, haben Sie bestimmt schon Ihre Erfahrungen mit nichtnewtonschen Flüssigkeiten gemacht, und zwar in der Küche. Nicht nur Emulsionsfarbe wird unter Druck flüssiger, sondern auch Tomatenketchup. Sie können noch so schütteln, ungerührt bleibt er in der Flasche sitzen. Bis Sie in Ihrer Frustration so kräftig auf den Boden schlagen und er plötzlich dünn wird und aus der Flasche schießt. Das macht den Ketchup derart unberechenbar – wenn die Kraft nicht groß genug ist, fließt er extrem langsam, aber nach einem derben Schlag gibt er plötzlich seine Zähigkeit auf und flatscht unkontrolliert auf Ihren Teller.

Eine der gefährlichsten nichtnewtonschen Verhaltensweisen ergibt sich aus der Mischung von Sand und Wasser, die auch als Treibsand bezeichnet wird. Treibsand wirkt einigermaßen fest, bis er unter Druck gesetzt wird – dann verwandelt er sich in eine dünne Flüssigkeit. Man spricht hier von der Verflüssigung des Sandes. Das macht den Treibsand so gefährlich, denn wenn Sie einsinken, wird er umso flüssiger, je mehr Sie versuchen, sich daraus zu befreien, und Sie sinken weiter ein. Aber egal, was Sie im Kino gesehen haben, Sie werden vermutlich nicht im Sand ertrinken. Da es sich um eine Flüssigkeit handelt, deren Dichte größer ist als die Ihres Körpers, wirkt ein Auftrieb

Ihrem Gewicht entgegen, und Sie sinken nur etwa bis zur Hüfte ein. Trotzdem ist es nicht einfach, wieder herauszukommen: Wenn Sie sich nicht rühren, wird der Sand um Sie herum dick und fest, aber wenn Sie sich befreien wollen, verflüssigt er sich wieder, und es ist schwierig, einen Halt unter die Füße zu bekommen. Mit anderen Worten stecken Sie fest, bis jemand Sie herauszieht.

Noch gefährlicher als Treibsand ist die Verflüssigung, die während eines Erdbebens eintritt – ein weiteres Beispiel für nichtnewtonsches Verhalten. Unter dem Druck der Erschütterungen verflüssigt sich der Erdboden und richtet gewaltige Schäden an. Zum Beispiel bei einem Erdbeben, das 2011 das neuseeländische Christchurch traf und eine Verflüssigung in gewaltigem Ausmaß bewirkte, die Gebäude zerstörte und Tausende Tonnen Sand und Schlamm auf die Stadt entlud.

Aber genau diese nichtnewtonsche Verflüssigung brauchte László Bíró, damit er die dickflüssige Druckerschwärze in seinem Füller verwenden konnte. Er vermutete, dass die Tinte damit beim Schreiben flüssig war, aber auf dem Papier sofort zäh werden und trocknen und also nicht verschmieren würde. Zusammen mit seinem Bruder, einem Chemiker, entwickelte er das perfekte Schreibgerät. Nach einigen Widrigkeiten – zum Beispiel mussten sie mit dem Ausbruch des Zweiten Weltkriegs nach Argentinien auswandern – hatten sie endlich einen funktionierenden neuen Füller. Er besteht aus einem kleinen Behälter für die Tinte und einer damit verbundenen drehbaren Kugel. Beim Schreiben dreht sich diese Kugel, und es wird ausreichend Druck auf die Tinte ausgeübt, um sie zu verflüssigen und auf die Kugel zu befördern. Dort wird sie wieder zäh, bis sie auf das Papier trifft und erneut fließt. Sobald Sie den Stift heben und der Druck endet, wird die Tinte wieder zäh. Die Lösungsmittel, die nun erstmals der Luft ausgesetzt sind, verdunsten rasch, und zurück bleiben die Pigmente der Tinte auf dem Papier. Genial!

Die genaue Zusammensetzung dieser Hochleistungstinte war natürlich ein Betriebsgeheimnis. Wenn Sie sich davon überzeugen wollen, wie gut sie ist, dann nehmen Sie einfach einen Kugelschreiber, schreiben auf ein Stück Papier und versuchen, die Tinte mit dem Finger zu verwischen. Das ist fast unmöglich. Aber das ist nicht der einzige Vorteil, den die nichtnewtonschen Tinten in Kugelschreibern gegenüber den flüssigeren Tinten der Füller haben. Weil die Tinte des Kugelschreibers nicht unter Kapillarwirkung fließt, wird sie nicht vom Papier aufgesogen und verläuft daher auch nicht. Sie ist chemisch so konzipiert, dass sie beim Kontakt mit Zellulosefasern beziehungsweise den Kunststoffbeschichtungen von edleren Papieren eine geringe Oberflächenspannung hat. Füllertinten und andere flüssige Tinten haben dagegen eine hohe Oberflächenspannung gegenüber den Beschichtungen, sodass sie nicht eindringt und stattdessen auf der Oberfläche Tröpfchen bildet. Wenn Sie schon einmal versucht haben, mit einem Füller Notizen in einer Zeitschrift zu machen oder Ihre Unterschrift auf der Rückseite Ihrer Kreditkarte anzubringen, dann wissen Sie, was ich meine. Die Füllertinte hält nicht. Doch Kugelschreibertinte scheint überall zu halten, und Sie können sogar auf dem Kopf schreiben, weil sie nicht durch die Schwerkraft fließt, sondern auf das Papier gerollt wird.

Wenn Sie den Kugelschreiber umgedreht halten, erkennen Sie einen weiteren seiner vielen Vorzüge. Wie der

Füller funktioniert er nicht, wenn sich im Tintenröhrchen ein Vakuum bildet. Doch das lässt sich einfach vermeiden: Der Tank ist oben offen, aber weil die Tinte sehr zäh ist und nur auf Druck fließt, läuft sie nicht heraus. Cool, oder? Das ist ein Segen für die Vergesslichen von uns, denn das bedeutet, dass Sie einen Kugelschreiber auf dem Grund Ihrer Tasche vergessen und monatelang mit sich herumtragen können, ohne dass er ausläuft und Ihre Sachen bekleckst. Die Tinte läuft selbst dann nicht aus, wenn Sie vergessen, die Kappe wieder aufzusetzen.

Der Kugelschreiber funktionierte so zuverlässig, selbst wenn er monatelang ohne Kappe herumlag, dass die Hersteller irgendwann bemerkten, dass sie ihm gar keine Kappe mitgeben mussten. Man konnte das Röhrchen mit der Kugel doch einfach im Gehäuse versenken, wenn man ihn nicht verwendete! Das ist einfach, und schon war der Druckknopfkugelschreiber geboren. Man drückt auf den Knopf und schreibt, dann drückt man wieder auf den Knopf, und die Spitze verschwindet. Der Kalif des Maghreb wäre begeistert gewesen, wenn er dieses saubere Schreibgerät gesehen und sein feines Klicken gehört hätte!

Nach ihrer Ankunft in Argentinien produzierten die Brüder Bíró ihren ersten kommerziellen Kugelschreiber. Sie verkauften Tonnen davon, an zahllose Klienten. Die Royal Air Force schaffte das Schreibgerät für ihre Piloten an, weil die Füller in großen Höhen regelmäßig ausliefen. Als ich daran dachte, betrachtete ich den Kugelschreiber in meiner Hand mit neuer Hochachtung – Piloten und ihre Mannschaften gehörten zu den Ersten, die die Genialität des Kugelschreibers erkannten, und ich freute mich, mit diesem Nachfahren der ersten Kulis hier oben das Zollformular auszufüllen. Nach Angaben des weltgrößten Herstellers, des französischen Unternehmens Bic, wurden seit seiner Erfindung mehr als 100 Milliarden Kugelschreiber produziert.

László Bíró starb 1985, doch sein Erbe lebt weiter. Argentinien begeht jedes Jahr an seinem Geburtstag, dem 29. September, den Tag des Erfinders, und in manchen Ländern heißt der Kugelschreiber bis heute »Biro«.

Natürlich hat der Kugelschreiber auch seine entschiedenen Feinde. Sie hassen ihn als Totengräber der Schriftkunst. Ja, der Preis für ein tragbares, klecksfreies, auslaufsicheres, haltbares, günstiges und demokratisches Schreibgerät war der immer gleich dicke Strich. Seine Stärke hängt von der Größe der Kugel in der Spitze ab und verändert sich nicht wie bei Füllern und Federhaltern je nach Druck oder Federhaltung, und weil die Tinte auf dem Papier nicht fließt, hat auch die Schreibgeschwindigkeit keinen Einfluss. Der Kugelschreiber ist ein Lasttier und eignet sich weniger, um einen individuellen Schreibstil zum Ausdruck zu bringen. Aber meiner Ansicht nach hatte er ähnlich revolutionäre Auswirkungen auf die Gesellschaft wie die Erfindung des Fahrrads. Dieses Stück Flüssigkeitstechnik hat ein uraltes Problem gelöst und ist gleichzeitig so billig, dass viele Menschen den Kugelschreiber als Kollektiveigentum betrachten.

Nachdem ich meine Zollerklärung ausgefüllt hatte, war ich derart von Ehrfurcht erfüllt, dass ich den Kugelschreiber nicht einfach wieder in die Tasche stecken und dem neuerlichen Vergessen anheimgeben konnte. Während ich noch überlegte, was ich damit tun sollte, bemerkte ich, dass Susan mich ansah. Es war eine andere Susan als die, mit der ich die letzten Stunden verbracht hatte – sie lächelte. Sie hatte ihr Formular vor sich liegen, und nun legte sie Daumen und Zeigefinger zu einer Schreibgeste zusammen und fragte mich, ob ich ihr vielleicht meinen Kugelschreiber ausleihen könnte.

Kapitel 11

Wolkig

»Dingdong«, tönte es aus dem Lautsprecher, dann folgte eine Durchsage: »Meine Damen und Herren, wir beginnen nun unseren Landeanflug auf San Francisco. Wir möchten Sie bitten, die Tische vor sich einzuklappen, die Sitzlehne aufzurichten, sich anzuschnallen und sicherzustellen, dass Ihr Handgepäck unter dem Vordersitz oder in den Gepäckfächern verstaut ist. Vielen Dank.«

Das Flugzeug verlor nun spürbar an Höhe, und ich fühlte einen Druck in meinen Ohren. Ich freute mich auf die Ankunft – nach dem Flug würde mein Leben weitergehen. Es war, als hätte jemand die Pausetaste gedrückt, doch das war der Preis für das Gefühl der Allmacht. Hier oben konnten die Wolken nicht auf mich herunterregnen, sie konnten nicht einfach das Licht ausknipsen und mir auf die Stimmung drücken, wie sie das zu Hause in London taten. Hier oben strömte das Licht durch das Fenster und wärmte mein Gesicht, und die Sonne ging nie unter. Bis das Flugzeug plötzlich in eine Wolkenschicht flog. Mit einem Mal war die Sonne verschwunden, und an ihre Stelle war ein weißer Dunst getreten, der mir auf einen Schlag jedes Gefühl der Allmacht und Sicherheit raubte – wie weggeweißelt!

Wie alle Wolken bestand die, in die wir gerade eingetaucht waren, aus winzigen Tröpfchen von fast reinem Wasser. Das Schlüsselwort ist »fast« – das ist der Grund, warum Regenwasser nicht sauber ist, warum es Schmutzspuren auf Fenstern hinterlässt und warum sich in einigen Gegenden Nebel bildet und in anderen nicht. Das Wasser in Regenwolken ist weder rein noch unschuldig – es kann sogar töten! Tag und Nacht toben irgendwo auf der Erde Gewitterstürme, pro Sekunde gehen durchschnittlich 50 Blitze auf unseren Planeten nieder. Pro Jahr werden geschätzte tausend Menschen durch Blitzschlag getötet und Zigtausende verletzt. Der Nationale Wetterdienst der Vereinigten Staaten erstellt Statistiken über Todesfälle und ihre Umstände. Die folgende Liste zeigt einige der Einträge aus dem Jahr 2016. Sie beweist einmal mehr, dass es keine sonderlich gute Idee ist, unter Bäumen Zuflucht zu suchen, aber sie zeigt auch, dass fast überall Gefahr droht. Ob uns der Blitz auch im Flugzeug etwas anhaben kann? Keine ganz uninteressante Frage.

Tag	Stadt	Alter	m/w	Ort	Tätigkeit
Fr	Larouse, LA	28	w	Im Zelt	Musikfestival
Fr	Hobe Sound, FL	41	m	Wiese	Picknick
Fr	Boynton Beach, FL	23	m	Nähe Baum	Arbeit
Mi	Mantachie, MS	37	m	Vor Schuppen	Reiten
Mi	Slidell, LA	36	m	Baustelle	Arbeit
Mo	Manatee, FL	47	m	Bauernhof	Beladen eines Wagens
Fr	Daytona Beach, FL	33	m	Strand	Im Wasser stehend

Tag	Stadt	Alter	m/w	Ort	Tätigkeit
Sa	Festus, MO	72	m	Hof	Neben Hund stehend
Mo	Lumberton, MS	24	m	Hof	Stehend
So	Pineville, LA	45	m	Parkplatz	Auf dem Weg zum Auto
Do	Dover, TN	65	w	Unter Baum	Camping
Do	Baton Rouge, LA	70	m	Unter Baum	Dachdecken
Do	Redstone Arsenal, AL	19	m	Vor Haus	Gartenarbeit
Do	Bedford County, VA	23	m	Straßenrand	Wanderung
Sa	Yancey County, NC	54	m	Anziehen von Regenschutz	Motorradausflug
Di	Arvada, CO	23	m	Unter Baum	Golf
Di	Lawrence, AL	20	m	Unter Baum	Sturm beobachtend
Mi	Coconino, AZ	17	m	Nahe Berggipfel	Wanderung
Fr	Fleming Gorge, UT	14	w	Auf Stausee	Jetski

46 Eine Tabelle von Todesfällen durch Blitzschlag, erstellt vom Nationalen Wetterdienst der Vereinigten Staaten.

Wolken nehmen ihren Anfang als nasse Wäsche auf der Leine, als Pfütze auf dem Weg, als Schweißtröpfchen auf der Oberlippe, als Teil eines gewaltigen Ozeans. Sekunde für Sekunde verdunsten einige der Wassermoleküle aus der nassen Wäsche, der Pfütze, der Oberlippe, dem Ozean und jedem anderen Gewässer und steigen in die

Luft auf. Wasser siedet bei 100 Grad Celsius, das heißt, bei dieser Temperatur geht es auf Meereshöhe vom flüssigen in Gaszustand über. Wie kommt es dann, dass es schon verdunstet, lange bevor es diese Temperatur erreicht hat? Wieso definiert man überhaupt einen Siedepunkt, wenn das Wasser schummelt und dann doch schon bei viel niedrigeren Temperaturen Wäsche trocknet und Pfützen verschwinden?

An diesem Punkt sollte man vielleicht anmerken, dass der Unterschied zwischen Feststoffen, Flüssigkeiten und Gasen nicht ganz so fest ist, wie es den Anschein haben mag, und dass die hübschen Unterscheidungen und Kategorien der Wissenschaftler ständig von der Komplexität des Universums sabotiert werden. Um zu verstehen, wie Wasser schummelt und Wolken bildet, müssen wir uns ein wichtiges Konzept mit dem Namen »Entropie« ansehen.

Das Wasser, das in unserer Wäsche an der Leine hängt, hat zwar weniger als 100 Grad Celsius, aber es ist dauernd in Kontakt mit der Luft. Die Moleküle der Luft prasseln aus allen Richtungen auf die Wäsche, und in diesem Chaos springt gelegentlich ein H_2O-Molekül heraus und entschwindet in die Luft. Dazu müssen die Bindungen zerrissen werden, mit denen das Molekül an der nassen Kleidung haftet, und dazu ist Energie nötig. Diese Energie entzieht das Molekül der Wäsche, wodurch sich diese abkühlt. Wenn das H_2O-Molekül, das nun durch die Luft schwebt, wieder auf die Wäsche treffen würde, dann würde es bei der Rückkehr in das Kleidungsstück erneut Energie aufnehmen, und die Wäsche würde wieder feuchter. Deswegen könnte man meinen, dass sich mehr Wasser in der Wäsche sammelt, als von der Luft fortgetragen wird. Doch an diesem Punkt kommt die Entropie ins Spiel. Weil so viel Luft durch die Wäsche fährt und die Zahl der Wassermoleküle vergleichsweise klein ist, ist die Wahrscheinlichkeit gering, dass eines der Wassermoleküle den Weg zurück in die Wäsche findet. Viel wahrscheinlicher ist es, dass es in die Atmosphäre gepustet wird. Die Entropie der Welt der Moleküle – ihre Unordnung – misst sich an ihrer Neigung, herumzuwirbeln und sich zu verteilen. Die Zunahme der Unordnung ist ein Naturgesetz des Universums und wirkt den Kräften der Kondensation entgegen, die das Wasser wieder in Ihre Wäsche zurückholen wollen. Je niedriger die Temperatur der Umgebung und je schwächer der Wind, der durch sie fährt, umso eher neigt sich die Waagschale hin zur Kondensation und umso langsamer trocknet Ihre Wäsche. Aber wenn Sie die Wäsche an einem warmen und windigen Tag draußen aufhängen, dann neigt sich die Waagschale hin zur Entropie, und Ihre Wäsche trocknet schneller.

Der Drang des Universums zur größeren Unordnung sorgt auch dafür, dass die Pfützen von der Straße verschwinden, Ihr Badezimmer nach dem Duschen wieder trocken wird und an einem heißen Tag der Schweiß auf Ihrem Körper verdunstet. Unterm Strich scheint die Entropie also eine feine Sache zu sein, zumindest wenn Sie trockene Wäsche, schimmelfreie Badezimmer und kühle Körper wollen. Doch dieselbe Kraft steckt hinter den Killerwolken, die uns Jahr für Jahr zu Tausenden mit ihren Blitzen niederstrecken und uns daran erinnern, wer wirklich der Herr der Lüfte ist.

Die Bildung von Gewitterwolken beginnt mit der Verdunstung von flüssigem H_2O zu Gas. Warme Luft steigt auf, weil sie weniger dicht ist als kalte Luft, sodass an einem sonnigen Tag die Wassermoleküle aus Ihrer Wäsche in die Atmosphäre aufsteigen. Die Luft ist zwar voller Wasser, doch sie ist durchsichtig, weshalb wir zunächst keine Anzeichen von Wolken erkennen können. Doch wenn die Luft weiter aufsteigt und sich dabei ausdehnt und abkühlt, neigt sich das thermodynamische Gleichgewicht wieder hin zur Kondensation der H_2O-Moleküle. Aber mitten in der Luft kann sich ein einzelnes H_2O-Molekül nicht einfach in eine Flüssigkeit zurückverwandeln. Zur Bildung winziger Tröpfchen ist Koordination nötig – da müssen schon mehrere Moleküle zusammenkommen. In der chaotischen und turbulenten Atmosphäre ist das gar nicht so einfach, doch es wird erleichtert durch die winzigen Partikel, die sich schon in der Luft befinden – meist feiner Staub, der von Bäumen und Pflanzen in die Luft gewirbelt wird, aber auch Rauch aus Fabrikschloten. An die haften sich die H_2O-Moleküle, und wenn immer mehr zusammenkommen, entsteht um den Partikel herum ein Wassertröpfchen. So kommt es, dass sich am Boden Ihrer Regentonne ein Sediment absetzt und dass Regen auf Ihrer Windschutzscheibe oder Ihrem Fenster einen feinen Staub hinterlässt.

Um dieses physikalische Phänomen drehte sich eines der ungewöhnlichsten Experimente des 20. Jahrhunderts – der Versuch von Wissenschaftlern, das Wetter zu beherrschen. Es nannte sich »Wolkenimpfung« und wurde 1946 von dem amerikanischen Wissenschaftler Vincent Schaefer erfunden. Schaefer und seine Kollegen kamen auf den Gedanken, Silberiodidkristalle in die Atmosphäre zu bringen, die genau wie Staubkörnchen als Kondensationskerne fungieren, Wolken entstehen lassen und damit Regen oder Schnee erzeugen sollten. Diese Technik ist eher eine Kunst als eine Wissenschaft, und obwohl sie jahrzehntelang zum Einsatz kam, bezweifeln viele ihre Wirksamkeit.

Das hinderte die Sowjetunion allerdings nicht daran, Jahr für Jahr die Wolken über Moskau zu impfen, damit sie sich abregneten und die Militärparade am 1. Mai unter blauem Himmel stattfinden konnte. Die amerikanische Armee verwendete das Verfahren im Vietnamkrieg, allerdings mit einem anderen Zweck – mit der *Operation Popeye* wollten sie die Regenzeit entlang des Ho-Chi-Minh-Pfades verlängern, um die Widerstandskämpfer im Schlamm versinken zu lassen. Heute experimentieren Länder wie China, Indien, Australien und die Vereinigten Arabischen Emirate mit der Wolkenimpfung, um der Trockenheit Herr zu werden. Dieses Verfahren beeinflusst jedoch nur einen einzigen Aspekt des Wetters: die Wolkenbildung. Wenn zu wenig Feuchtigkeit in der Luft ist, kann man sie noch so sehr impfen, und es wird nicht regnen. Aber wenn die Luft feucht ist, dann kann die Technik helfen, um es über Skigebieten schneien zu lassen und Hagelschaden von Äckern abzuwenden. Nach dem Reaktorunglück von Tschernobyl kam das Verfahren zum Einsatz, um radioaktive Teilchen aus der Luft zu waschen.

Flugzeuge benötigen zur Wolkenbildung kein Silberiodid. Wenn Sie an einem sonnigen Tag in den Himmel blicken, können Sie oft die Kondensstreifen sehen, die Flugzeuge an den Himmel zeichnen. Das sind nicht etwa die Abgase von schlecht gewarteten Düsen, sondern die vom Ausstoß erzeugten Wolken. Beim Verbrennungsprozess stoßen die Motoren neben großen Mengen von heißen Gasen auch feine Partikel aus. Man sollte meinen, dass diese Gase zu heiß sind, als dass sich hier flüssiges Wasser bilden könnte, doch in dieser Höhe sind die Temperaturen so niedrig, dass sich das Abgas schnell abkühlt. Die Partikel werden nun zu Kondensationskernen, an denen sich Tröpfchen bilden, die dann schnell zu Eiskristallen gefrieren. Kondensstreifen sind nichts anderes als hohe Federwolken.

Je nach den atmosphärischen Bedingungen können sich Kondensstreifen einige Minuten bis einige Stunden lang halten, und ihre schiere Menge (pro Tag finden etwa 100 000 Flüge statt, die alle Kondensstreifen hinterlassen) warf die Frage auf, ob sie Einfluss auf das Klima der Erde haben könnten. Der gesunde Menschenverstand sagt uns, dass Wolken die Erde abkühlen – das weiß jeder, der einmal am Strand gesessen hat, wenn plötzlich Wolken aufziehen. Aber Wolken reflektieren nicht nur das Sonnenlicht ins All zurück. Sie fangen auch die vom Boden aufsteigende Wärme auf und geben sie in Form von infraroter Strahlung an den Boden zurück. Das können Sie im Winter beobachten: Klare Nächte sind kälter als bewölkte, weil die Wolken die von der Erde abgestrahlte Wärme zurückwerfen. Die Auswirkungen unterscheiden sich allerdings je nach Wolkentyp, also nach Höhe, Dichte und Größe der Wolken. Womit ich nur sagen will, dass die Wissenschaft bis heute nicht weiß, ob die Kondensstreifen unterm Strich einen wärmenden oder einen kühlenden Effekt haben.

Um das beantworten zu können, müsste man das Erdklima ohne Kondensstreifen untersuchen und dann die durchschnittlichen Temperaturen mit und ohne Kondensstreifen miteinander vergleichen. Leider fliegen ununterbrochen Flugzeuge durch die Stratosphäre. Während Sie in Europa für die Nacht abgestellt werden, starten sie gerade im Fernen Osten und Australien, und wenn diese im Hangar stehen, rollen die Flugzeuge in Amerika auf die Startbahn, und so weiter. Wir fliegen – zumindest war es vor Corona so – rund um die Uhr, zu jedem beliebigen Zeitpunkt befinden sich mehr als eine Million Menschen in der Luft. Vor der Pandemie gab es nur eine einzige kurze Unterbrechung, und zwar nach den Terroranschlägen auf die Zwillingstürme des World Trade Center in New York City. Nach dem 11. September 2001 blieben die Flugzeuge in den Vereinigten Staaten drei Tage lang am Boden. Die Daten der rund 4000 meteorologischen Stationen in den Vereinigten Staaten zeigten, dass die Differenz zwischen Tag- und Nachttemperaturen durchschnittlich 1 Grad größer war als sonst. Das war natürlich nur eine einzige Messung während einer einzigen Jahreszeit, dem Herbst der Nordhalbkugel. Es ist gut denkbar, dass im Winter, Frühjahr und Sommer die Wolkendecke und das Regionalklima anders sind und dass die Kondensstreifen die Temperaturen sinken, nicht steigen lassen. Obwohl die Wissenschaftler eifrig forschen, wird es nie eine einfache Antwort auf diese Frage geben, denn das Klima ist eine komplexe Angelegenheit. Allerdings erörtern sie die Frage, ob man die Temperaturen auf der Erde mit künstlichen Wolken regulieren könnte und ob sich auf diese Weise die Erderwärmung abwenden lässt. Manche meinen, man könne die Sonneneinstrahlung beeinflussen, indem man die Wolken aufhelle, sodass sie mehr Sonnenlicht zurückwerfen. Diese Theorie könnte man überprüfen, indem man gezielt Kondensstreifen erzeugt; solche Experimente sind unter Wissenschaftlern zwar hochumstritten, doch einige sind überzeugt, dass sie bereits heimlich durchgeführt werden. Verschwörungstheoretiker glauben, dass sich einige Kondensstreifen zu lange halten, und vermuten dahinter besondere Sprays und Chemikalien. Andere gehen noch weiter und behaupten, die Kondensstreifen seien ein Beweis dafür, dass die Behörden Flüssigkeiten über ihrem Staatsgebiet versprühen, um die Bevölkerung mit chemischen Mitteln zu manipulieren.

Diese Verschwörungstheorien spielen mit der berechtigten Sorge, dass wir über unser Trinkwasser manipuliert und vergiftet werden könnten. Diese Gefahr ist real, das Trinkwasser war in der Vergangenheit immer wieder für Massenvergiftungen verantwortlich. Das ist heute nicht anders: So zogen sich zum Beispiel 2014 sämtliche Einwohner der Stadt Flint im amerikanischen Bundesstaat Michigan Bleivergiftungen zu, weil das Trinkwasser durch Inkompetenz der Behörden verseucht war. Die Cholera, die 2016 im Jemen ausbrach und an der dort inzwischen mehr als eine Million Menschen erkrankt sind, wurde durch einen Zusammenbruch der Wasserversorgung ausgelöst. Kein Wunder, dass Filmregisseure und Romanautoren immer wieder die Furcht vor gezielten Masseninfektionen und Vergiftungen aufgreifen. Einer der bekanntesten Filme dieses Genres ist vielleicht *Dr. Seltsam oder: Wie ich lernte, die Bombe zu lieben*, in dem General Jack D. Ripper behauptet, die Russen hätten das Wasser in den Vereinigten Staaten mit Fluor versetzt, um die amerikanische Zivilisation zu vernichten. »Ich kann nicht einfach stillsitzen und zusehen, wie die internationale kommunistische Verschwörung unsere wertvollen Körpersäfte anzapft und verunreinigt«, sagt der General und leitet einen Atomangriff gegen die Sowjetunion ein.

Der Film beschäftigt sich nicht nur mit der Frage, unter

welchen Umständen ein Land einen Atomkrieg anzetteln würde, sondern er weist auch darauf hin, dass die Verunreinigung von Wasser ein potenzieller Anlass für einen Weltkrieg sein kann. Wir alle sind auf sauberes Trinkwasser angewiesen, und wenn unser Wasser verunreinigt wird, dann sind die Folgen Krankheiten und Tod von beispiellosem Ausmaß: Die Choleraepidemien des 19. Jahrhunderts rafften Zigmillionen Menschen dahin, ehe auch nur jemand auf den Gedanken kam, dass die Krankheit durch Bakterien im Trinkwasser übertragen werden könnte.

Wie alle Flüssigkeiten ist Wasser schwer in den Griff zu bekommen. Irgendwann gelangt es überallhin, von Seen und Flüssen bis ins Meer und schließlich in den Himmel. Die Angst vor einer Verunreinigung ist heute so groß wie eh und je, doch das Wasser, das aus den Wolken kommt und den größten Teil unseres Trinkwassers ausmacht, ist ausgesprochen schwer zu schützen. Wolken kennen keine Grenzen – die Experimente, Katastrophen und Verhaltensweisen eines Landes haben ganz direkte Auswirkungen auf den Rest der Welt.

Dr. Seltsam war als Satire gemeint, doch die Befürchtung, dass wir über das Wasser vergiftet werden könnten, ist sehr real und wird sich wohl nie gänzlich beschwichtigen lassen. »Giftstoffe, die unseren wertvollen Körpersäften ohne unser Wissen und gegen unseren Willen zugeführt werden – so funktioniert der Hardcore-Kommunist«, erklärt General Jack D. Ripper. Wenn man »Kommunist« durch »Staat«, »Konzerne«, »Wissenschaftler« oder gar »Umweltschützer« ersetzt, trifft man den Kern der Argumente gegen die verschiedensten Maßnahmen, egal, ob es sich um Impfungen, die Chlorung des Trinkwassers oder Stromerzeugung handelt. Dafür gibt es zahlreiche Beispiele – eines davon ist der saure Regen.

Kohle enthält oft Verunreinigungen in Form von Schwefel- und Stickstoffverbindungen, die beim Verbrennen der Kohle zu Schwefeldioxid und Stickoxid werden. Diese Gase steigen in die Atmosphäre auf und werden dort in den flüssigen Wassertropfen der Wolken gelöst. Dadurch werden diese Tropfen sauer, und wenn sie in Form von Regen zur Erde zurückkehren, versauern sie Flüsse, Seen und Böden und töten Fische, Pflanzen und Wälder. Der saure Regen zerfrisst auch Gebäude, Brücken und andere Infrastruktur und richtet seinen Schaden oft weit entfernt von den Schloten an, aus denen die Abgase der verbrannten Kohle ursprünglich stammen. Er geht über Ländern nieder, die gar nichts mit den Emissionen zu tun haben, und wird nicht nur zu einem Umwelt-, sondern auch zu einem politischen Problem. Die Ursachen des sauren Regens wurden schon zu Beginn der industriellen Revolution im 19. Jahrhundert erkannt, doch es dauerte bis in die 1980er Jahre, bis die westlichen Industrienationen, die für den sauren Regen verantwortlich waren, etwas dagegen unternahmen.

Auch die Reaktorkatastrophe von Tschernobyl in der Sowjetunion im Jahr 1984 verursachte ein grenzüberschreitendes Problem, das durch die Wolken verbreitet wurde. Als bekannt wurde, dass mit der Explosion des Reaktors radioaktive Teilchen in die Luft gelangt waren, war klar, dass der Wind diese auch nach Westeuropa treiben würde. Der Regen verseuchte Äcker und Weiden, und die Regierungen mussten Maßnahmen ergreifen, um die Kontaminierung von landwirtschaftlichen Produkten wie Milch zu verhindern.

Unsere Welt ist eng vernetzt – durch Wolken und Regen, aber auf andere Weise auch durch den Flugverkehr. Beim Blick in den weißen Dunst vor meinem Fensterchen fiel es mir schwer, mir vorzustellen, dass Wolken im Grunde flüssig sind. Die einzelnen Tröpfchen sind zu winzig, um sie mit bloßem Auge erkennen zu können, doch sie sind auch durchsichtig – aber warum sind Wolken dann weiß?

Nun, das Licht der Sonne dringt zwar ungehindert zwischen vielen der Tröpfchen hindurch, aber früher oder später trifft es auf eines und wird reflektiert, so wie es von der Oberfläche eines Sees reflektiert wird. Damit wird das Licht in eine andere Richtung abgelenkt, trifft irgendwann auf einen weiteren Tropfen, wird erneut reflektiert, und so weiter. Wie eine Flipperkugel springt es herum, bis es schließlich wieder aus der Wolke austritt. Was schließlich auf unserer Netzhaut auftrifft, stammt vom letzten Tropfen, der es reflektiert hat. So ergeht es auch allen anderen Lichtstrahlen, die durch die Wolke passieren, und was in unseren Augen ankommt, sind Milliarden Lichtstrahlen, die aus der gesamten Wolke kommen. Einige haben einen weiteren Weg hinter sich und Helligkeit eingebüßt, und dieser Teil der Wolke erscheint uns dunkler. Unser Gehirn versucht, das eintreffende Licht zu verstehen. Es ist daran gewöhnt, Licht und Schatten als dreidimensionales Objekt zu interpretieren, also einen Gegenstand mit räumlichen Eigenschaften, die unserem optischen Eindruck entsprechen. Deswegen nehmen wir Wolken als Objekte war, die mal flauschig sind wie Watte, mal dichter wie schwebende Berge. Ein anderer Teil unseres Gehirns streitet das jedoch alles ab und weist unser Unbewusstes darauf hin, dass es sich keineswegs um feste Gegenstände handelt, sondern um Täuschungen, die durch das Licht hervorgerufen werden. Aber obwohl wir das wissen, fällt es uns schwer, eine Wolke nur als Ansammlung von Tröpfchen zu verstehen.

Die Schönheit des Himmels verdankt sich zu einem guten Teil den Wolken beziehungsweise dem darin enthaltenen Wasser. Auf vielfältige Weise beeinflusst es das Licht, das wir wahrnehmen, und ist einer der Gründe, warum an vielen Orten der Welt so unterschiedliche Lichtverhältnisse herrschen. Aber je dichter die winzigen Tropfen der Wolke sind, umso schwerer wird es für das Licht, sie zu durchdringen, weshalb sie dunkelgrau erscheinen. Wir wissen nur zu gut, was das bedeutet – es wird gleich regnen. Die kugelförmigen Tröpfchen in der Wolke werden größer, und die Schwerkraft übt eine stärkere Anziehung auf sie aus. Solange die Tropfen so groß sind wie winzige Staubteilchen, sind der Auftrieb und die Luftströmungen stärker als die Schwerkraft, weshalb sie in der Luft schweben. Aber wenn sie größer werden, überwiegt die Schwerkraft und zieht sie in Richtung Boden – es regnet. Wenn wir Glück haben. Wenn nicht, verwandeln sie sich in Gewitterwolken, und die fordern jedes Jahr Hunderte Menschenleben.

Gewitterwolken entstehen unter ganz bestimmten Voraussetzungen. Wenn die Tröpfchen mit kalter Luft in Berührung kommen, dann verwandelt sich das Gas zurück in eine Flüssigkeit. Das ist das Gegenteil von dem, was passiert, wenn nasse Wäsche zum Trocknen auf der Leine hängt. Dabei wird Wärmeenergie frei – die latente Wärme. Diese Energie wird von den H_2O-Molekülen in der Wolke freigesetzt, das heißt, die Wolke erwärmt sich. Wie wir wissen, steigt Warmluft auf, sodass sich die Wolke immer weiter auftürmt. So entstehen die sogenannten Cumulus- oder Quellwolken. Aber wenn gleichzeitig große Mengen warmer und feuchter Luft vom Boden aufsteigen, wie das im Sommer passieren kann, dann können die Luftströmungen in der Wolke so stark werden, dass der Regen nicht nach unten fällt, sondern nach oben. Dann werden die Tröpfchen kilometerhoch in den Himmel getragen, bis die Luft schließlich so weit abkühlt, dass sie nicht mehr weiter aufsteigen. In dieser Höhe gefrieren die Tröpfchen zu Eiskörnern und fallen wieder in Richtung Erde, doch je nach den klimatischen Bedingungen können sie wieder von der Warmluft aufgefangen und erneut in die Höhe befördert werden. Dabei türmt sich die Wolke immer weiter auf, aus der Cumulus- wird eine Cumulonimbuswolke – eine Gewitterwolke. Die Konvektion schleudert die Tropfen mit Geschwindigkeiten bis zu 100 Kilometern pro Stunde in die Luft, und die Wolke verwandelt sich in einen komplexen Strudel, Eiskörner werden durch Luftströmungen kilometerweit in die Höhe gerissen und prallen dabei auf immer neue aufsteigende Tröpfchen.

Wissenschaftler wissen bis heute nicht, wie genau die Bedingungen innerhalb der Gewitterwolke zur Entstehung der Elektrizität beitragen. Wir wissen jedoch, dass sie wie am Boden durch die Bewegung geladener Teilchen entsteht, die aus Atomen stammen. Alle Atome haben denselben schematischen Aufbau: einen Kern aus positiv geladenen Teilchen, den Protonen, und eine Hülle aus negativ geladenen Teilchen, den Elektronen. Hin und wieder brechen einige der Elektronen aus und bewegen sich unabhängig – das ist die Grundlage der Elektrizität. Wenn Sie einen Luftballon an einem Wollpullover reiben, dann entstehen auf dem Ballon geladene Teilchen.

Und wenn Sie sich den Ballon dann über den Kopf halten, dann werden die entgegengesetzten Ladungen auf Ihren Haaren von diesen geladenen Teilchen angezogen, und Ihnen stehen die Haare zu Berge. Negative Ladung will sich mit positiver Ladung vereinen, weshalb die beiden sich anziehen. Wenn die Ladung auf dem Ballon größer wäre, dann würden die geladenen Teilchen durch die Luft fliegen und dabei Funken schlagen.

In einer Wolke werden keine Luftballons gerieben, dafür krachen hier Wassertropfen und Eiskörnchen mit geballter Energie aufeinander. Dabei erhalten einige der aufsteigenden Eisteilchen eine positive Ladung und nehmen sie mit an die Spitze der Wolke, und einige der Richtung Boden fallenden Regentropfen erhalten eine negative Ladung und befördern sie an die Unterseite der Wolke. Die Kraft der Luftströmungen innerhalb der Wolke hält die positiven und negativen Ladungen über Kilometer hinweg auseinander. Doch die Anziehung zwischen positiven und negativen Ladungen bleibt bestehen – sie wollen sich vereinen, und in der Wolke baut sich eine Spannung auf. Diese Spannung kann Hunderte Millionen Volt erreichen und so stark werden, dass sie Elektronen aus den Molekülen der Luft selbst herausreißt. Das passiert rasend schnell und führt zu einer gewaltigen Entladung zwischen der Ober- und Unterseite der Wolke oder zwischen Wolke und Erde, je nach den Bedingungen. Diese Entladung ist derart heftig, dass sie weiß glüht – das ist der Blitz. Der Donner ist das Geräusch, dass die Luft macht, wenn sie auf zigtausend Grad Celsius erhitzt wird und sich dabei rasant ausdehnt.

Ein Blitz setzt so gewaltige Energiemengen frei, dass er einen Menschen verdampfen kann – deshalb kommen durch ihn so viele Menschen ums Leben. Elektrizität nimmt immer den Weg des geringsten Widerstands – in dieser Hinsicht verhält sie sich genau wie eine Flüssigkeit. Aber während eine Flüssigkeit der Schwerkraft unterliegt, folgt die Elektrizität dem elektrischen Feld. Weil Luft ein schlechter Leiter ist, setzt sie der Elektrizität großen Widerstand entgegen. Aber wir Menschen bestehen überwiegend aus Wasser, das ein ausgezeichneter elektrischer Leiter ist. Für einen Blitz, der aus der Wolke fährt und den Weg des geringsten Widerstands zur Erde sucht, ist der beste Weg oft ein Mensch. Vielleicht bevorzugt er einen Baum, weil der höher ist und mit seinen wässrigen Ästen einen besseren Weg bietet als die Luft, doch wenn unter dem Baum ein Mensch steht, dann passiert es oft, dass der Blitz auf den letzten Metern zum Boden auf diesen überspringt.

Die höchsten Strukturen unserer Zivilisation sind oft Gebäude, und in der westlichen Welt war das höchste Gebäude der Stadt lange Zeit der Kirchturm. Früher waren viele Kirchtürme aus Holz und gingen in Flammen auf, wenn der Blitz einschlug. Doch 1749 erkannte Benjamin Franklin, dass man nur einen elektrischen Leiter aus Metall auf die Kirchturmspitze setzen und diesen über ein Metallkabel mit der Erde verbinden musste, um dem Blitz einen Weg mit geringerem Widerstand anzubieten und auf diese Weise Schaden abzuwenden. Diese Blitzableiter werden bis heute verwendet und schützen zahllose Gebäude vor Zerstörung durch Blitze. Dieses Prinzip erklärt auch, warum wir im Auto sicher vor Blitzen sind: Wenn der Blitz in Ihren Wagen einschlägt, dann wird er durch dessen Metallrahmen außen herumgeführt – dieser Weg bietet weniger Widerstand als die Menschen im Innern.

Was uns zum Flugzeug und der Gefahr des Blitzschlags bringt. Wenn ein Flugzeug durch eine Gewitterwolke hindurchfliegt, dann wird es von den Turbulenzen durchgeschüttelt, das heißt, es sinkt und steigt mit den plötzlichen Veränderungen des Luftdrucks. Wenn in der Wolke ein Blitz entsteht, dann wird das Flugzeug mit großer Wahrscheinlichkeit zu einem Leiter auf dessen Weg. Wie wir wissen, besteht der Rumpf vieler älterer Flugzeuge aus Aluminiumlegierungen, und wie beim Auto schützt das Metall die Fluggäste vor der Ladung des Blitzes. Doch der Rumpf moderner Flugzeuge besteht aus Kohlefasern, die nicht sonderlich leitfähig sind (das Epoxidharz, das den Rumpf zusammenhält, wird sogar als Isoliermaterial verwendet). Um dem entgegenzuwirken, werden Metallfasern in das Verbundmaterial eingeflochten, damit der Blitz den Weg durch den Rumpf nimmt und den Fluggästen keinen Schaden zufügen kann. Es kommt zwar relativ häufig vor, dass Flugzeuge vom Blitz getroffen werden (im Durchschnitt einmal im Jahr), doch in den vergangenen fünfzig Jahren ist kein einziger Unfall durch Blitzschlag bekannt. Mit anderen Worten ist es gefährlicher, sich während eines Gewitters auf dem Boden aufzuhalten, zumal unter einem Baum, als in einem Flugzeug. Das Flugpersonal erwähnt das zwar nicht in den Sicherheitshinweisen vor dem Flug, doch das macht das Fliegen sehr viel sicherer. Aber wie zuvor erläutert, geht es in den Sicherheitshinweisen ja nicht um Sicherheit.

Inzwischen näherte sich das Flugzeug dem Boden. Allerdings konnten wir kaum etwas sehen, denn beim Anflug auf den Flughafen behinderten die tief hängenden Wolken die Sicht aus dem Fenster. Die Bucht von San Francisco ist für ihren Nebel bekannt. Wie die Wolken ist der Nebel eine flüssige Dispersion von Wassertröpfchen in der Luft – im Grunde nichts anderes als eine Bodenwolke. Wenn man ihn vom Wohnzimmerfenster aus betrachtet, im Kamin ein prasselndes Feuer, in der Hand eine warme Tasse Tee, dann verleiht er der Stadt einen romantischen und geheimnisvollen Anstrich. Aber wenn man über das Moor geht, auf der Landstraße unterwegs ist, einen Skihang hinunterfährt oder mit einer Geschwindigkeit von 400 Kilometern pro Stunde auf einen Flughafen zufliegt, dann bedeutet Nebel vor allem eines: den möglichen Tod. Unter Seeleuten ist die Erinnerung an Nebelbänke und an unsichtbaren Klippen zerschellte Schiffe noch sehr wach. Flughäfen ohne modernes Funkleitsystem müssen bei Nebel geschlossen werden, und Flugzeuge brechen den Landeanflug ab. Nebel macht Angst, Nebel ist gefährlich – vielleicht haben wir unsere Totengedenktage wie Allerheiligen und Totensonntag ja deshalb auf einen besonders vernebelten Monat gelegt.

Nebel entsteht am Boden aus denselben Gründen, aus denen Wolken am Himmel entstehen. Feuchte Luft kühlt sich ab, der Wasserdampf in der Luft wird flüssig und verwandelt sich in winzige Tropfen. Wie in den Wolken benötigt das Wasser dazu Kondensationskerne. Früher waren das in den Städten oft Partikel von Herden und Öfen, heute stammen sie von Fabrikschloten und Autos. Wenn die Luftverschmutzung zu groß ist, entsteht ein dichter Nebel namens Smog, der sich oft über Tage hinweg hält, weitere Luftverschmutzung auffängt und sie über der Stadt festhält. In London wurde der erste Smog im Jahr 1306 erwähnt – damals verhängte König Edward I. ein befristetes Verbot von Kohlefeuern, um des Problems Herr zu werden. Trotzdem wurde London jahrhundertelang vom Smog heimgesucht, bis zum Großen Smog des Jahres 1952, der innerhalb von vier Tagen viertausend Menschen das Leben kostete und die Regierung veranlasste, die ersten Gesetze zur Reinhaltung der Luft zu verabschieden.

Über San Francisco hängt oft dichter Nebel. Schuld daran sind Witterungsbedingungen, die feuchte Warmluft vom Pazifik über die Stadt führen, wo sie sich abkühlt und infolge der Autoabgase zu Nebel kondensiert. Durch einen solchen Nebel senkte sich unser Flugzeug gerade hinab, und obwohl ich wusste, dass der Flughafen und der Pilot auf diese Bedingungen vorbereitet sind und wissen, wie man ein Flugzeug sicher auf den Boden herunterholt, wurde ich zunehmend nervös.

»Dingdong«, ertönte es aus dem Bordlautsprecher. »Kabinenpersonal, Vorbereitungen zur Landung.« Der gefährliche Moment war gekommen. In der Kabine wurde es still, nur das Tosen der Düsen und das Dröhnen der Lüftung war zu hören. Alle schienen dieselbe Nervosität zu verspüren. Hin und wieder riss der Nebel ein wenig auf, und ich konnte Bäume oder Autos am Boden erkennen, doch dann ging wieder der weiße Vorhang herunter, und das Flugzeug rüttelte und schüttelte sich.

Je geringer unsere Höhe, umso größer meine Anspannung. Im Kopf wusste ich natürlich, dass das Flugzeug das sicherste Transportmittel ist, doch ich habe immer Angst, dass ich die Ausnahme sein könnte. Vor der Luke waberte der tödliche Nebel. Wir waren alle in unsere Sitze geschnallt, auch das Flugpersonal, das ungerührt über unsere Köpfe hinwegblickte. Sie machten das mehrmals pro Woche. Wie schafften sie das nur, fragte ich mich. Unser Leben war in den Händen der Piloten, und wir mussten darauf vertrauen, dass sie in der Lage waren, auch mit unsichtbaren und unerwarteten Gefahren umzugehen. Nur der coolen Susan schien das alles nicht das Geringste auszumachen. Sie hatte ihr Buch zur Seite gelegt und blickte seelenruhig aus dem Fenster. Augenscheinlich hatte sie keinen Zweifel daran, dass unser unmittelbar bevorstehender Kontakt mit dem Boden vollkommen reibungslos ablaufen würde.

Kapitel 12

Fest

Es rumste, das ganze Flugzeug bebte und machte dabei ein Geräusch, als würden die Türen von tausend Küchenschränken zugeklappt. Die Sicherheitsgurte fingen uns auf, als der Kapitän die Düsen abschaltete und wir uns von einer Landegeschwindigkeit von 250 auf 100, dann 50, dann 20 Kilometer pro Stunde verlangsamten. Hörbare Erleichterung machte sich in der Kabine breit, einige Leute applaudierten – wir hatten wieder festen Boden unter den Füßen.

Wobei fest nicht ganz das richtige Wort ist, denn im Vergleich mit anderen Planeten ist die Erde nicht sonderlich fest. Sie begann ihr Dasein als Kugel aus glühender Flüssigkeit, und es dauerte 100 Millionen Jahre, bis sie sich so weit abgekühlt hatte, dass sich an der Oberfläche eine dünne Felskruste bilden konnte. Das ist rund viereinhalb Milliarden Jahre her, und seither kühlt sich unser Planet ab, doch sein Inneres ist noch immer flüssig. Dieser dynamische Strom von Flüssigkeiten im Erdinnern ist es, der unseren Planeten am Leben erhält, denn er erzeugt unseren erdmagnetischen Schutzschild. Gleichzeitig ist diese Flüssigkeit eine zerstörerische Kraft und für die Bewegung der Erdplatten und damit für Erdbeben und Vulkanausbrüche verantwortlich.

Im Mittelpunkt der Erde gibt es tatsächlich etwas Festes – einen etwa 5000 Grad heißen Metallkern aus Eisen und Nickel. Obwohl diese Temperatur einige Tausend Grad über dem Schmelzpunkt dieser Metalle liegt, befinden sie sich in festem Zustand, weil der gewaltige Druck der Schwerkraft am Erdmittelpunkt die Flüssigkeit in riesige Metallkristalle zwingt. Der Erdkern wird von einer rund 2000 Kilometer dicken Schicht aus geschmolzenem Metall umgeben, wieder überwiegend Eisen und Nickel. Die Strömungen in diesem unterirdischen Höllenmeer erzeugen das Magnetfeld der Erde, und das ist so stark, dass es weit hinausreicht: nicht nur an die Erdoberfläche, wo sich unsere Kompassnadeln an ihm ausrichten, sondern bis weit hinaus ins Weltall. Dort wirkt das Magnetfeld wie ein Schutzschild, das uns vor Sonnenwinden und kosmischer Strahlung schützt. Ohne diesen Schild hätten sie unsere Atmosphäre und unser Wasser längst fortgeweht und alles Leben auf dem Planeten gleich mit. Kosmologen glauben, dass der Mars vor langer Zeit sein Magnetfeld verloren hat, weshalb er heute keine Atmosphäre hat und ein kalter, toter Planet ist.

Umgeben ist dieses Meer aus flüssigem Metall von einer Felsschicht, die zwischen 500 und 900 Grad heiß ist – dem Erdmantel. Bei diesen Temperaturen scheint sich das Gestein über Sekunden, Stunden und Tage hinweg wie ein Feststoff zu verhalten, aber wenn man es über Monate und Jahre hinweg beobachtet, dann bemerkt man, dass er eine Flüssigkeit ist, das heißt, er fließt, obwohl er nicht geschmolzen ist. Diese Art von Fließen wird als Kriechen bezeichnet. Bei den Strömungen im Erdmantel handelt es sich vor allem um Konvektionsströme: Das heiße Gestein in der Nähe des flüssigen Metallmeers steigt auf, das kältere Gestein in der Nähe der Kruste sinkt ab. Ströme wie diese können Sie auch beobachten, wenn Sie Wasser in einem Topf erhitzen: Das heiße Wasser am Boden des Topfs dehnt sich aus und verliert damit gegenüber dem kälteren Wasser an der Oberfläche an Dichte, weshalb ersteres aufsteigt und letzteres absinkt.

Auf dem Erdmantel sitzt die Erdkruste, die man als die Haut der Erde bezeichnen könnte. Es handelt sich um eine relativ dünne, zwischen dreißig und hundert Kilometer dicke Schicht aus kühlem Gestein, auf der sich die Berge, Wälder, Flüsse, Meere, Kontinente und Inseln unseres Planeten befinden. Als sich der Bordlautsprecher wieder meldete, bestätigte uns der Steward, dass wir genau dort eingetroffen waren.

»Meine sehr verehrten Damen und Herren, wir heißen Sie in San Francisco willkommen. Die Ortszeit ist 15:42 Uhr, die Temperatur beträgt 3 Grad Celsius. Zu Ihrer Sicherheit möchten wir Sie bitten, noch angeschnallt zu bleiben, bis der Kapitän das Anschnallzeichen abgeschaltet hat.«

In einem solchen Moment der Erleichterung glaubt man gern, dass die Erdoberfläche so stabil und fest ist, dass wir auf ihr geborgen sind. Leider ist das ein Irrglaube: Die Erdkruste schwimmt auf dem fließenden Erdmantel, und um die ganze Sache noch prekärer zu machen, besteht sie aus Bruchstücken, die als tektonische Platten bezeichnet werden. Die Strömungen im Mantel schieben die Platten herum und drücken sie gegeneinander. Es gibt sieben große Erdplatten, die ungefähr den Kontinenten entsprechen, wie wir sie kennen: Die Nordamerikaplatte entspricht in etwa dem nordamerikanischen Kontinent plus Grönland und inklusive Meeresgrund. Auf der angrenzenden Eurasischen Platte befindet sich wiederum ein großer Teil von Europa und Asien. Die verschiedenen Erdplatten bewegen sich, allerdings nicht in dieselbe Richtung. Wo sie aufeinandertreffen, schieben sich Gebirge auf, und wo sie sich auseinanderbewegen, entsteht neue Kruste, und Lava sprudelt aus der Tiefe herauf. An den Plattengrenzen ereignen sich außerdem die meisten Erdbeben.

Ich vermutete, dass meine Mitreisenden um diese Gefahren wussten – schließlich lebten sie in San Francisco. Die Stadt sitzt auf der Grenze zwischen der Nordamerikanischen und der Pazifischen Platte, sie hat einige schwere Erdbeben hinter und wahrscheinlich auch vor sich. Im Jahr 1906 zerstörte ein Beben 80 Prozent der Stadt und tötete mehr als 3000 Menschen. Es folgte ein Beben 1911, dann wieder 1979, und weitere 1980, 1984, 1989, 2001 und 2007. Und das sind nur die schweren Beben. In der Zwischenzeit kam es immer wieder zu kleineren Erschütterungen der Erdkruste. Wer in einer Stadt wie San Francisco lebt, der weiß, wie wichtig es ist, die Fließdynamik unseres Planeten zu verstehen. Sie erklärt nicht nur, warum manche Orte immer wieder von schweren Beben heimgesucht werden, sondern sie hilft auch, die Faktoren zu verstehen, die eine weitere lebenswichtige Größe bestimmen: die Meereshöhe.

Da die Erdkruste auf fließendem Gestein sitzt, sinkt sie tiefer ein, wenn sie beispielsweise von einer kilometerdicken Eisschicht niedergedrückt wird. Das passiert zum Beispiel in der Antarktis und in Grönland, die unter einem zwei bis drei Kilometer dicken Eispanzer liegen. Um ein besseres Gefühl für die schiere Masse dieser Eisschichten zu bekommen, stellen Sie sich vor, dass der Eisschild der Antarktis 60 Prozent des Süßwassers des Planeten ausmacht – rund 26 Trillionen Liter mit einem Gewicht von 26 Billiarden Tonnen. Wenn die Erderwärmung die Polkappen abschmelzen würde, dann würde der Meeresspiegel um mehr als 50 Meter steigen, sämtliche Küstenstädte der Welt überfluten und Hunderte Millionen Menschen heimatlos machen. Weniger offensichtlich ist, dass mit dem Verschwinden der Last auf der Antarktis das darunterliegende Gestein entlastet wird und sich hebt (das bezeichnet man als postglaziale Landhebung). In Grönland ist die Situation nicht anders: Hier wird die Erdkruste von 3 Trillionen Liter Wasser niedergedrückt, und wenn das schmilzt, wird sich die Nordamerikanische Platte anheben. Wenn sich die Platte weiter hebt, als der Meeresspiegel steigt, dann blieben größere Überflutungen aus. Für die Zukunft und vor allem für künftige Generationen ist es nicht ganz unwichtig zu berechnen, was mit größerer Wahrscheinlichkeit eintreten wird, denn wenn sich die Erderwärmung fortsetzt, wie sich das gerade andeutet, dann wird eines dieser Szenarien eintreten.

Heute wissen wir nur so viel: Seit Beginn des 20. Jahrhunderts ist der Meeresspiegel weltweit um durchschnittlich 20 Zentimeter gestiegen. Das liegt unter anderem daran, dass sich das Meerwasser mit der Erwärmung ausgedehnt hat, da das Volumen einer Flüssigkeit mit der Temperatur zunimmt. Ein anderer Grund ist jedoch die Eisschmelze in Grönland und der Antarktis sowie das Abschmelzen anderer Gletscher. Der Anstieg des Meeresspiegels betrifft alle Meeresanrainer, von winzigen Pazifikinseln bis zu bevölkerungsreichen Staaten wie Bangladesch, wo der Anstieg des Meeresspiegels um einen Meter 20 Prozent des Landes überfluten und 30 Millionen Menschen heimatlos machen würde. Die Landhebung betrifft dagegen nur Küsten auf denjenigen Erdplatten, die vom grönländischen und antarktischen Eisschild niedergedrückt werden. Mit anderen Worten wird die Eisschmelze Gewinner und Verlierer haben, und das hängt davon ab, wo das Eis zuerst abschmilzt: in Grönland auf der Nordhalbkugel oder in der Antarktis auf der Südhalbkugel.

Wenn das Eis auf der Nordhalbkugel zuerst abschmilzt, dann hebt sich Grönland über den durchschnittlichen Meeresspiegel und mit ihm der nordamerikanische Kontinent, das heißt, dort könnte der Meeresspiegel zunächst sinken. Das frei gewordene Wasser verteilt sich auf alle Weltmeere gleichermaßen, während die Hebung der Platten nur regional wirkt. Wenn das Gegenteil eintritt und das Eis der Antarktis schneller abschmilzt, dann steht die gesamte Ostküste Nordamerikas unter Wasser.

Eine der großen Fragen ist, wie schnell das Eis verschwinden wird, denn dazu muss es nicht unbedingt schmelzen. Es kann auch kriechen, wie die Gletscher die Berge hinabfließen, obwohl sie aus festem Eis bestehen. Das Kriechen der Gletscher unterscheidet sich nicht so sehr vom Verhalten zäher Flüssigkeiten. Wenn die Schwerkraft auf ein Molekül in einer Flüssigkeit wirkt, dann lösen sich einige der schwachen Bindungen, die sie zusammenhalten, und sie fließt in die von der Kraft vorgegebene Richtung. Aber ein Molekül braucht auch einen Raum, in den es fließen kann, und wenn es diesen nicht hat, übt es Druck auf Nachbarmoleküle aus und bringt sie dazu, sich zu bewegen. Die Struktur einer Flüssigkeit ist mehr oder weniger zufällig, das heißt, es eröffnen sich oft Räume, in die sich Moleküle in Reaktion auf die Kräfte bewegen können und die der Flüssigkeit das Fließen ermöglichen. Das ist bei Feststoffen nicht anders, mit dem Unterschied, dass die Moleküle vergleichsweise weniger Energie haben, um die Bindungen zu ihren Nachbarn zu lösen, weshalb der Prozess deutlich langsamer ist. Außerdem haben Feststoffe eine stark geordnete Struktur, sodass Atome wenig Freiraum finden, in den sie sich verschieben können. Deshalb fließen sie so langsam, dass man von »kriechen« spricht. Die Geschwindigkeit lässt sich erhöhen, wenn man Druck auf die Feststoffe ausübt oder ihre Temperatur erhöht; bei höheren Temperaturen haben die Atome mehr Vibrationsenergie, um sich aus bestehenden Bindungen zu befreien und in einen verfügbaren Raum zu springen. Das passiert mit dem Eisschild, wenn die Temperaturen steigen: Ganze Berge von Eis geraten in Bewegung und werden von der Schwerkraft Richtung Meer gezogen.

Als Gletscher kriecht Eis relativ schnell. Im Jahr 2012 bewegten sich die Gletscher Grönlands mit einer Geschwindigkeit von 15 Kilometern pro Jahr in Richtung Meer. Sie bewegten sich so schnell, weil der Eisschild Temperaturen von minus 10 bis minus 50 Grad Celsius erreicht hatte. Das klingt noch eisig, doch es ist nur noch 10 bis 50 Grad unterhalb des Schmelzpunkts von 0 Grad. Das heißt, die Energie der H_2O-Moleküle in den Eiskristallen ist nicht mehr weit von der Temperatur entfernt, die nötig ist, damit sie vom festen in flüssigen Zustand übergehen. Die umgebenden Felsen haben dagegen einen Schmelzpunkt von 1000 bis 2000 Grad; die Atome des Gesteins eines großen Berges sind einige Tausend Grad von der Schmelze entfernt, weshalb sie sich viel eher wie ein Feststoff verhalten als ein Gletscher. Trotzdem sind Berge nicht unbeweglich, auch sie kriechen – allerdings brauchen sie Jahrmillionen, um eine messbare Strecke zurückzulegen. Tiefer in der Erdkruste herrschen Temperaturen, die viel näher am Schmelzpunkt des Gesteins sind, weshalb sich die Erdplatten schneller bewegen als Berge, und zwar mit einer Geschwindigkeit von 1 bis 10 Zentimetern pro Jahr.

Das klingt furchtbar langsam, aber stellen Sie sich nun vor, dass eine andere Erdplatte dagegendrückt und dass die Kräfte entlang einer Plattengrenze von Hunderten Kilometern Länge wirken. Früher oder später muss irgendetwas nachgeben. Wenn nicht, wird die Spannung Jahr für Jahr größer, bis etwas bricht und binnen kürzester Zeit gewaltige Mengen Energie freigesetzt werden – ein Erdbeben. Man schätzt, dass das Erdbeben, das San Francisco 1906 erschütterte, die Energie von tausend Atombomben freisetzte. Das Beben vor der japanischen Küste, das den Tsunami von 2012 verursachte, entsprach der Energie von 25 000 Atombomben. Diese Energie ist derart gigantisch, dass es weithin spürbar ist – wenn das Erdbeben heftig genug ist, kann es auch Städte verwüsten, die Hunderte Kilometer vom Epizentrum entfernt liegen.

Doch nicht immer entlädt sich die aufgestaute Energie in einem Erdbeben. Manchmal kriecht das Gestein, und wie zwei gegeneinandergeschobene Blatt Papier türmen sich die Platten auf, um den Druck abzubauen. Dazu sind gewaltige Kräfte nötig, doch davon haben die Erdplatten ja im Überschuss. Bei diesem unaufhaltsamen Aufeinandertreffen werden Gebirge aufgefaltet. Die großen Bergketten der Erde – die Alpen, die Rocky Mountains, das Himalaja, die Anden – befinden sich an den Grenzen zweier Platten und wurden über Jahrmillionen hinweg durch deren Kriechen aufgeschoben.

Nicht alle Berge entstehen allerdings auf diese Weise.

Auf besonders eindrucksvolle und schnelle Art werden Berge durch Vulkanausbrüche geboren. Jeder sollte mindestens einmal im Leben die Ströme von rot glühendem, geschmolzenem Gestein gesehen haben, die aus dem Erdinnern hervorquellen – es ist eines der bewegendsten Naturschauspiele, das uns eindrucksvoll klarmacht, wie klein wir wirklich sind. Es ist, als würde man in einer Zeitmaschine zurück zur Geburtsstunde unseres Planeten reisen, als die ganze Erdoberfläche von geschmolzenem Gestein und schwarzer Schlacke brodelte und die Atmosphäre vom Gestank nach Schwefel, Rauch und Asche erfüllt war.

Meinen ersten und einzigen Ausflug zu einem aktiven Vulkan hätte ich fast nicht überlebt. Ich verbrachte damals einige Monate in Guatemala, um Spanisch zu lernen. Es war der Sommer 1992, und ich wohnte bei einer Familie in der Altstadt von Antigua in einer bergigen Urwaldregion. Die Berge gehören zum zentralamerikanischen Vulkanbogen, einer Kette von Feuerbergen entlang der Pazifikküste, die ihre Existenz den Plattenbewegungen verdanken. In den vergangenen 300 000 Jahren hat die Erde hier geschätzte siebzig Kubikkilometer Lava ausgespuckt, die zu Bergen wurden. Einer der aktivsten Vulkane in der Nähe von Antigua ist Pacaya, der 2010 seinen letzten größeren Ausbruch hatte.

Vom Marktplatz von Antigua aus wurden Touren auf den Berg organisiert. Meine Gastfamilie warnte mich, da es in Guatemala vor Banditen und Verbrechern wimmele, die sich darauf verlegt hatten, die unbedarften jungen Touristen auszurauben, die sich unbewaffnet in die Berge wagten. Ich schlug ihre Warnungen in den Wind und bestieg eines Nachmittags einen Truck voller Rucksacktouristen, die genau so jung und unbedarft waren wie ich, um uns von zwei jungen Einheimischen in den Urwald fahren zu lassen. Bei Sonnenuntergang kamen wir am Fuß des Pacaya an und begannen unseren Aufstieg durch die Bäume. Nur dass keine Bäume mehr da waren, weil der Pacaya immer wieder ausbricht und Wolken aus Asche und geschmolzenem Gestein in den Himmel schleudert. Diese hatten den gesamten Wald zerstört, der einst den Gipfel umgeben hatte. Deshalb standen wir nun vor einem Steilhang aus Asche, aus dem alle paar Meter ein verkohlter Stumpf ragte. Über diesen losen Untergrund stiegen wir den Berg hinauf, während um uns her übel riechender Rauch waberte. Es war wie eine Szene aus der Apokalypse. Je näher wir dem Gipfel kamen, umso steiler wurde der Weg und umso schwerer kamen wir auf dem tiefen Boden voran. Aber angetrieben von unserer Begeisterung und Abenteuerlust, kamen wir bei Einbruch der Dunkelheit oben an.

Schnell wurde es stockfinster, und unsere Führer bedeuteten uns, hinter einem großen Fels in der Nähe des Kraters zu bleiben, während sie weitergingen, um zu sehen, in welcher Stimmung der Pacaya war. Wenig später kamen sie zurück und erzählten uns aufgeregt, der Pacaya sei wach und brodele. Also krochen wir voran. Aus dem hundert oder zweihundert Meter tiefer gelegenen Schlot stieg Schwefelgestank auf. Dann sahen wir die Lava. Ich werde den Moment nie vergessen – es war, als würde ich ins Innere unseres Planeten blicken. Wir waren wie hypnotisiert, als würden wir ein wildes Tier in seiner Höhle beobachten. Dann hörten wir plötzlich ein Ploppen. Unsere Führer sahen sich besorgt um und gingen beiseite, um sich zu besprechen. Immer wieder ploppte es, und wir hörten, wie es leise rumste. Offenbar war der Pacaya tatsächlich erwacht und schleuderte geschmolzene Lava in die Luft – das Rumsen stammte vom Aufschlagen der Brocken. Wie ich später erfahren sollte, muss jeder dieser Brocken gut ein oder zwei Kilogramm gewogen haben. Wir trugen keine Helme oder hitzefeste Kleidung und nicht einmal Stiefel (ich trug Turnschuhe). Unsere Führer kamen zu dem Schluss, in dieser Lage sei es das Beste, einfach zu rennen. Das mussten sie uns nicht zweimal sagen. Ich flitzte los, entsetzt über den Gedanken, dass mir mit dem nächsten Ploppen ein Flatschen Lava auf dem Kopf landen könnte. Halb rennend, halb fallend lief ich den Aschehang hinunter, und immer wieder hörte ich hinter uns das Ploppen. Auf dem Rückweg im Truck lachten unsere Führer – offenbar war es diesmal ziemlich knapp gewesen. Nun verstand ich auch, warum sie sich keine Sorgen wegen der Banditen machten – die waren zwar eine Gefahr, aber eben nicht die größte.

Im großen tektonischen Ganzen sind die Ausbrüche des Pacaya allerdings nicht mehr als kleine Nadelstiche. Der derzeit größte Vulkan des Planeten ist der Mauna Loa auf der Insel Hawaii, die zur Gänze aus seinem Magma besteht. Der größte Teil seiner Aktivität findet auf dem Meeresgrund statt. Die gesamte Inselkette von Hawaii entstand durch Vulkantätigkeit, die bis heute fortdauert, weshalb Hawaii kein ganz ungefährlicher Wohnort ist – bei einem größeren Ausbruch könnte die Lava kilometerhoch aufschießen und eine erstickend heiße Aschewolke niedergehen. Es wäre nicht die erste Katastrophe dieser Art. Im Jahr 79 brach der italienische Vulkan Vesuv aus und bedeckte die Städte Pompeji, Herculaneum und Stabiae mit heißer Asche, die die Bewohner fast augenblicklich tötete. Als 1883 die Vulkaninsel Krakatau in Indonesien in die Luft flog, war die Explosion noch Tausende Kilometer entfernt zu hören. Man schätzt, dass der Ausbruch die Energie von 13 000 Atombomben freisetzte und 30 000 Menschen tötete.

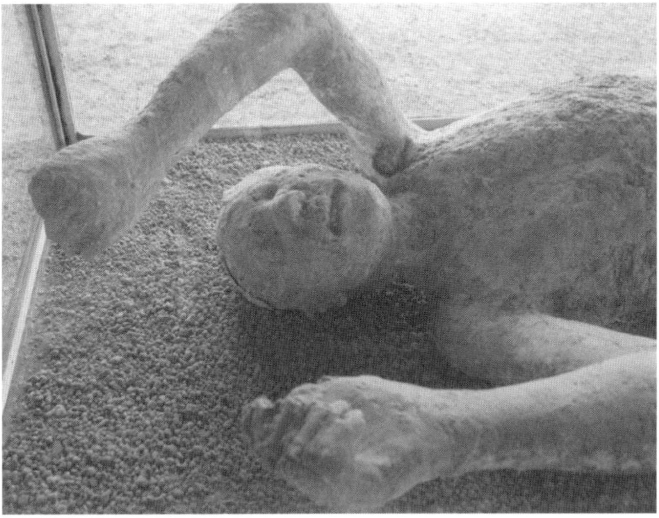

47 Gipsabguss eines Opfers des Vesuv-Ausbruchs.

Diese gewaltigen Explosionen gehören keineswegs der Vergangenheit an, sie werden auch in Zukunft immer wieder auftreten. Unlängst wurde zum Beispiel in einem unterseeischen Vulkan vor der japanischen Küste eine gewaltige Lavakammer entdeckt. Ganz allmählich hat sich auf dem Meeresgrund eine zähflüssige Lavakuppel von einem Dreiviertelkilometer Höhe gebildet. Der letzte gewaltige Ausbruch in dieser Vulkanregion liegt siebentausend Jahre zurück, damals wurden die japanischen Inseln völlig verwüstet. Es ist durchaus vorstellbar, dass sich eine weitere Explosion dieser Art aufbaut, die vermutlich ähnliche Auswirkungen haben und außerdem riesige Menge Asche in die Erdatmosphäre schleudern würde. Diese Asche würde die Atmosphäre über Jahre hinweg verdunkeln, das Sonnenlicht abschirmen, die Temperaturen sinken lassen und einen weltweiten Winter zur Folge haben.

Eines ist allerdings sonderbar. Obwohl seit Jahrmilliarden fortwährend Vulkane ausbrechen und sich Erdplatten übereinanderschieben, sind die Berge auf der Erde nicht sonderlich hoch. Aus dem Weltall ist das gut zu erkennen: Vom Mond aus wirkt die Erde glatt wie eine Billardkugel, ohne erkennbare Erhebungen. Die Berge sind kaum nennenswerte Fältchen, obwohl sie Milliarden Jahre Zeit hatten, um immer höher zu werden. Wie erklärt sich das? Es sind zwei Prozesse, die dem Wachstum entgegenwirken. Der erste ist die Erosion: Regen, Eis und Wind nagen unentwegt am Berg und tragen ihn Steinchen für Steinchen wieder ab. Und dazu kommt als Zweites die Tatsache, dass die Berge mit zunehmender Höhe immer schwerer werden; mit ihrem Eigengewicht üben sie Druck auf das darunterliegende Gestein aus, das kriecht und fließt und den Berg wieder in die Erdkruste zurücksinken lässt. So wie das Eis auf die Antarktis drückt, drücken die Berge auf die Erdplatten, aus denen sie kommen, und je höher sie werden, umso tiefer sinken sie ein.

Das alles erwähnte der Steward in seiner Durchsage natürlich nicht, und vielleicht ist das auch ein ganz vernünftiger Umgang mit einem unberechenbaren Planeten, der ständig in Bewegung ist. Denn auch wenn wir noch so viel über die Erdkruste und Plattenbewegungen wissen, kann doch niemand sagen, wann San Francisco vom nächsten Erdbeben getroffen wird. Vielleicht passiert es ja heute, dachte ich, und sah zu Susan hinüber. Die schien allerdings unbesorgt. Sie will es wahrscheinlich genauso wenig wahrhaben wie alle anderen, dachte ich. Wie könnten wir sonst so unbeschwert auf dieser dünnen Kruste über einem brodelnden Planeten leben? Einem Planeten, der mit seinen unvorstellbaren Kräften über Jahrmillionen hinweg Gebirge aufschiebt und binnen weniger Minuten Städte auslöscht; neue Inseln entstehen und andere versinken lässt und ganze Kontinente unter Eis begräbt, das jetzt schmilzt und sämtliche Küstenstädte – darunter auch San Francisco – mit einem Anstieg des Meeresspiegels bedroht. Und keine dieser Kräfte wird schwächer, denn sie alle werden von der brodelnden Flüssigkeit im Innern unseres Planeten angetrieben. Um als Art zu überleben, müssen wir lernen, mit diesen Kräften zu leben.

Genau das tat Susan – sie nutzte gerade ihre Handykamera als Spiegel, um ihren Lippenstift nachzuziehen. Sie war mir sympathisch. Ich hatte keine Ahnung, wer sie war, was sie umtrieb und wohin sie wollte. Aber eines wusste ich inzwischen: Sie hieß Susan, denn den Namen hatte ich bei einem Blick auf ihre Zollerklärung erhascht, die sie mit meinem Kugelschreiber ausgefüllt hatte. Und diesen Kugelschreiber nahm sie nun mit, als sie aufstand, ihr Handgepäck mit einer elegant fließenden Bewegung aus dem Gepäckfach holte und dem Ausstieg zustrebte. Dazu tönte aus dem Bordlautsprecher eine letzte optimistische Botschaft:

»Im Namen der Fluggesellschaft und der gesamten Crew möchte ich Ihnen danken, dass Sie heute mit uns geflogen sind. Wir wünschen Ihnen einen guten Aufenthalt und freuen uns, Sie bald wieder an Bord begrüßen zu dürfen.«‹

Kapitel 13
Nachhaltig

Auf einem fließenden Planeten ist nur eines sicher: die Veränderung. Meeresspiegel steigen, der Erdmantel fließt und verschiebt die Kontinente, Vulkanausbrüche schaffen neues Land und verwüsten anderes, Wirbelstürme und Tsunamis suchen unsere Küsten heim und verwandeln Städte in Trümmerlandschaften. Da sich daran auch in Zukunft nichts ändern wird, scheint es nur vernünftig, unsere Häuser, Straßen, Trinkwasserversorgung, Kraftwerke und natürlich auch Flughäfen – kurz, alles, was wir zu einem menschenwürdigen und zivilisierten Leben benötigen – so zu bauen, dass sie diesen Kräften standhalten. Unsere Infrastruktur muss so haltbar sein, dass sie Erdbeben und Überschwemmungen übersteht. Noch sinnvoller wäre es vielleicht, sie so zu bauen, dass sie sich selbst repariert und flexibler und widerstandsfähiger auf Umweltveränderungen reagiert. Das mag futuristisch klingen, doch nicht anders verhalten sich biologische Systeme seit vielen Jahrmillionen. Zum Beispiel Bäume: Wenn sie von einem Sturm beschädigt werden, können sie sich reparieren, indem sie neue Triebe bekommen. Und wenn Sie sich schneiden, dann wächst Ihre Haut nach. Könnten sich unsere Städte nicht auch selbst heilen?

Im Jahr 1927 führte Professor Thomas Parnell von der

University of Queensland in Australien ein Experiment durch, um herauszufinden, wie sich Teer in einem Trichter verhält. Dabei beobachtete er, dass sich der Teer in Tagen gemessen wie ein Feststoff zu verhalten schien, der sich nicht von der Stelle rührte. Aber über Monate und Jahre gemessen erkannte er, dass der Teer kroch und sich wie eine Flüssigkeit verhielt. Er lief in den Trichter hinein und bildete schließlich am Ausgang einen Tropfen. Der erste Tropfen fiel 1938, der zweite 1947, der dritte 1954, und so weiter, bis zum neunten Tropfen 2014. Für ein Material, das uns so solide erscheint, wenn wir mit dem Auto darüberfahren, ist das ein bemerkenswertes Verhalten. Was geht da vor?

48 Das Teertropfen-Experiment (Foto aus dem Jahr 1990, zwei Jahre nach dem siebten und zehn Jahre vor dem achten Tropfen). Foto: The University of Queensland.

Teer ist als Material viel interessanter, als selbst Materialwissenschaftler lange vermutet hatten. Es wird aus der Erde gefördert oder entsteht als Abfallprodukt von Rohöl und wirkt auf den ersten Blick wie ein öder schwarzer Schlamm. Aber in Wirklichkeit handelt es sich um eine dynamische Mischung aus Kohlenwasserstoffmolekülen, die über Jahrmillionen hinweg aus der Zersetzung biologischer Organismen entstand. Die Zerfallsprodukte sind komplexe Moleküle, die zwar nicht mehr Teil eines Lebewesens sind, die sich aber im Teer selbst organisieren und vernetzte Strukturen bilden. Bei normalen Temperaturen haben die kleineren Moleküle im Teer genug Energie, um sich innerhalb der Binnenstruktur zu bewegen, was dem Material seine Flüssigkeit verleiht. Teer ist also eine Flüssigkeit, wenn auch eine reichlich zähe: Sie ist milliardenmal viskoser als Erdnussbutter, was erklärt, warum der Teer von Professor Tarnell so lange braucht, um durch einen Trichter zu tropfen.

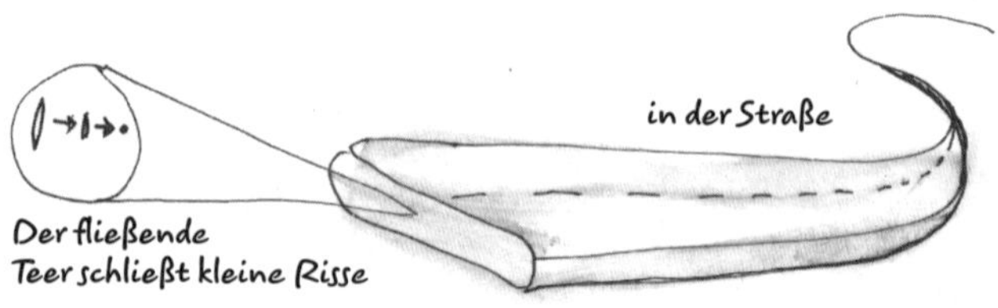

49 Wie sich Risse durch das Fließen des Teers im Asphalt selbst heilen.

Der beißende Geruch des Teers stammt übrigens von Molekülen, die Schwefel enthalten, ein Element, das oft mit übel riechenden organischen Stoffen in Verbindung gebracht wird. Wenn Sie an Straßenarbeitern vorbeikommen, die eine Straße teeren, dann sehen und riechen Sie, wie sie den Teer erhitzen. Die Hitze führt den Molekülen mehr Energie zu, mit der sie sich bewegen und fließen können. Dabei verdunsten einige der Moleküle, und der

Stoff riecht stärker, so wie Getränke aromatischer werden, wenn man sie erwärmt.

Es mag idiotisch erscheinen, aus einer stinkenden Flüssigkeit Straßen bauen zu wollen, doch die Arbeiter mischen Kies unter den Teer und stellen damit den Verbundstoff Asphalt her, der teils fest und teils flüssig ist. Ähnlich wie Erdnussbutter, deren feingemahlene Erdnüsse von Öl zusammengehalten werden. Mit ihrer Stärke und Festigkeit tragen die Steine das Gewicht der Autos und schützen den Straßenbelag vor Verschleiß. Wenn die Belastung zu groß wird, können sich allerdings zwischen den Steinen und dem Teer Risse auftun. An diesem Punkt kommt die flüssige Natur des Teers ins Spiel: Der Teer fließt in diese Risse hinein und schließt sie wieder, womit sich die Straße selbst repariert und viel länger hält als eine ausschließlich aus Feststoffen bestehende Oberfläche.

Als Autofahrer haben Sie natürlich bemerkt, dass diese Selbstheilungskräfte des Teers ihre Grenzen haben: Irgendwann wird der Straßenbelag alt und zerbröselt. Das liegt unter anderem an der Lufttemperatur: Wenn sie unter 20 Grad fällt, wird der Teer zu zäh, um die Risse so schnell zu heilen, wie sie sich auftun. Außerdem reagiert der Luftsauerstoff im Laufe der Zeit mit der Oberfläche des Teers und verändert dessen Eigenschaften, das heißt, er härtet aus und ist immer weniger in der Lage, in Ritzen zu fließen. Die Straßenhaut verändert allmählich ihre Farbe und wird weniger flüssig, so wie unsere Haut mit zunehmendem Alter trockener und brüchiger wird. Dann entstehen kleine Schlaglöcher, die, wenn sie nicht geschlossen werden, rasch immer größer werden, bis sich der gesamte Straßenbelag auflöst.

Was das bedeutet, bekam ich auf der Fahrt mit dem

Pendelbus vom Flughafen zum Hotel zu spüren. Kaum in der Stadt, steckten wir in einem Stau, weil Fahrspuren wegen Teerarbeiten gesperrt waren. Drei Spuren verengten sich zu einer, und der Bus schob sich immer langsamer voran. Für anderthalb Kilometer brauchte er eine gefühlte halbe Stunde. Ich wurde immer unruhiger, weil der Druck auf meiner Blase immer größer wurde.

Aber Verschleiß ist kein Schicksal – zumindest nicht, wenn man Materialforschern glaubt. Wissenschaftler und Ingenieure aus aller Welt arbeiten heute an Strategien, um die Haltbarkeit von Straßen zu verbessern, was wiederum Staus verringern würde. In den Niederlanden untersuchen Wissenschaftler zum Beispiel, was passiert, wenn man mikroskopische Stahlfasern in den Asphalt einzieht. An den mechanischen Eigenschaften des Straßenbelags ändert das nichts, doch es macht ihn widerstandsfähiger. Wenn die Straße wechselnden Magnetfeldern ausgesetzt wird, fließen elektrische Ströme durch die Fasern und erzeugen Wärme. Diese wiederum erwärmt den Teer, macht ihn flüssiger und lässt ihn in Risse fließen. Im Grunde verstärken sie damit nur die Selbstheilungskräfte des Teers und begegnen den Herausforderungen des Winters mit seinen niedrigen Temperaturen. Die Technik wird zur Zeit auf verschiedenen Autobahnabschnitten in den Niederlanden getestet, wobei ein Spezialfahrzeug beim Darüberfahren ein Magnetfeld erzeugt. In Zukunft könnten alle Autos mit diesem Gerät ausgestattet werden, sodass alle zur Selbstheilung des Straßenbelags beitragen.

Der Verlust der Fließfähigkeit des Teers ließe sich auch aufhalten, wenn man die verlorenen flüchtigen Bestandteile wieder zuführt, also die Moleküle, die ihn fließen lassen. Das Einfachste wäre eine Art Lotion, die man auf die

Oberfläche aufträgt – letztlich nichts anderes als unsere Hautcremes. Eine etwas raffiniertere Variante wird zurzeit von Wissenschaftlern der Nottingham University erprobt. Sie mischen Mikrokapseln mit Sonnenblumenöl unter den Teer, die so lange intakt bleiben, bis sich Risse auftun, die die Kapseln aufbrechen lassen. Das freigesetzte Öl verbessert lokal die Flüssigkeit des Teers und damit seine Selbstheilungskräfte. Ihre Messungen zeigen, dass der gerissene Teer zwei Tage nach Öffnen einer Kapsel seine alte Stärke wiedererlangt hat. Das ist eine dramatische Verbesserung. Die Forscher schätzen, dass sie damit die Haltbarkeit des Straßenbelags von zwölf auf sechzehn Jahre steigern könnten, und das bei minimalen Mehrkosten.

In meiner Forschungsgruppe am Institute of Making arbeiten wir an Techniken, mit denen sich der Asphalt heilen kann, wenn die Risse schon größer geworden sind. Wir haben damit begonnen, Teer in 3-D-Druckern zu verwenden.

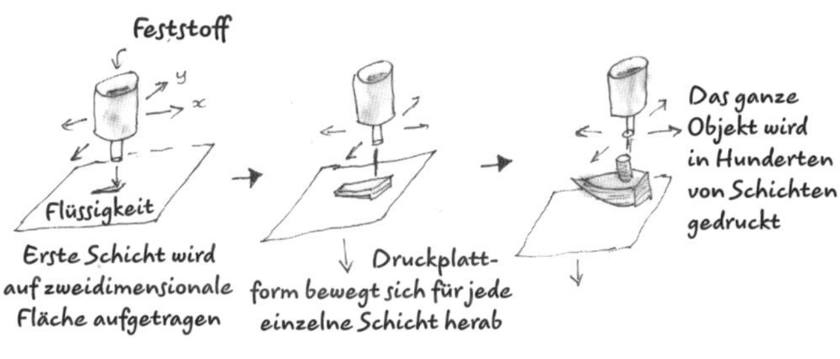

50 3-D-Druck. Der Druckerkopf verflüssigt ein Festmaterial (oft durch Erhitzen) und trägt es in vorgegebener Form auf eine zweidimensionale Fläche auf. Wenn die Schicht abkühlt, wird sie wieder fest. Dann wird eine zweite Schicht in einem anderen Muster aufgedruckt. Wenn auf diese Weise Hunderte Schichten übereinandergedruckt werden, entsteht ein dreidimensionales Objekt.

3-D-Druck bietet ganz neue Möglichkeiten, Gegenstände herzustellen und zu reparieren. Vor Jahrtausenden wurde in China der Druck erfunden; Tinte wurde auf einen Holzstempel aufgetragen und damit auf Papier gebracht. Der Rest der Welt kopierte die Technik und entwickelte sie weiter, und dem verdanken wir die erste Informationsrevolution des Buchdrucks. Dabei handelt es sich allerdings um 2-D-Druck. 3-D-Druck geht einen Schritt weiter: Statt eine dünne zweidimensionale Schicht flüssiger Tinte auf Papier aufzutragen, werden nun viele zweidimensionale Schichten übereinandergedruckt. Auf diese Weise entsteht allmählich ein dreidimensionales Objekt.

Natürlich braucht man für einen 3-D-Druck keine Tinte – man kann jedes beliebige Material verwenden, solange es sich von einem Feststoff in eine Flüssigkeit verwandeln lässt. So stellen zum Beispiel auch Bienen ihre faszinierenden sechseckigen Waben her. Im Alter von zwölf bis zwanzig Tagen entwickeln die Arbeiterinnen eine besondere Drüse, mit deren Hilfe sie Honig in weiche Wachsflocken verwandeln können. Sie kauen das Wachs und bauen damit Schicht für Schicht ihre Waben. Mit demselben Trick bauen Wespen ihre Nester, nur dass sie dazu Holzfasern zerkauen und mit ihrem Speichel zu Papier verarbeiten, aus dem sie dann die Waben für ihre Larven bauen.

Der menschliche 3-D-Druck holt die Bienen und Wespen allmählich ein. Kunststoffe lassen sich Schicht für Schicht zu Objekten zusammensetzen, die noch komplexer sind als Bienenwaben. Selbst bewegliche Objekte lassen sich mit diesem Verfahren drucken, in der Medizin werden so inzwischen kostengünstige Gelenke aus einem Guss hergestellt. Sogar organische Materialien lassen sich drucken. Im Jahr 2018 führten chinesische Wissenschaftler erste klinische Experimente mit Ohrmuschelprothesen für Kinder durch, die mit Fehlbildungen zur Welt kommen. Dazu benutzten sie das Knorpelgewebe der Kinder und druckten im 3-D-Verfahren ein Gerüst, auf dem die Zellen zu Ohren wachsen konnten.

51 Ähnlich dem vom Menschen entwickelten 3-D-Druckverfahren verwenden Bienen diese Technik zum Bau ihrer Waben.

3-D-Druck kann auch Metalle verarbeiten. Das niederländische Unternehmen MX3D druckt Brücken, indem es Tropfen für Tropfen geschmolzenen Stahl zusammenfügt. Die Technik dazu wurde vom Schweißen entliehen. Ein anderes Verfahren arbeitet mit Hochleistungslasern, die Metallpulver schmelzen und zusammenfügen. Auf diese Weise wird heute Goldschmuck genauso hergestellt wie Teile von Flugzeugmotoren. Einer der großen Vorteile dieses Verfahrens ist, dass sich auf diese Weise einfach hohle Gegenstände herstellen lassen, die Material und Gewicht sparen. Immer mehr Objekt verfügen heute über Arterien, durch die Kühlflüssigkeiten, Schmiermittel oder Treibstoffe fließen können. Damit ahmen sie den menschlichen Körper nach, der zum Teil aus Feststoffen und zum Teil aus Flüssigkeiten besteht. Über Adern verteilt das Blut Nährstoffe und transportiert Proteine an schmerzende Stellen; auf diese Weise werden in Haut, Gehirn, Leber, Nieren, Herz und so weiter beschädigte Zellen durch neue ersetzt. Das ist ein weiterer Aspekt der Natur, den wir heute mit der 3-D-Technik nachahmen können; so können wir Geräte bauen, die sich selbst reparieren und damit länger haltbar und nachhaltiger sind.

Ein Körper mit Kreisläufen von Flüssigkeiten erzeugt natürlich auch Abfälle, die er irgendwie entsorgen muss. Dieses Thema beschäftigte mich, nachdem mich der Pendelbus in meinem Hotel in San Francisco abgesetzt hatte. Während der Anmeldung an der Rezeption trat ich von einem Fuß auf den anderen, dann flitzte ich auf mein Zimmer und verzweifelte fast, weil ich mit der Magnetkarte die Tür nicht gleich aufbekam. Doch dann, welche Erleichterung!

Natürlich dient ein Badezimmer nicht nur der Entsorgung von Flüssigkeiten. Wir suchen es auf, um uns zu waschen und zu erfrischen. Dazu brauchen wir natürlich Trinkwasser. In den Industrienationen halten wir das für eine Selbstverständlichkeit, und die Infrastruktur, die uns das Wasser ins Haus liefert und das Abwasser entsorgt, ist nahezu unsichtbar. Doch sie ist da, sie ist ein lebenswichtiges Netzwerk unserer Städte, und ihr Betrieb ist eine erstaunlich teure Angelegenheit, selbst in Städten wie San Francisco, die reichlich Wasser zur Verfügung haben. Um das Abwasser so zu reinigen, dass wir es wieder in die Flüsse und Seen zurückführen können, sind gewaltige Anlagen mit Filtern und Klärbecken nötig. Das kostet viel Geld und Energie. Je weniger umweltschädlich das Abwasser sein soll, umso teurer ist die Reinigung und umso mehr Wasser braucht man, um das Abwasser, das aus der Anlage kommt, zu verdünnen. Das Wasser aus den Geschirrspülern, Waschmaschinen, Duschen, Badewannen und Toiletten einer Stadt von der Größe San Franciscos zu klären, ist keine Kleinigkeit. Auch das Trinkwasser muss irgendwoher kommen und muss aufbereitet, gepumpt und überwacht werden. Der Kreislauf von sauber zu schmutzig und wieder zurück verschlingt Unmengen an Energie und hat große Auswirkungen auf die Umwelt, weil er natürlich Abfall produziert.

Auch die Industrie verbraucht gewaltige Mengen an Wasser, weshalb wir beim Kauf eines Produkts auch einen »Wasser-Fußabdruck« hinterlassen. Selbst wenn Sie sich nur zweimal pro Woche duschen und eine sparsame Toilettenspülung haben, ist Ihr Wasser-Fußabdruck vermutlich größer, als Sie denken. Wenn man den Verbrauch von Konsumgütern einrechnet, haben zum Beispiel US-Bürger einen geschätzten Wasserverbrauch von 2200 Litern pro Kopf und Tag, was vor allem an wasserintensiven Produkten wie Papier, Fleisch und Textilien liegt. Selbst ganz banale Dinge wie der Verzehr eines Hamburgers, die Lektüre einer Zeitung und der Kauf eines T-Shirts schlagen sich auf unseren Wasser-Fußabdruck nieder. Daher hängt heute in den Badezimmern jedes Hotels ein Schild, das darauf hinweist, wie wertvoll unser Trinkwasser ist, und uns bittet, nicht jeden Tag das Handtuch zu wechseln.

Wenn in einigen Jahrzehnten zehn Milliarden Menschen

auf der Erde leben, wird die Versorgung mit Trinkwasser in vielen Regionen immer schwieriger werden. Heute haben bereits eine Milliarde Menschen keinen Zugang zu sauberem Wasser, und ein Drittel der Weltbevölkerung muss mit regelmäßiger Wasserknappheit leben. Ohne Zugang zu sauberem Trinkwasser nehmen Armut, Mangelernährung und Krankheiten zu. Das ist in Städten genau so ein Problem wie auf dem Land. So erlebte zum Beispiel die brasilianische Stadt São Paulo 2015 eine schwere Wasserknappheit, weil der größte Stausee der Stadt während einer Dürre ausgetrocknet war. Auf dem Höhepunkt der Krise blieb der Metropole mit ihren 21,7 Millionen Einwohner gerade noch Wasser für zwanzig Tage. Viele andere Ballungsräume haben heute ähnliche Probleme. Gründe sind Klimaschwankungen, Bevölkerungswachstum und der Wasser-Fußabdruck jedes Einzelnen, der mit zunehmendem Wohlstand immer größer wird.

Dass wir ohne Wasser nicht leben können, weiß wohl jeder. Aber eine nachhaltige und gesunde Gesellschaft ist auch auf andere Flüssigkeiten angewiesen. Auf einige davon würden Sie wahrscheinlich nicht sofort kommen. Flüssiges Glas zum Beispiel. Viele unserer Lebensmittel und Getränke werden in Glasbehältern aufbewahrt und transportiert. Dazu eignet sich das Material hervorragend. Weil es chemisch inaktiv ist und nicht mit anderen Stoffen reagiert, ist der Inhalt von Glasbehältnissen länger haltbar. Aber Glas zerbricht, und dann muss es wieder eingeschmolzen und zu einem neuen Behälter verarbeitet werden. Diesen Kreislauf zur Wiederverarbeitung von Abfällen kennen wir bereits seit Jahrtausenden.

Als Behältnis für Lebensmittel hat das Glas allerdings auch seine Nachteile: Aufgrund seiner hohen Dichte und damit seines Gewichts kostet sein Transport viel Energie. Auch beim Schmelzen wird viel Energie verbraucht, weil Glas einen hohen Schmelzpunkt hat. In einer Welt, die in der Hauptsache fossile Brennstoffe verwendet, verschärft das Glas daher die vom Klimawandel verursachten Probleme.

Deshalb begann Ende des 20. Jahrhunderts die Umstellung auf Plastikbehälter, die leichter und flexibler sind und bei der Umschmelzung in neue Verpackungen weniger Energie verbrauchen. So weit zumindest die Theorie. Die Praxis ist leider eine andere. In den letzten Jahrzehnten wurden zahllose Verpackungsmaterialien aus Kunststoff entwickelt, die sämtlich eine erstaunliche Fähigkeit haben, nämlich Lebensmittel, Elektrogeräte und jedes beliebige Objekt frisch zu halten und sicher zu transportieren. Aber niemand dachte daran, was passieren würde, wenn man diese Materialien sammelt, recycelt und einschmilzt. Bei der Mischung entsteht ein minderwertiger Kunststoff, der nicht mehr denselben Zweck erfüllt wie die ursprünglichen Materialien, weil sich die verschiedenen Kohlenwasserstoffmoleküle eines Kunststoffs jeweils auf ganz eigene Art und Weise miteinander verbinden. Diese Verbindungen bringen bestimmte Strukturen hervor, die über die Stärke, Elastizität und Transparenz des Materials entscheiden. Wenn man verschiedene Kunststoffe einfach zusammenschmilzt, ist das Ergebnis unbrauchbar. Daher muss man die Materialien sorgfältig trennen, um sie wiederverwenden zu können. Da heute mehr als 200 Kunststoffe im Umlauf sind und viele Artikel in zwei oder drei verschiedenen und in allen Farben des Regenbogens eingefärbten Materialien verpackt werden, ist die Trennung von Kunststoffmüll eine aufwendige Angelegenheit. Noch haben wir kein Verfahren der Verflüssigung gefunden, mit dem das System nachhaltig würde.

Doch der größte Teil unserer Kunststoffe wird ohnehin nicht recycelt, was die Umweltkatastrophe nur noch größer macht. Unsere Müllkippen quellen vor Plastikmüll über, und weil Plastik leicht ist, wird es vom Wind in alle Richtungen getragen. Und weil Plastik schwimmt, gelangt es von Flüssen in Seen und ins Meer und verschmutzt unsere Ökosysteme. Die Flut von Plastikmüll wächst immer schneller. Wissenschaftler schätzen, wenn es so weiter geht, dann gibt es 2050 in unseren Meeren mehr Plastik als Fische.

Leider gibt es für das Problem der Kunststoffverpackungen keine einfache Lösung. Die Herstellung von Glas verbraucht viel Energie, und solange diese nicht aus erneuerbaren Energiequellen stammt, ist sie nicht nachhaltig. Papier ist ein anderer möglicher Ersatz, doch bei dessen Herstellung wird mehr Energie und Wasser verbraucht als bei der von Plastik. Eine Möglichkeit wäre natürlich, auf Verpackungsmaterial zu verzichten. Aber wenn das zur Folge hat, dass mehr Lebensmittel verderben (bei deren Herstellung ja ebenfalls große Mengen an Wasser und Energie verbraucht werden), dann könnte dies unsere Wasser- und Lebensmittelversorgung weiter belasten. Damit dreht sich das Problem der nachhaltigen Verpackung im Kreis – wie so oft, wenn Flüssigkeiten im Spiel sind.

Umso mehr erhoffte ich mir von dieser Konferenz zur nachhaltigen Technologie, für die ich nach San Francisco geflogen war. Würden sich die Teilnehmer für unsere Arbeit an selbst heilenden Städten und 3-D-Druck interessieren? Oder würden günstigere Lösungen zur Entsalzung von Meerwasser oder zur Entwicklung nachhaltiger Verpackungen im Mittelpunkt der Diskussion stehen? Auf jeden Fall wird es immer wichtiger, das Verhalten von Flüssigkeiten zu verstehen. Ich blickte auf die Uhr. Die Tagung würde in Kürze beginnen. Ich hielt mein Gesicht unter den Wasserhahn, um den Jetlag abzuwaschen, dann lief ich nach unten in den Konferenzraum.

Dort angekommen, hatte ich eine unerwartete Begegnung. Auf der Bühne stand Susan. Mir fiel die Kinnlade herunter. Die Frau, neben der ich elf Stunden lang gesessen hatte, war Ingenieurin. Und nicht nur irgendeine Ingenieurin, sondern die Hauptrednerin der Konferenz, für die ich um die halbe Welt geflogen war. Ihr Vortrag war genial und behandelte die komplexen Herausforderungen der Nachhaltigkeit, vor denen wir heute stehen. Aber ehrlich gesagt fiel es mir schwer, mich zu konzentrieren, denn ich ärgerte mich, dass ich sie im Flugzeug nicht angesprochen hatte.

Nach dem Vortrag holte ich das nach. Geduldig wartete ich in einer langen Schlange von Konferenzteilnehmern, die mit ihr sprechen wollten. Als ich endlich an die Reihe kam, lächelte ich sie an und versuchte, möglichst cool zu klingen. »Netter Vortrag!«, sagte ich. Einen Moment lang wirkte sie verdutzt und schien zu überlegen, woher sie mich kannte. Dann machte es Klick. »Ich vermute, Sie wollen Ihren Kugelschreiber wiederhaben«, sagte sie.

Nachwort

Ich hoffe, meine Reise von London nach San Francisco hat demonstriert, dass Fliegen (und alle anderen menschlichen Tätigkeiten) nur durch Flüssigkeiten von Kerosin bis Kaffee, von Epoxid bis Flüssigkristallen möglich und zum Genuss wird. Natürlich gibt es viel mehr Flüssigkeiten, auf die ich hier nicht eingegangen bin, aber es ging mir auch nicht um eine umfassende Darstellung. Vielmehr wollte ich ein Bild von unserer Beziehung zu Flüssigkeiten zeichnen. Seit Jahrtausenden ringen wir nun schon mit diesem attraktiven und unheimlichen, erfrischenden und schmierigen, Leben spendenden und explosiven, leckeren und giftigen Aggregatzustand der Materie. Bislang ist es weitgehend gelungen, die Macht dieser Flüssigkeiten für uns zu nutzen und uns gleichzeitig vor ihren Gefahren in Acht zu nehmen (trotz aller Tsunamis und steigender Meeresspiegel). Ich würde vermuten, dass Flüssigkeiten unsere Zukunft genauso bestimmen wie unsere Vergangenheit und dass unsere Beziehung zu ihnen noch inniger werden wird.

Zum Beispiel in der Medizin. Zu den meisten ärztlichen Tests benötigen wir Blut- oder Speichelproben, mit deren Hilfe wir Krankheiten erkennen beziehungsweise im Auge behalten können. Diese Tests werden fast ausschließlich in Laboratorien durchgeführt und sind zeitraubend und kostspielig. Sie erfordern einen Besuch in einer Arztpraxis oder in einem Krankenhaus, was nicht immer möglich ist, vor allem in Ländern mit schlechter ärztlicher Versorgung. Eine neue Technik namens Chiplabor könnte dies ändern, und in Zukunft könnten Diagnosen sofort und kostengünstig zu Hause durchgeführt werden.

Die Chiplabor-Technik ermöglicht es uns, Proben unserer Körperflüssigkeiten zu entnehmen und in einen kleinen Apparat zu geben, der sie auf ihre biochemische Zusammensetzung analysiert. Diese Chips verarbeiten Flüssigkeiten ähnlich wie Siliziumprozessoren die digitale Information. Unser Blut – oder welche Flüssigkeit auch immer – wird durch mikroskopische Röhren geleitet, die Tröpfchen in unterschiedliche Richtungen abzweigen, um eine Reihe von Analysen durchzuführen. Noch stecken diese Chips in den Kinderschuhen, doch in den kommenden Jahren werden wir sicher mehr von ihnen hören. Mit ihrer Fähigkeit, Herzerkrankungen, Infektionen, Krebs im Frühstadium und eine Vielzahl weiterer Krankheiten zu erkennen, werden sie eine medizintechnische Revolution einläuten, die der Informationsrevolution ähnelt – mit dem Unterschied, dass diese Revolution flüssig ist.

Die Chiplabor-Technik basiert auf einem Mechanismus, mit dem sich kleinste Mengen von Flüssigkeiten bewegen und manipulieren lassen. Die Meister darin sind biologische Organismen. Wenn Sie während eines Regenschauers in den Garten gehen, dann sehen Sie, wie wirkungsvoll Blätter das Wasser abperlen lassen. Lotosblätter verfügen über ganz besonders wasserabweisende Eigenschaften, doch den Grund dafür erkannte man erst, als man diese Blätter unter ein Elektronenmikroskop legte und dort eine merkwürdige Eigenschaft der Oberfläche entdeckte. Wie zu erwarten, sind die Blätter mit einer wachsähnlichen Substanz überzogen, an der das Wasser abperlt, doch erstaunlicherweise ist dieses Material an der Oberfläche in Form von mikroskopischen Warzen angeordnet. Wenn ein Wassertropfen auf dieser Wachsoberfläche sitzt, versucht er den Kontakt zu minimieren, weil zwischen beiden eine große Oberflächenspannung besteht. Die Unebenheiten des Blatts vergrößern die Oberfläche stark und zwingen die Tropfen, sich an den Spitzen der Warzen festzuklammern, von denen sie allerdings schnell abgleiten. Auf dem Weg nehmen sie wie ein Staubsauger Schmutzteilchen mit – deshalb ist das Lotosblatt immer sauber und glänzend.

52 Mithilfe von wasserabweisenden Materialien und Kapillarkräften sammelt der Dornteufel Wasser auf seiner Haut.

Die Entwicklung von stark wasserabweisenden Oberflächen wird in den kommenden Jahren vermutlich ein großes Geschäft werden. Mit ihrer Hilfe lassen sich nicht nur Flüssigkeiten durch Chiplabors steuern, sondern eine ganze Menge anderer Dinge bewerkstelligen. Zum Beispiel könnte man Fensterglas entwickeln, an dem Regenwasser abperlt und das dabei so sauber bleibt wie ein Lotosblatt. Oder man könnte wasserfeste Kleidung herstellen, die das Regenwasser sammelt und durch Röhrchen in Behälter leitet, aus denen wir es trinken können. Letztere Überlegung wurde angestoßen durch eine Echse namens Dornteufel, die ihrem Körper Flüssigkeit zuführt, indem sie Regenwasser auf ihrer Haut sammelt und durch Kapillargefäße nach innen leitet.

Diese Technik verspricht Abhilfe für die Milliarden von Menschen, die keinen gesicherten Zugang zu Trinkwasser haben, vor allem wenn gleichzeitig günstige Filtertechniken entwickelt werden. Dazu bietet sich ein neues Material namens Graphenoxid an, das eine zweidimensionale Schicht von Kohlenstoff- und Sauerstoffatomen darstellt. Eine Membran aus diesem Material fängt die meisten chemischen Moleküle auf, Wasser lässt sie jedoch durch. Der Stoff funktioniert also wie eine Art chemisches Sieb und wäre damit ein extrem wirkungsvoller und günstiger Wasserfilter, mit dem sich sogar Meerwasser genießbar machen ließe.

Ohne Wasser kein Leben. Es gilt heute als erwiesen, dass das Leben auf der Erde nur durch das Vorhandensein von flüssigem Wasser entstehen konnte und dass sich nur so chemisch einfache Verbindungen zu den komplexen Zellen entwickeln konnten, aus denen wir bestehen. Das ist allerdings nur eine Hypothese, denn niemand weiß, wie genau das vonstattenging. Wissenschaftler in aller Welt versuchen, in ihren Experimenten die chemischen Bedingungen zu rekonstruieren, die während der Entstehung des Lebens vor vier Milliarden Jahren auf der Erde herrschten. Heute nimmt man an, dass das Leben auf dem Meeresgrund entstand. Dort schufen hydrothermale Quellen eine komplexe chemische Suppe, in der viele der Zutaten vorkommen, die wir in unseren Zellen haben. Im Laufe der kommenden Jahrzehnte wird sich die Forschung intensiver mit diesen superheißen Quellen und der Tiefsee ganz allgemein beschäftigen. Es ist schon sonderbar, dass wir über die Oberfläche des Mondes mehr wissen als über den Grund unserer eigenen Ozeane.

Wenn die Tiefsee die große neue Herausforderung für Naturwissenschaftler ist, dann haben Informatiker mindestens zwei weitere große Herausforderungen vor sich, die ebenfalls mit Flüssigkeiten zu tun haben. Zellen und Computer verarbeiten Informationen, wenn auch auf ganz unterschiedliche Weise. Zellen funktionieren und vermehren sich, indem sie durch chemische Reaktionen die in der DNA gespeicherte Information verarbeiten. Und Computer lesen Prozessoren mit Milliarden Transistoren, die auf die eingehenden Signale eines Computerprogramms reagieren. Diese Signale werden durch Abfolgen von Nullen und Einsen kommuniziert, die binäre Sprache der digitalen Computer. Die Transistoren manipulieren den Strom der Nullen und Einsen mit logischen Operationen, und das Programm antwortet mit weiteren Nullen und Einsen. Das klingt kinderleicht, doch wenn pro Sekunde Milliarden dieser einfachen Operationen durchgeführt werden, lassen sich komplexe Berechnungen anstellen – von der Art, mit der sich Schachgroßmeister besiegen und Raketen auf den Mond schicken lassen.

Eine Zelle benutzt für ihre Operationen keine Transistoren, sondern chemische Reaktionen, und sie rechnet nicht mit Nullen und Einsen, sondern mit Molekülen.

Es gibt keine Platinen und Kabel, sondern nur chemische Reaktionen im flüssigen Medium der Zelle. Diese chemischen Reaktionen laufen mit atemberaubender Geschwindigkeit ab und finden gleichzeitig in der gesamten Zelle statt, was die Zelle zu einem hocheffizienten Parallelrechner macht. Die beteiligten Moleküle sind extrem winzig – in einem einzigen Wassertropfen können sich leicht eine Trilliarde (1 000 000 000 000 000 000 000) Moleküle befinden, in denen kolossale Speicher- und Rechenleistungen schlummern.

Wissenschaftler versuchen, diese Prozesse mithilfe der DNA nachzuahmen und einen Flüssigcomputer zu bauen. Die Entwicklung kommt rasch voran, vor allem da die Methoden zur Veränderung der DNA und der Retortenrechnung immer besser werden. Im Jahr 2013 erzielten die Wissenschaftler einen ersten großen Durchbruch: Sie konnten die Daten eines Digitalfotos in einer Flüssigkeit ablegen und wieder abrufen. Damit eröffnen sich Möglichkeiten für eine ganz neue Form der Computertechnik. In Zukunft werden wir vielleicht in der Lage sein, unsere Daten in einem Tropfen Flüssigkeit zu speichern.

Flüssigcomputer sind nur eines der unglaublichen Computersysteme, die zurzeit entwickelt werden. Das zweite sind Quantenrechner, die mit Quantenversionen der Nullen und Einsen arbeiten – das heißt, eine Information kann sowohl als Null als auch Eins abgelegt werden, bis die Berechnung abgeschlossen ist. Quantencomputer nutzen die Erkenntnisse der Quantenmechanik, derzufolge alle möglichen Ergebnisse eines Ereignisses gleichzeitig existieren können. Damit lassen sich alle erdenklichen Lösungen einer Aufgabe gleichzeitig ermitteln, was die Berechnungen stark beschleunigt. Einige Maschinen sind bereits dazu in der Lage, auch wenn die Technik noch ganz am Anfang steht. Eines ist jedoch sicher: Die Rechner benötigen extrem eisige Temperaturen, die sich nur mithilfe einer besonderen Flüssigkeit herstellen lassen: flüssiges Helium.

Bis zu einer Temperatur von minus 269 Grad Celsius existiert Helium als Gas, und erst bei dieser Temperatur, 4,15 Grad Celsius über dem absoluten Nullpunkt, geht es in den flüssigen Zustand über. Zum Glück haben wir in Krankenhäusern bereits Erfahrung mit flüssigem Helium gesammelt. Wenn Sie schon einmal eine Hirn-, Hüft-, Knie- oder Sprunggelenksverletzung hatten, dann wurden Sie vermutlich einer Magnetresonanztomografie unterzogen. Der Scanner, in den Sie geschoben wurden, arbeitet mit diesem superkalten flüssigen Helium. Erst bei Temperaturen nahe dem absoluten Nullpunkt lassen sich nämlich winzige Veränderungen des Magnetfelds in unserem Körper registrieren und darüber unsere Organe erkennen. Helium ist zwar eines der häufigsten Elemente im Universum, doch auf der Erde ist es leider sehr selten. Es herrscht Heliummangel, und nicht selten geht Krankenhäusern das flüssige Helium aus. Daher suchen Geologen immer neue Heliumquellen in der Erdkruste (meist in Erdgasvorkommen), denn aufgrund seiner zunehmenden Bedeutung ist der Preis für Helium in den vergangenen fünfzehn Jahren um 500 Prozent gestiegen.

So nützlich das flüssige Helium ist, so schwer lässt es sich beherrschen. Bei minus 269 Grad Celsius kühlt es die Scanner zuverlässig, aber wenn es nur ein paar Grad weiter auf minus 272 Grad heruntergekühlt wird, verwandelt er sich in eine Supraflüssigkeit. Dann befinden sich alle Atome der Flüssigkeit in einem Quantenzustand, das heißt, die Abermilliarden Heliummoleküle verhalten sich wie ein einziges Molekül. Das verleiht der Flüssigkeit sonderbare Eigenschaften: Zum Beispiel hat sie keinerlei Zähigkeit mehr und fließt spontan über Hindernisse wie die Wand eines Behälters hinweg. Sie ist sogar in der Lage, durch feste Materialien hindurchzufließen, ohne jeden Widerstand bewegt sie sich durch Materialdefekte auf atomarer Ebene.

Inzwischen wundern Sie sich vermutlich über gar nichts mehr. Wie ich in diesem Buch gezeigt habe, haben Flüssigkeiten eine Doppelnatur: Sie sind weder Gas noch Feststoff, sondern irgendwo dazwischen. Auf der einen Seite sind sie faszinierend und voller Möglichkeiten, auf der anderen Seite sind sie anarchisch und Furcht einflößend. Das liegt in ihrer Natur. Weil wir gelernt haben, mit ihnen umzugehen, haben sie uns allerdings vor allem Gutes gebracht. Ich würde vermuten, dass wir Ende des 21. Jahrhunderts auf die Chiplabor-Diagnostik und die bezahlbare Meerwasserentsalzung zurückblicken und sie als bedeutende Meilensteine feiern, die unsere Lebenserwartung gesteigert und massenhafte Migration und Konflikte verhindert haben. Dann werden wir uns hoffentlich auch von fossilen Brennstoffen verabschiedet haben, allen voran vom Kerosin. Dank dieser Flüssigkeit können wir heute billig um die Welt reisen und Strandurlaub machen, doch sie ist auch mitverantwortlich für die Erderwärmung. Welche Flüssigkeiten werden wir erfinden, die an ihre Stelle treten können? Was immer es ist, ich vermute, dass wir auch dann noch zu Beginn des Flugs das Ritual der Sicherheitshinweise über uns ergehen lassen müssen. Vielleicht gehören zu den Hilfsmitteln dann keine Schwimmwesten, Sauerstoffmasken und

Sicherheitsgurte mehr, doch wir werden immer Zeremonien brauchen, um die bedrohliche und wunderbare Macht der Flüssigkeiten zu zelebrieren.

Zum Weiterlesen

Ball, Philip. *Bright Earth: Art and the Invention of Colour*, Vintage Books (2001).

Faraday, Michael. *Naturgeschichte einer Kerze*, Reclam (1968).

Fisher, Ronald. *Statistische Methoden für die Wissenschaft*, Oliver and Boyd (1956).

Jha, Alok. *The Water Book*, Headline (2016).

Melville, Herman. *Moby-Dick*, Hanser (2001).

Mitov, Michel. *Sensitive Matter: Foams, Gels, Liquid Crystals, and Other Miracles*, Harvard University Press (2012).

Pretor-Pinney, Gavin. *Wolkengucken*, Heyne (2006).

Roach, Mary. *Schluck: Auf Entdeckungsreise durch unseren Verdauungstrakt*, Deutsche Verlagsanstalt (2014).

Rogers, Adam. *Proof: The Science of Booze*, Mariner Books (2015).

Salsburg, David. *The Lady Tasting Tea: How Statistics Revolutionized Science in the Twentieth Century*, Holt McDougal (2012).

Spence, Charles und Bentina Piqueras-Fiszman. *The Perfect Meal: The Multisensory Science of Food and Dining*, Wiley-Blackwell (2014).

Standage, Tom. *Sechs Getränke, die die Welt bewegten*, Campus (2005).

Vanhoenacker, Mark. *Himmelhoch: Von der Faszination, in der Luft zu reisen*, Hanser (2016).

Dank

Mein erster Dank gilt meinen Lektoren Daniel Crewe und Naomi Gibbs, für ihre Langmut, Unterstützung und prägnante Kritik und dafür, dass sie mein Beharren auf den Sicherheitshinweisen erduldet haben.

Als Leiter des Institute of Making arbeite ich mit einem Team von Wissenschaftlern, Künstlern, Erfindern, Ingenieuren, Archäologen, Designern und Anthropologen zusammen. Sie alle haben mir auf die eine oder andere Weise bei der Arbeit an diesem Buch geholfen. Ich danke allen für ihre Freundschaft und Unterstützung: Zoe Laughlin, Martin Conreen, Ellie Doney, Sarah Wilkes, George Walker, Darren Ellis, Romain Meunier, Necole Schmitz, Elizabeth Corbin, Sara Brouwer, Beth Munro und Anna Ploszjaski.

Das Institute of Making gehört zum University College of London, einer Universität, die sich die interdisziplinäre Lehre und Forschung auf die Fahnen geschrieben hat. Die Kollegen machen die Hochschule zu einem Ort der Inspiration, und ich danke insbesondere Buzz Baum, Andrea Sella, Guillaume Charras, Yiannis Ventikos, Mykal Riley, Mark Lythgoe, Helen Czerski, Rebecca Shipley, David Price, Nick Tyler, Matthew Beaumont, Nigel Titchener-Hooker, Marc-Olivier Coppens, Paola Lettieri, Anthony Finkelstein, Polina Bayvel, Cathy Holloway, Richard Catlow, Nick Lane, Aarathi Prasad, Manish Tiware, Richard Jackson, Mark Ransley und Ben Oldfrey.

Großbritannien hat eine besonders lebendige Ingenieurs- und Wissenschaftsgemeinde, und ich freue mich, ihr nun schon seit so vielen Jahren angehören zu dürfen. Besonders dankbar bin ich Mike Ashby, Athene Donald, Molly Stevens, Peter Haynes, Adrian Sutton, Chris Lorenz, Jess Wade, Jason Reese, Raul Fuentes, Phil Purnell, Rob Richardson, Iain Todd, Brian Derby, Marcus Du Sautoy, Jim Al Khalili, Alom Shaha, Alok Jha, Olivia Clemence, Olympia Brown, Gail Cadrew, Suze Kundu, Andres Tretiakov, Alice Roberts, Greg Foot, Timandra Harkness, Gina Collins, Roger Highfield, Vivenne Parry, Hannah Devlin und Rhys Morgan.

Mein besonderer Dank gilt all jenen, die mich während der Entstehung dieses Buches mit ihren Kommentaren und Hinweisen unterstützt haben: Ian Hamilton, Sally Day, John Comisi, Rhys Phillips, Clare Pettit und Sarah Wilkes. Andrea Sella, Philip Ball, Sophie Miodownik, Aron Miodownik, Buzz Baum und Enrico Coen haben Entwürfe gelesen und mir sehr hilfreiche Rückmeldungen gegeben.

Ich danke meinem Agenten Peter Tallack, der das Buch auf die Rampe geschoben hat, sowie dem gesamten Penguin-Team für die Unterstützung bei der Entstehung.

Vielen Dank auch an Lal Hitchcock, George Wright und Diane Storey für ihre Hilfe und die wunderschönen Tage in Dorset, wo ich einen Teil dieses Buches schreiben durfte.

Außerdem danke ich meinen Kindern Lazlo und Ida, dass sie mit ihrer Begeisterung für alles Flüssige nicht hinterm Berg gehalten und mich während der unterhaltsamen Experimentierphase dieses Buchs tatkräftig unterstützt haben. Und schließlich danke ich meiner geliebten Ruby Wright, meiner obersten Lektorin und Muse.

Bildnachweis

Sofern nicht anders erwähnt, stammen alle Fotos und Zeichnungen vom Autor.

3: © Alice Rosen
4: © Yale University Art Gallery
5: © Kyle Pearce
13: © David Rydevik
16: © Anders L. Damgaard
22: © Steven Depolo
26: © Ruby Wright
32: © HolyWiz
45: © Brooklyn Museum
48: © The University of Queensland
51: © Frank Mikley
52: © Bäras

Register

Kursiv gesetzte Ziffern beziehen sich auf die Illustrationen.